Django + Vue.js

实战派 Python Web开发与运维

杨永刚◎著

电子工业出版社
Publishing House of Electronics Industry
北京·BEIJING

内 容 简 介

本书主要介绍了Django编程开发与运维过程中涉及的方法、技巧和实战经验，共5篇。

"第1篇 基础"介绍用Django开发Web应用的基础知识；"第2篇 后台项目实战"通过开发一个商城系统的后台来融合前面章的知识点；"第3篇 进阶"通过Django Rest Framework框架来设计和实现RESTful风格的接口，以及分层的自动化测试和基于Redis的缓存技术；"第4篇 前台项目实战"使用前后端分离的方式开发商城系统前台，涉及Vue.js、Axios、Vue Router、Vuex、RESTful接口等技术。"第5篇 部署运维"涉及Django的传统部署、Django的Docker部署、持续集成、持续交付和持续部署、运维监控。

本书通过完整的商城系统实例，融合了Django开发中涉及的知识点；通过大量实例手把手带领读者从需求、开发、集成、代码安全检测、测试、部署上线等环节践行"软件开发运维一体化"的理念。

本书适合所有对Django感兴趣的读者阅读学习。

未经许可，不得以任何方式复制或抄袭本书之部分或全部内容。
版权所有，侵权必究。

图书在版编目（CIP）数据

Django + Vue.js 实战派：Python Web 开发与运维 / 杨永刚著. —北京：电子工业出版社，2022.4
ISBN 978-7-121-43084-8

Ⅰ. ①D… Ⅱ. ①杨… Ⅲ. ①软件工具－程序设计 Ⅳ. ①TP311.561

中国版本图书馆 CIP 数据核字（2022）第 041134 号

责任编辑：吴宏伟
印　　刷：北京捷迅佳彩印刷有限公司
装　　订：北京捷迅佳彩印刷有限公司
出版发行：电子工业出版社
　　　　　北京市海淀区万寿路 173 信箱　　邮编：100036
开　　本：787×980　1/16　　印张：30.5　　字数：732 千字
版　　次：2022 年 4 月第 1 版
印　　次：2025 年 4 月第 8 次印刷
定　　价：128.00 元

凡所购买电子工业出版社图书有缺损问题，请向购买书店调换。若书店售缺，请与本社发行部联系，联系及邮购电话：(010) 88254888，88258888。
质量投诉请发邮件至 zlts@phei.com.cn，盗版侵权举报请发邮件至 dbqq@phei.com.cn。
本书咨询联系方式：(010) 51260888-819，faq@phei.com.cn。

推荐

　　本书通过 Django 框架，以业界主流的前后端分离开发方式，讲解了商城系统从需求分析、架构设计、编码到测试、部署的全流程。难得可贵的是，本书在部署环节提倡"开发运维一体化"，践行了 DevOps 的理念，让开发和运维有机地结合成为一个整体。这样可以有效提升应用服务研发和运维的效率。作者基于其多年的实践经验，将开发经验和上云经验较好地融入本书，推荐读者阅读！

陈靖翔
中国电信集团有限公司云网运营部（大数据和 AI 中心）平台云化推进处处长

　　国内 Django 开发的书不少，但是像本书这样能够将自己的经验和目前的云原生概念融合的书并不多。本书以开发一个商城系统为脉络，从 Django 的基础开始，采用前后端分离的方式，最终结合部署运维的实例，完整地展示了一个企业级系统的开发过程。

　　本书既有理论，又有实践，还包含了作者对于开发和上云的理解和观点，适合准备在数字化浪潮中冲浪的读者学习和借鉴。

张震
中国电信集团云网运营部智能云网业务运营中心政企业务支撑室主任

　　本书由浅入深，通过一个完整的商城实例，介绍了如何利用"重量级的 Python Web 开发框架 Django+目前流行的前端框架 Vue.js"来完成一个实用的 Web 商城应用。

　　当然，如果只了解怎么使用"Django + Vue.js"搭建网站肯定是远远不够的，一个完整成熟的商业 Web 应用，还需要考虑数据存储、缓存、部署、负载均衡、容器化、持续集成、监控等。这些内容在本书中都有详细的介绍。因此，本书是学习 Python Web 开发、成为一个专业的 Web 开发高手的很好参考书籍。

陈锐
博赛软件有限公司 CTO
微软 2002-2012 年 MVP

不论对企业还是个人而言，如何拥抱变化与应对变化，都是一个重要课题。因此，近年来，能够快速响应需求的 T 型人才、全栈人才正逐渐成为各行业人力资源部门重点关注的对象。在互联网领域，更是如此。

懂前端和后端、会交互和运维的 Web 全栈工程师，俨然已成为人力市场上的"香饽饽"。本书以 Python 的 Web 服务端快速开发框架 Django，以及渐进式 JavaScript 框架 Vue.js 为工具，引领读者踏上全栈工程师之路。本书不仅适合已有一定基础的 Web 开发者阅读，对于有意探索"新工科"人才培养的高等院校，以及院校中有志于成为 Web 全栈工程师的师生也同样适用。

陈缘
浙江工商大学智慧教育研究院副院长
浙江工商大学国家级文科综合实验教学示范中心主管
微软 MVP
Unity 价值专家

如果读者想使用 Python 快速、高效地搭建 Web 站点，那 Django 无疑是一个不错的选择。本书作者在这个领域深耕多年，书中结合项目实战给读者提供了非常实用的项目案例参考。

本书中不但涵盖了对于初学者来说最常用的知识点，并利用易于理解的方式进行介绍，还提供了对 Django 项目中关键点不同角度的清晰解释，让读者仿佛亲历整个项目的过程。

"Django 后端开发 + Vue.js 前端开发 + 测试 + 持续集成 + 持续部署"涉及的内容比较多，如何找到一条简捷的学习途径呢？读者需要做的是跟着作者的思路进行实战，并进一步升华，将有限的技术点重新融入无限的 Django 应用中。

全书思路清晰、语言精炼、解读到位，相信能给从事 Python 开发的读者带来不一样的收获。

俞晖
第四范式副总裁
前微软中国开发者市场及社区生态负责人

前言

Python 作为如今人工智能、机器学习、云计算、大数据、物联网等一些最有前途的技术背后的主要语言，在这几年发展迅猛。在 TIOBE 编程语言指数 2021 年 9 月的编程语言排行榜中，Python 处于第二位。Python 语言简单易学，用户借助其众多的优秀模块可以快速延伸到很多领域。同样一项工作，使用 C 语言可能要 1000 行代码，使用 Java 可能要 100 行代码，使用 Python 可能只要 10 行代码。

Django 是一个基于 Python 语言编写的、具有完整架站能力的开源 Web 框架。用户使用 Django，只要很少的代码，就可以轻松地完成一个网站所需要的大部分内容，并进一步开发出全功能的 Web 服务。

本书特色

本书经过 1 年多的时间精心打磨，具有如下特点。

（1）紧跟潮流，使用最新版本。

本书涉及的相关软件使用的都是最新版本，如 Python 3.8.2、Django 3.1.5、Django Rest Framework 3.12.4、djangorestframework-jwt 1.11.0、django-ckeditor 6.1.0、Vue.js 2.6.14、MySQL 5.7.30、uWSGI 2.0.19.1、Gunicorn 20.1.0、Supervisor 4.2.2、Nginx 1.18.0、Redis 6.2.5、Docker 20.10.5、Harbor 1.10.0、Jenkins 2.303.1、SonarQube 7.7、Prometheus 2.28.1 等。

（2）零基础入门、轻松学会。

本书根据每个项目实例的特点，"从原理到实践"手把手地教学，通过图解、比喻、类比的方式深入浅出地进行讲解。

（3）实战性强，便于复现。

本书介绍了大量的实战案例，能让读者"动起来"，在实践中体会功能，而不只是一种概念上的理解。

在讲解每一个知识模块时，我们都在思考：在这个知识模块中，哪些是读者必须实现的"标准动作"（实例）；哪些"标准动作"是可以先完成的，以求读者能快速有一个感知；哪些"标准动作"是有一定难度的，需要放到后面完成。读者在跟随书中实例一个个实践之后，再去理解那些抽象的概念和原理就水道渠成了。

本书的目标之一是让读者在动手中学习，而不是"看书时好像全明白了，一动手却发现什都不会"。本书践行"知行合一"的理念，不是让读者"只知，而无行"，避免眼高手低。

全书完成了一个完整的实例——商城系统。通过该案例将后台开发、前台开发、接口开发、部署运维、监控等知识点融合在一起。

（4）提供代码，便于复现。

本书附带了书中涉及的实例代码。这些代码都是从实际项目演变而来的。利用代码，读者可以快速复现书中的效果，还可以举一反三将其转变为自己的项目。读者只要具备了这种举一反三的能力，就可以实现更复杂的功能，应对更复杂的应用场景。

（5）践行"软件开发运维一体化"的理念。

本书打破了传统的代码开发和运维之间的壁垒，使用持续集成、持续部署的理论方法，实现需求调研、开发、集成、代码安全检测、测试、部署上线等的开发运维一体化，由"以人工为主"转为"以自动为主，人工为辅"，可以极大地提升开发效率，实现全过程可视化。

本书适合的读者

以下的读者可以轻松学习本书。

- 初学编程的自学者
- 熟悉 Python 并计划学习 Web 开发的人员
- 高校的教师和学生
- 有其他开发语言经验的开发人员
- 测试工程师
- 容器化部署的运维人员

- Python 初学者
- Django 初学者
- 培训机构的教师和学员
- 学习过其他开发框架的开发人员
- 传统化部署的运维人员
- DevOps 运维人员

致谢

感谢我的家人，如果没有你们的悉心照顾和鼓励，我不可能完成本书。感谢我的妻子，在我写作期间，承担了全部家务。感谢我的两个宝贝——雯雯和谦谦，你们是我持续写作的动力。

感谢中国电信新疆公司大数据与 AI 中心，为我提供了学习和成长的环境。

谨以此书，献给我远在天国的父亲。你永远都是我的榜样。

尽管在写作过程中力求严谨，限于本书篇幅、本人的技术及本书的定位，书中难免有纰漏之处，希望读者批评与指正。

最后，祝读者在学习 Django 的道路上一帆风顺！

杨永刚

2022 年 1 月

读者服务

微信扫码回复：43084

- 获取本书配套代码
- 加入本书读者交流群，与更多读者互动
- 获取【百场业界大咖直播合集】（持续更新），仅需 1 元

目录

第1篇 基 础

第1章 走进 Django 2
1.1 了解 Django 2
    1.1.1 Django 发展历史和版本 2
    1.1.2 MVC 和 MTV 模式 3
1.2 安装 Django 5
    1.2.1 安装 Python 虚拟环境 5
    1.2.2 在 Windows 中安装 Django 7
1.3 用 VS Code 编辑器进行 Django 开发 8
    1.3.1 设置中文界面 8
    1.3.2 安装 Python 插件 9
    1.3.3 安装 Django 插件 9
1.4 【实战】开发第 1 个 Django 应用 10
    1.4.1 创建项目 10
    1.4.2 创建应用 10
    1.4.3 处理控制器 12
    1.4.4 处理模板 12
    1.4.5 运行应用 13
1.5 Django 项目的运行和调试 13
    1.5.1 设置运行环境 14
    1.5.2 调试项目 14

第2章 网站的入口——Django 的路由和视图 16
2.1 认识路由 16
    2.1.1 路由系统的基本配置 16
    2.1.2 【实战】用"路由包含"简化项目的复杂度 17
    2.1.3 解析路由参数 18
    2.1.4 【实战】用 re_path()方法正则匹配复杂路由 20
    2.1.5 反向解析路由 22
2.2 认识视图函数 23
    2.2.1 什么是视图函数 23
    2.2.2 视图函数的底层原理 24
    2.2.3 视图处理函数的使用 27
2.3 认识视图类 30
    2.3.1 什么是视图类 30
    2.3.2 对比视图函数和视图类 30
    2.3.3 利用视图类进行功能设计 31

第3章 页面展现——基于 Django 模板 36
3.1 Django 模板语言——DTL 36
    3.1.1 模板变量 36
    3.1.2 模板标签 38
    3.1.3 模板过滤器 42
3.2 模板的高级用法 43
    3.2.1 模板转义 43
    3.2.2 【实战】自定义过滤器 44

  3.2.3 【实战】自定义标签 46
3.3 模板继承 49
  3.3.1 设计母版页 49
  3.3.2 设计内容页 50
  3.3.3 设计组件 51
3.4 配置模板文件 52
  3.4.1 理解 HTML、CSS 和
     JavaScript 52
  3.4.2 配置静态文件 53

第 4 章 使用数据库——基于 Django 模型 55

4.1 Django 模型 55
  4.1.1 定义模型 55
  4.1.2 了解模型中的关系 59
  4.1.3 配置项目文件 63
  4.1.4 迁移数据 64
4.2 用 Django 中的 ORM 操作数据库 66
  4.2.1 了解 ORM 66
  4.2.2 熟悉 QuerySet 对象 67
  4.2.3 查询数据 69
  4.2.4 新增数据 70
  4.2.5 更新数据 71
  4.2.6 删除数据 71
  4.2.7 操作关联表 71
  4.2.8 F()函数和 Q()函数 77
  4.2.9 执行原生 SQL 78
  4.2.10 事务处理 81

第 5 章 自动生成界面——基于 Django 表单 84

5.1 HTML 表单 84
  5.1.1 用令牌 CSRF 保证表单的
     安全 85

  5.1.2 【实战】用 HTML 表单上
     传文件 86
5.2 Django 的 Form 表单 87
  5.2.1 认识 Form 表单 87
  5.2.2 表单数据的校验 93
  5.2.3 表单数据的获取 97
  5.2.4 【实战】用 Form 表单上传
     文件 98
5.3 Django 的模型表单 100
  5.3.1 认识模型表单 100
  5.3.2 校验模型表单数据 101
  5.3.3 处理模型表单数据 102
5.4 使用 AJAX 提交表单 103
  5.4.1 基于 jQuery 技术实现 AJAX 103
  5.4.2 在 AJAX 请求中设置令牌
     csrf_token 104
  5.4.3 【实战】使用 AJAX 实现用
     户登录 105

第 6 章 用户认证 107

6.1 初识用户认证 107
  6.1.1 认识 Auth 模块 107
  6.1.2 了解用户权限数据表 109
6.2 用户管理 109
  6.2.1 用户注册 110
  6.2.2 用户登录 111
  6.2.3 扩展用户模型 113
6.3 【实战】利用用户模型实现用户
  身份认证及状态保持 114
  6.3.1 增加视图函数 myuser_reg() 114
  6.3.2 增加视图函数 myuser_login() ... 115
  6.3.3 用户退出的设置 115
  6.3.4 用户首页的显示 115
6.4 权限管理 117

	6.4.1	权限的设置 117
	6.4.2	权限认证的相关方法 117
	6.4.3	自定义用户权限 118
6.5	【实战】用装饰器控制页面权限 119	
	6.5.1	增加权限装饰器 119
	6.5.2	修改模板文件 120
	6.5.3	设置项目配置文件 120
	6.5.4	测试权限 120
6.6	中间件技术 121	
	6.6.1	认识 Django 中间件 122
	6.6.2	使用 Django 中间件 123
	6.6.3	【实战】用中间件简化权限认证 125

第 2 篇 后台项目实战

第 7 章 【实战】开发一个商城系统的后台 128

7.1	商城系统后台的设计分析 128	
	7.1.1	需求分析 128
	7.1.2	架构设计 129
	7.1.3	数据库模型设计 130
7.2	使用 Django 自带的 Admin 后台管理系统 131	
	7.2.1	创建商城系统后台项目 131
	7.2.2	登录 Admin 后台管理系统 133
	7.2.3	配置 Admin 后台管理系统 133
7.3	用 Bootstrap 框架实现商城系统后台 136	
	7.3.1	开发"用户注册"模块 136
	7.3.2	开发"用户登录"模块 140
	7.3.3	开发商城系统后台首页面 143
	7.3.4	开发"用户信息维护"模块 146
	7.3.5	开发"商品分类管理"模块 156
	7.3.6	开发"商品信息管理"模块 159

第 3 篇 进 阶

第 8 章 接口的设计与实现 168

8.1	前后端分离 168	
	8.1.1	了解前后端分离 168
	8.1.2	为什么要前后端分离 169
	8.1.3	如何实施前后端分离 171
	8.1.4	前后端分离的技术栈 171
8.2	设计符合标准的 RESTful 接口 172	
8.3	序列化和反序列化 174	
	8.3.1	认识序列化和反序列化 174
	8.3.2	用 JSON 模块进行数据交互 174
	8.3.3	用 JsonResponse 类进行数据交互 175
8.4	接口开发——基于 Django Rest Framework 框架 176	
	8.4.1	安装 DRF 框架 177
	8.4.2	用 Serializer 类和 ModelSerializer 类进行序列化操作 177
	8.4.3	请求和响应 182
	8.4.4	【实战】用装饰器@api-view 实现视图函数 183

- 8.4.5 【实战】用 APIView 类实现视图类 ... 185
- 8.4.6 【实战】用 Mixins 类改进 RESTful 接口 ... 187
- 8.4.7 【实战】用 GenericAPIView 类实现视图类 ... 190
- 8.4.8 用视图集 ViewSets 改进 RESTful 接口 ... 192
- 8.4.9 分页 ... 197
- 8.4.10 过滤、搜索和排序 ... 198
- 8.4.11 自定义消息格式 ... 202
- 8.4.12 自定义异常格式 ... 207
- 8.5 接口安全机制 ... 209
  - 8.5.1 基于 DRF 框架实现 Token 认证 ... 209
  - 8.5.2 基于 DRF 框架实现 JWT 认证 ... 212
  - 8.5.3 基于后端技术的跨域解决方案 ... 218
- 8.6 【实战】实现商城系统的接口 ... 220
  - 8.6.1 用户相关接口 ... 220
  - 8.6.2 商品相关接口 ... 226
  - 8.6.3 订单相关接口 ... 233
  - 8.6.4 基础接口——"地址信息" 接口 ... 241
- 8.7 【实战】利用 DRF 生成接口文档 ... 243
  - 8.7.1 安装依赖 ... 243
  - 8.7.2 配置文件 ... 243
  - 8.7.3 测试 ... 243
- 8.8 【实战】利用 Swagger 服务让接口文档更专业 ... 244
  - 8.8.1 安装配置 django-rest-swagger ... 244
  - 8.8.2 配置视图类 ... 244
  - 8.8.3 配置路由 ... 245
  - 8.8.4 运行效果 ... 245

第 9 章 分层的自动化测试 ... 246

- 9.1 分层的自动化测试 ... 246
  - 9.1.1 单元自动化测试 ... 247
  - 9.1.2 接口自动化测试 ... 247
  - 9.1.3 用户界面自动化测试 ... 248
- 9.2 单元自动化测试 ... 248
  - 9.2.1 认识单元测试框架 unittest ... 248
  - 9.2.2 【实战】用 unittest 进行单元测试 ... 249
  - 9.2.3 【实战】用 HTMLTestRunner 生成 HTML 报告 ... 251
  - 9.2.4 【实战】用 Pytest 进行单元测试 ... 252
  - 9.2.5 【实战】在 Django 中编写和运行测试用例 ... 255
- 9.3 接口自动化测试 ... 256
  - 9.3.1 【实战】进行 Postman 测试 ... 257
  - 9.3.2 【实战】用 "Requests + Pytest" 实现接口自动化测试 ... 258
- 9.4 用户界面自动化测试 ... 260
  - 9.4.1 认识自动化测试 Selenium 库 ... 260
  - 9.4.2 安装 Selenium 库 ... 260
  - 9.4.3 基本使用 ... 261
  - 9.4.4 页面元素定位的方法 ... 262
  - 9.4.5 Selenium 库的高级用法 ... 263
  - 9.4.6 【实战】自动化测试商城后台管理系统的登录页面 ... 268

第 10 章 基于 Redis 的缓存技术 ... 270

- 10.1 为什么需要缓存 ... 270
- 10.2 用 Django 内置模块实现缓存 ... 270

10.2.1 基于数据库方式实现缓存 271
10.2.1 缓存视图函数和视图类 271
10.3 用 DRF 框架实现缓存 273
  10.3.1 用装饰器完成缓存 273
  10.3.2 用 CacheResponseMixin 类
    完成缓存 274
10.4 用 Redis 实现缓存 275
  10.4.1 搭建 Redis 环境 275
  10.4.2 用 Django 操作 Redis 276
  10.4.3 【实战】用 Redis 存储
    session 信息 278

第 4 篇　前台项目实战

第 11 章　开发商城系统的前台（接第 7 章实战）......282

11.1 商城系统前台的设计分析 282
  11.1.1 需求分析 282
  11.1.2 架构设计 283
11.2 前端开发利器——Vue.js 框架 284
  11.2.1 认识 Vue.js 284
  11.2.2 用 Vue-CLI 脚手架快速搭建项目骨架 284
  11.2.3 用 NPM 进行包管理和分发 286
  11.2.4 用 npm run build 命令打包项目 287
  11.2.5 用 Visual Stdio Code 编辑器进行代码开发 287
11.3 Vue.js 的基本操作 287
  11.3.1 用插值实现数据绑定 288
  11.3.2 用 computed 属性实现变量监听 289
  11.3.3 用 class 和 style 设置样式 290
  11.3.4 用 v-if 实现条件渲染 291
  11.3.5 用 v-for 实现列表渲染 292
  11.3.6 用 "v-on:" 或 "@" 实现事件绑定 293
  11.3.7 用 v-model 实现双向数据绑定 294
11.4 用 Vue Router 库实现路由管理 295
  11.4.1 了解 Vue Router 库 295
  11.4.2 基本用法 296
11.5 用 Axios 库实现数据交互 297
  11.5.1 了解 Axios 库 297
  11.5.2 基本用法 297
11.6 用 Vuex 实现状态管理 299
  11.6.1 基本用法 299
  11.6.2 用 mutations 和 actions 操作变量 301
  11.6.3 用 getters 获取变量 303
  11.6.4 用扩展运算符简化编写 304
11.7 【实战】用 Vue.js 开发商城系统的前台 304
  11.7.1 核心技术点介绍 305
  11.7.2 公共页面开发 307
  11.7.3 "商品首页" 模块开发 313
  11.7.4 "商品列表" 模块开发 321
  11.7.5 "商品详情" 模块开发 328
  11.7.6 "用户注册" 模块开发 332
  11.7.7 "用户登录" 模块开发 335
  11.7.8 "购物车管理" 模块开发 339
  11.7.9 "订单管理" 模块开发 344
  11.7.10 "个人中心" 模块开发 348

第 5 篇 部署运维

第 12 章 Django 的传统部署............358
12.1 部署前的准备工作......................358
- 12.1.1 准备虚拟机............................358
- 12.1.2 安装 Python 3.8.2..................359
- 12.1.3 安装虚拟环境和 Django..........359

12.2 使用 MySQL 数据库..................361
- 12.2.1 安装 MySQL 数据库...............361
- 12.2.2 配置 MySQL 数据库...............362
- 12.2.3 客户端连接 MySQL 数据库....363
- 12.2.4 【实战】生成商城系统的数据库和表........................365

12.3 用 uWSGI 进行部署...................365
- 12.3.1 WSGI、uwsgi 和 uWSGI 的关系..365
- 12.3.2 安装 uwsgi 软件.....................366
- 12.3.3 启动并测试 uwsgi..................367
- 12.3.4 详解配置文件........................367
- 12.3.5 常用命令...............................368
- 12.3.6 【实战】部署商城系统后台..368

12.4 用 Gunicorn 进行部署.................370
- 12.4.1 安装 Gunicorn......................370
- 12.4.2 启动服务并测试....................371
- 12.4.3 编写配置文件........................371
- 12.4.4 【实战】部署商城系统接口..372

12.5 用 Supervisor 管理进程...............373
- 12.5.1 安装和配置...........................373
- 12.5.2 了解配置文件........................374
- 12.5.3 常用命令...............................374
- 12.5.4 Web 监控界面.......................375
- 12.5.5 【实战】用 Supervisor 管理进程..376

12.6 用 Nginx 进行代理......................377
- 12.6.1 正向代理和反向代理..............377
- 12.6.2 为什么用了 uWSGI 还需要用 Nginx...............................378
- 12.6.3 安装 Nginx............................378
- 12.6.4 了解配置文件........................379
- 12.6.5 【实战】部署商城系统后台..381
- 12.6.6 【实战】部署商城系统接口..382
- 12.6.7 【实战】部署商城系统前台..383
- 12.6.8 【实战】利用 Nginx 负载均衡部署商城系统接口.........384

第 13 章 Django 的 Docker 部署......388
13.1 介绍 Docker...............................388
- 13.1.1 为什么要使用 Docker............388
- 13.1.2 虚拟机和容器的区别............390
- 13.1.3 了解 Docker 的镜像、容器和仓库..390

13.2 安装并启动 Docker.....................392
- 13.2.1 安装 Docker.........................392
- 13.2.2 启动 Docker.........................393

13.3 操作 Docker 镜像......................394
- 13.3.1 搜索镜像...............................394
- 13.3.2 获取镜像...............................394
- 13.3.3 查看镜像...............................395
- 13.3.4 导入/导出镜像......................396
- 13.3.5 配置国内镜像仓库................396

13.4 操作 Docker 容器 397	13.10.2 构建和启动 417
13.4.1 启动容器 397	**第 14 章 持续集成、持续交付与持续**
13.4.2 进入容器 399	**部署 419**
13.4.3 停止容器 400	14.1 了解持续集成 419
13.4.4 删除容器 400	14.2 了解持续交付 419
13.4.5 复制容器中的文件 401	14.3 了解持续部署 420
13.4.6 查看容器中的日志 401	14.4 代码版本管理——基于码云 420
13.5 【实战】用 Docker 部署	14.4.1 Git 中的 4 个概念——
MySQL 401	工作区、暂存区、本地
13.5.1 拉取镜像 401	仓库、远程仓库 420
13.5.2 创建容器 402	14.4.2 克隆远程库到本地库 421
13.5.3 进入 MySQL 容器 402	14.5 进行持续集成——基于 Jenkins 422
13.6 【实战】用 Docker 方式部署	14.5.1 安装 Jenkins 422
Redis 403	14.5.2 【实战】商城系统接口的
13.6.1 拉取 Redis 403	持续构建 424
13.6.2 创建并启动 Redis 容器 404	14.6 进行代码质量扫描——
13.7 制作自己的镜像——编写	基于 SonarQube 429
Dockerfile 文件 404	14.6.1 安装 SonarQube 430
13.7.1 语法规则 404	14.6.2 【实战】自动化代码质量
13.7.2 构建 Nginx 镜像 405	扫描 431
13.8 将镜像推送到私有仓库	14.7 用 Jenkins 进行持续部署——
Harbor 中 407	基于 SSH 436
13.8.1 搭建 Harbor 私有仓库 407	14.7.1 安装插件 436
13.8.2 安装 Docker-Compose 407	14.7.2 配置 Publish over SSH 项 436
13.8.3 安装 Harbor 407	14.7.3 配置 SSH 免密登录 437
13.8.4 登录 Harbor 409	14.7.4 配置 SSH Server 438
13.8.5 配置、使用 Harbor 409	14.7.5 配置"构建" 438
13.9 【实战】用 Docker 部署商城	14.7.6 立即构建 440
系统的接口 411	14.8 进行自动化测试——基于
13.9.1 拉取并启动 MySQL 容器 411	"Jenkins + Allure + Pytest" 440
13.9.2 创建接口镜像并启动容器 411	14.8.1 安装 440
13.9.3 拉取并启动 Nginx 容器 413	14.8.2 配置"构建" 442
13.10 【实战】用 Docker Compose	14.8.3 配置"构建后操作" 443
部署多容器 416	14.8.4 立即构建 444
13.10.1 编排容器文件 416	

14.8.5 常见问题的处理 445
14.9 【实战】用 Jenkins 流水线部署商城系统接口 446
    14.9.1 流水线操作的语法 446
    14.9.2 部署商城系统接口 447

第 15 章 运维监控——基于 Prometheus + Grafana 454

15.1 认识 Prometheus 454
    15.1.1 Prometheus 的核心组件 455
    15.1.2 安装并启动 455
    15.1.3 查看监控指标数据和图表 456
    15.1.4 了解 Prometheus 的主配置文件 456
15.2 认识 Grafana 457
    15.2.1 安装 458
    15.2.2 配置数据源 458
    15.2.3 导入模板 459
15.3 监控主机和服务——基于 Prometheus 的组件 Exporter 460
    15.3.1 监控主机 460
    15.3.2 监控 MySQL 数据库 462
    15.3.3 监控 Redis 464
15.4 实现邮件报警——基于 Prometheus 的组件 Altermanager 465
    15.4.1 安装配置 Alertmanager 465
    15.4.2 了解配置文件 466
    15.4.3 设置报警规则 467
15.5 容器监控报警——基于 Prometheus 的组件 cAdvisor 468
    15.5.1 安装 cAdvisor 469
    15.5.2 启动容器 469
    15.5.3 导入模板 469
15.6 对 Django 应用进行监控 469
    15.6.1 安装 django_prometheus 包 470
    15.6.2 配置 settings.py 文件 470
    15.6.3 配置路由并访问 470
    15.6.4 配置 Prometheus 471
    15.6.5 添加模板 471

第1篇

基 础

第 1 章 走进 Django

Django 官方的推荐语是"Django makes it easier to build better web apps more quickly and with less code."。翻译过来就是:Django 可以让你以更快的速度、更少的代码、更轻松的方式搭建更好的 Web 应用。现在就让我们一起走进 Django 的精彩世界吧。

1.1 了解 Django

Django 是一个用 Python 编写的、具有完整架站能力的开源 Web 框架。开发人员使用 Django,只要很少的代码即可轻松地完成一个网站所需要的大部分内容,并进一步开发出全功能的 Web 服务。

1.1.1 Django 发展历史和版本

Django 诞生于 2003 年,在 2006 年加入了 BSD 许可证,成为开源的 Web 框架。

> 使用了 BSD 许可证,意味着你可以对软件任意处理,只需要在软件中注明其是来自哪个项目即可。

Django 具备以下特点。

- 功能完善,容易上手,开发速度快,安全性强。
- 有完善的在线文档。

- 其模型自带数据库 ORM（Object-Relationl Mapping，对象关系映射）组件，使得开发者无须学习其他数据库访问技术（如 SQLAlchemy 等）。
- 可以使用正则表达式管理路由映射，方便灵活。

Python 语言发展到今天，经历了十几个版本。Django 除版本多外，还存在与 Python 兼容的问题，见表 1-1。

表 1-1

Django 版本	发行时间	停止更新时间	兼容的 Python 版本
3.2 LTS	2021.3	2024.3	3.6、3.7、3.8
3.1	2020.8	2021.12	3.6、3.7、3.8
3.0	2019.12	2021.3	3.6、3.7、3.8
2.2 LTS	2019.12	2022.3	3.5、3.6、3.7
1.11 LTS	2017.12	2020.3	2.7、3.4、3.5、3.6（最后一个支持 Python 2.7 的版本）

在实际项目开发中，最好使用带有 LTS 的 Django 版本。带 LTS 的版本是被官方长期支持的版本，官方会提供至少 3 年的安全问题保障和数据修复。

2020 年 1 月 1 日，官方宣布停止 Python 2.X 的更新。因此建议新项目至少以 Django 2.2 LTS 或者 3.2 LTS 版本为主。

1.1.2 MVC 和 MTV 模式

目前的主流 Web 框架，基本上都使用 MVC 模式来开发 Web 应用。使用 MVC 模式最大的优点是可以降低系统各个模块间的耦合度。

1. MVC 模式的 3 个层次

MVC 模式把 Web 应用开发分为以下 3 个层次。

- 模型（Model）：负责处理各个功能的实现（如增加、修改和删除功能）。其中包含模型实体类和业务处理类。
- 视图（View）：负责页面的显示和用户的交互。包含由 HTML、CSS、JavaScript 组成的各种页面。
- 控制器（Controller）：用于将用户请求转发给相应的模型进行处理，并根据模型的处理结果向用户提供相应的响应。

MVC 模式如图 1-1 所示。

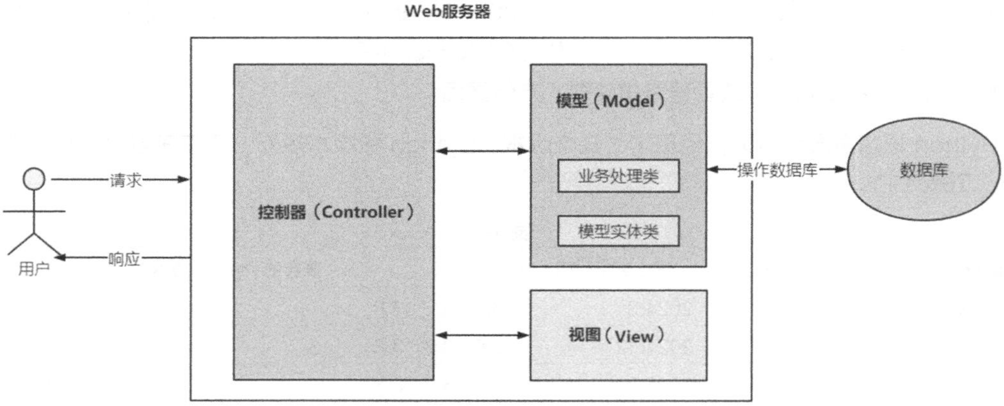

图 1-1

2. 举例

买家想买房子，需求包括：大户型、楼层好、采光佳、价格便宜、靠近学区、精装修等。当需求越来越多时，买家仅靠在互联网上通过搜索来获取信息已经不够方便了。这时需要靠谱的人或者机构来完成这件事。于是，买家找到了房产中介，买家的诸多购房需求在房产中介这里都得到了反馈。房产中介根据历史数据、行业数据、卖家数据等模型，并结合一些实际情况，动态地给买家推荐一些合适的房屋，促成交易。

在上面这个场景中，买家、中介和卖家相当于 MVC 模式中的视图、控制器和模型。

> 使用 MVC 模式，可以使得开发变得更简单，流程更易于理解，并降低了各个模块间的耦合。这就是为什么现阶段 Web 框架大多采用 MVC 模式的原因。

3. 介绍 MTV 模式

Django 对传统的 MVC 模式进行了修改，修改后的模式称为 MTV 模式。MTV 模式说明如下。

- M：模型（Model），负责业务对象和数据库的关系映射（ORM）。
- T：模板（Template），负责页面的显示和用户的交互。
- V：视图（View），负责业务逻辑，并在适当的时候调用 Model 和 Template。

除以上 3 层外，还包含一个 URL 分发器，其作用是将一个个 URL 的页面请求分发给不同的 View 进行处理。View 再调用相应的 Model 和 Template。这里 URL 分发器和 View 共同充当了控制器（Controller）。MTV 模式如图 1-2 所示。

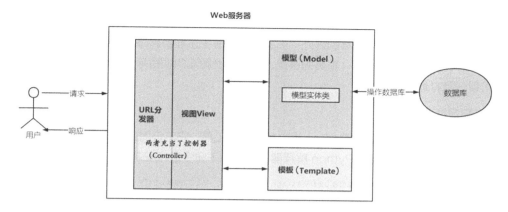

图 1-2

为了更清晰地解释 Django 中的 MTV 模式，可以将过 Django 中的各个文件对应到传统的 MVC 模式中来进行对比。比如，路由文件 urls.py 和视图文件 views.py 对应控制器，templates 目录下的所有文件对应视图，如图 1-3 所示。

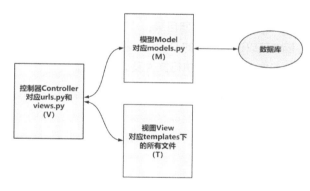

图 1-3

1.2 安装 Django

Django 的版本较多，与 Python 之间存在兼容性。有些 Web 应用在"Django 2.2 + Python 3.6"环境下开发，有些 Web 应用在"Django 3.1 + Python 3.7"环境下开发。如果在一台主机上需要同时安装上述两套应用，则烦琐且容易出错。此时，可以使用 Python 虚拟环境来解决。

1.2.1 安装 Python 虚拟环境

Python 虚拟环境可以让每一个 Python 应用单独使用一个环境。这样做的好处：既不会影响

Python 系统环境，也不会影响其他应用的环境。

举一个例子说明使用虚拟环境的好处：你买了一套房子正准备装修，小朋友的房间需要完全个性化的装修，比如，粉色的墙壁、精美的课桌、铺满卡通图案的地毯等。在小朋友房间这个独立环境中，可以任意打造。

1. 安装虚拟环境包

Virtualenv 是目前最流行的 Python 虚拟环境配置工具。它不仅同时支持 Python 2 和 Python 3，还可以为每个虚拟环境指定 Python 解释器。使用如下命令进行安装。

```
E:\python_project\virtualenv>pip install virtualenv
```

2. 创建虚拟环境

（1）在"E:\python_project\"目录下创建 virtualenv 目录，用来创建虚拟环境。

（2）利用命令提示符窗口进入 virtualenv 目录下。

```
E:\python_project\virtualenv>virtualenv -p D:\Python\Python38\python.exe env-py3.8.2
```

其中，"-p"参数指明 Python 的解释器目录；"D:\Python\Python38\python.exe"是笔者的 Python 解释器目录（读者可以选择自己的 Python 解释器目录）；"env-py3.8.2"是创建具体的 Python 虚拟环境目录（包含 Python 可执行文件及 pip 库）。

（3）执行命令后会创建相应的目录，如图 1-4 所示。

图 1-4

3. 激活和退出虚拟环境

（1）进入"E:\python_project\virtualenv\env-py3.8.2\Scripts"目录下，执行如下命令。

```
E:\python_project\virtualenv\env-py3.8.2\Scripts>activate
```

结果如图 1-5 所示，激活虚拟环境后会在最前方显示（env-py3.8.2）。

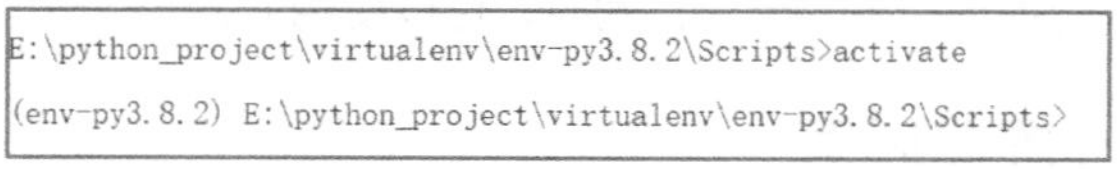

```
E:\python_project\virtualenv\env-py3.8.2\Scripts>activate
(env-py3.8.2) E:\python_project\virtualenv\env-py3.8.2\Scripts>
```

图 1-5

（2）退出虚拟环境。

在“E:\python_project\virtualenv\env-py3.8.2”目录下执行如下命令。

```
E:\python_project\virtualenv\env-py3.8.2>deactivate
```

1.2.2　在 Windows 中安装 Django

安装 Django 分为在 Windows 和 Linux 两种情况。

一般在开发时都使用在 Windows 中安装的 Django。为了方便大家搭建环境和开发代码，本书实例的开发环境为：Windows 10，Python 3.8.2，Django 3.1.5，开发工具为 VS Code。

> 在安装 Django 前，需要先安装 Python 软件。关于 Python 软件的安装，这里不再赘述。

Django 的具体安装步骤如下：

（1）在命令提示符窗口中使用 pip 命令进行指定版本安装。

```
(env-py3.8.2) E:\python_project\virtualenv\env-py3.8.2\Scripts>pip
install Django==3.1.5
```

（2）安装后如图 1-6 所示。

```
(env-py3.8.2) E:\python_project\virtualenv\env-py3.8.2\Scripts>pip install Django==3.1.5 -i https://pypi.tuna.tsinghua.e
du.cn/simple
Looking in indexes: https://pypi.tuna.tsinghua.edu.cn/simple
Collecting Django==3.1.5
  Using cached https://pypi.tuna.tsinghua.edu.cn/packages/b2/8f/d27f35f0639103271231bc81a96ad9188e6b5bc878e140ccb0dc610c
cef0/Django-3.1.5-py3-none-any.whl (7.8 MB)
Requirement already satisfied: pytz in e:\python_project\virtualenv\env-py3.8.2\lib\site-packages (from Django==3.1.5) (
2021.3)
Requirement already satisfied: asgiref<4,>=3.2.10 in e:\python_project\virtualenv\env-py3.8.2\lib\site-packages (from Dj
ango==3.1.5) (3.4.1)
Requirement already satisfied: sqlparse>=0.2.2 in e:\python_project\virtualenv\env-py3.8.2\lib\site-packages (from Djang
o==3.1.5) (0.4.2)
Installing collected packages: Django
Successfully installed Django-3.1.5
WARNING: You are using pip version 21.2.4; however, version 21.3 is available.
You should consider upgrading via the 'E:\python_project\virtualenv\env-py3.8.2\Scripts\python.exe -m pip install --upgr
ade pip' command.
```

图 1-6

（3）在命令提示符窗口中，运行以下命令来查看 Django 是否安装成功。

```
(env-py3.8.2) E:\python_project\virtualenv\env-py3.8.2\Scripts>python -m
django --version
```

（4）如果返回 Django 的版本信息，如图 1-7 所示，则说明安装成功。

```
(env-py3.8.2) E:\python_project\virtualenv\env-py3.8.2\Scripts>python -m django --version
3.1.5
```

图 1-7

1.3 用 VS Code 编辑器进行 Django 开发

Visual Studio Code（VS Code）是一款免费开源的现代化轻量级代码编辑器，支持 Windows、Mac 和 Linux 操作系统，支持语法高亮、智能代码补全、自定义热键、括号匹配、代码片段等特性，并针对网页开发和云端应用开发做了优化。Visual Studio Code 拥有丰富的插件生态系统，可通过安装插件来支持 C++、C#、Python、PHP 等其他语言。

它在功能上做到了"够用"，在体验上做到了"好用"，更在拥有海量插件的情况下做到了"简洁流畅"。

1.3.1 设置中文界面

从 VS Code 官网根据你的操作系统下载相应的 VS Code 版本。下载 VS Code 的 Windows 版本安装文件后，双击即可安装。具体安装过程这里不再赘述。

VS Code 默认安装后的界面为英文，可以安装中文插件。

安装中文插件的过程如图 1-8 所示，单击左侧边栏（如标"1"处所示），在搜索框中搜索"chinese"，就可以看到"Chinese (Simplified) Language Pack for Visual Studio Code"选项（如标"2"处所示），单击"Install"按钮进行安装（如标"3"处所示）。

图 1-8

安装完语言包后重新启动 VS Code 即可看到中文版本。

1.3.2 安装 Python 插件

安装一些合适的插件，可以让编程变得更容易。在 VS Code 的新版本中，越来越多的优秀插件被集成进来，比如图标美化插件等。

为了能在 VS Code 中正常运行 Python，需要安装一个 Python 的插件：在 VS Code 界面中单击左侧的扩展按钮（如标"1"处所示），在搜索框"2"处输入"python"（如标"2"处所示），选择第 1 个 Python 插件单击"安装"按钮进行安装（如标"3"处所示），如图 1-9 所示。

图 1-9

1.3.3 安装 Django 插件

在 VS Code 界面中单击左侧的扩展按钮（如标"1"处所示），然后在输入框中输入"django"（如标"2"处所示），选择列表中的前两个插件分别单击"安装"按钮进行安装（如标"3"处所示），如图 1-10 所示。

图 1-10

1.4 【实战】开发第 1 个 Django 应用

接下来开发第 1 个 Django 应用。

1.4.1 创建项目

Django 框架提供了以命令行方式来快速创建项目。在虚拟环境中执行以下命令。

```
(env-py3.8.2) E:\python_project>django-admin startproject myshop
```

命令正常执行后会生成 myshop 目录。由于该命令不支持应用名包含 "-" 字符，为了方便各个工程的区分，我们将外层 myshop 目录修改为 myshop-test 目录，目录结构如下所示。

```
E:\python_project\myshop-test
│   db.sqlite3
│   manage.py
└───myshop
        asgi.py
        settings.py
        urls.py
        wsgi.py
        __init__.py
```

目录及文件的含义见表 1-2。

表 1-2

名　称	含　义
myshop-test	根目录。与 Django 无关，可以任意命名
db.sqlite3	sqlite 格式的数据库，该文件在项目运行后生成
manage.py	一个命令行实用程序，可以通过命令行方式与 Django 项目进行交互
myshop	项目目录。这个目录名称请勿修改
asgi.py	与 ASGI 兼容的 Web 服务器，为项目提供服务的入口
settings.py	该项目的全局配置文件
urls.py	该项目的路由配置文件
wsgi.py	兼容 WSGI 的 Web 服务器，为你的项目提供服务的入口
__init__.py	一个空文件，告诉 Python 该目录应被视为 Python 包目录

1.4.2 创建应用

Django 的项目已经创建好了。现在使用 cd 命令进入 manage.py 同级的目录，创建一个名为

"app1"的应用,具体命令如下:

(env-py3.8.2) E:\python_project\myshop-test>python manage.py startapp app1

app1 应用的目录结构如下所示。

```
E:\python_project\myshop-test\app1
│   admin.py
│   apps.py
│   models.py
│   tests.py
│   views.py
│   __init__.py
│
└─migrations
        __init__.py
```

目录及文件的含义见表 1-3。

表 1-3

名 称	含 义
app1	应用目录。请勿修改这个目录名称
admin.py	后台管理使用
apps.py	应用管理文件
models.py	模型文件
tests.py	测试用例
views.py	视图文件
migrations	该目录包含了数据迁移文件,默认包含__init__.py
__init__.py	一个空文件,告诉 Python 该目录应被视为 Python 包目录

在创建应用后,还需要在全局配置文件中对应用进行注册:打开"myshop\settings.py"文件,找到 INSTALLED_APPS 节点,增加如下加粗部分的代码。

```
INSTALLED_APPS = [
    …
    'django.contrib.staticfiles',
    'app1',    #这是你创建的应用,需要手工注册
]
```

 只要是通过 startapp 命令创建的应用,都需要在全局配置文件中对其进行注册。

1.4.3 处理控制器

在 Django 框架中，控制器主要由视图文件 views.py 和路由文件 urls.py 组成。

1. 处理视图的动态逻辑

在"app1\views.py"中输入以下代码。

```
from django.shortcuts import render            #默认导入
from django.http import HttpResponse           #导入 HttpResponse 模块
def index(request):                            #定义视图函数 index()
  return render(request,'1/index.html')  #将渲染结果输出到 index.html 模板中
```

这里定义了视图函数 index()，该函数的功能是将渲染结果输出到 index.html 模板中。

2. 处理 URL 请求路径

在"myshop\urls.py"文件中输入以下代码。

```
from django.contrib import admin
from django.urls import path,include
from app1 import views

urlpatterns = [
    path('index/',views.index),              #访问路由，指定视图函数
]
```

在上述代码中，使用 path()函数定义了路由"index/"及路由指向的视图函数 index()。这样在访问"index/"路由时，会自动寻找 app1 应用中的视图函数 index()。

1.4.4 处理模板

在 1.4.2 节使用命令行创建 Django 应用的过程中，默认是没有模板目录的，需要手工创建。除此之外，还需要设置全局配置文件。接下来详细介绍。

1. 创建模板目录和模板文件

首先，在 manage.py 的同级目录中创建 templates 目录。（这里的目录名称"templates"是可以变更的，但是建议保持不变。）

然后，在"templates"目录下创建一个"1"目录，用来保存本章的模板文件；在"1"目录下新建一个 index.html 文件，在该文件中添加如下代码。

```
<div style="color:red;font-size:24px;">你好 Django！ </div>
```

2. 配置全局设置文件 settings.py

在创建好模板目录后，还不能直接使用，需要在全局文件中对模板目录进行注册。

打开"myshop\settings.py"文件,找到 TEMPLATES 选项,修改为以下代码。

```
'DIRS': [os.path.join(BASE_DIR,'templates')],
```

这行代码表示:在运行应用时,会在 templates 目录下寻找具体的模板文件。因为在代码中使用了 os 库,所以还需要在 settings.py 文件中导入该库,如以下代码所示。

```
import os
```

1.4.5 运行应用

至此,第 1 个 Django 应用即可运行了。有读者会问,为何没有模型呢?因为模型涉及更多的知识点,放在第 1 个入门例子中讲解会显得复杂,我们会在第 4 章详细介绍模型。

下面来运行一下吧。

(1)通过命令行启动项目:

```
(env-py3.8.2) E:\python_project\myshop-test>python manage.py runserver
```

> 还可以带 IP 地址和端口启动项目:
> ```
> (env-py3.8.2) E:\python_project\myshop-test>python manage.py runserver 0.0.0.0:8000
> ```

(2)成功启动的界面如图 1-11 所示。

```
(env-py3.8.2) PS E:\python_project\myshop-test> python .\manage.py runserver
Watching for file changes with StatReloader
Performing system checks...

System check identified no issues (0 silenced).

You have 33 unapplied migration(s). Your project may not work properly until you apply the migrations
, app8, auth, authtoken, contenttypes, sessions.
Run 'python manage.py migrate' to apply them.
October 19, 2021 - 22:16:56
Django version 3.1.5, using settings 'myshop.settings'
Starting development server at http://127.0.0.1:8000/
Quit the server with CTRL-BREAK.
```

图 1-11

(3)在浏览器地址栏中输入"http://localhost:8000/index/"访问应用。如果页面中显示红色的"你好 Django!"字样,则说明 Django 应用已经成功运行。

1.5 Django 项目的运行和调试

VS Code 编辑器让 Django 项目的运行和调试都变得非常方便。

1.5.1　设置运行环境

（1）打开 VS Code，单击菜单"文件"→"打开文件夹"，选择"myshop-test"文件夹。

（2）打开的工作界面如图 1-12 所示，单击左下角的 Python 解释器（如标"1"处所示），会弹出一个解释器的界面（如标"2"处所示），在文本框中输入一个之前创建的虚拟环境的解释器路径，路径如下所示。

```
E:\python_project\virtualenv\env-py3.8.2\Scripts\python.exe
```

（3）在终端界面中会看到当前已经处于虚拟环境中（如标"3"处所示）。如无特殊说明，本书后续的操作都在 VS Code 编辑器中进行。

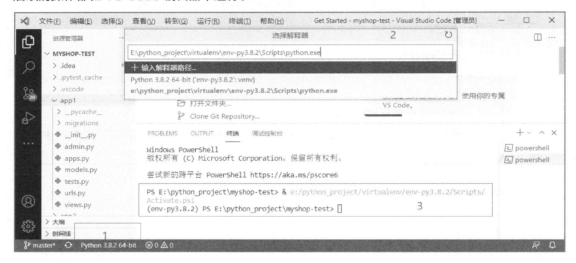

图 1-12

1.5.2　调试项目

当程序出现异常时，不可避免会用到程序的调试功能。通过调试可以快速发现问题。VS Code 提供了非常强大的调试能力。

（1）打开"app1\views.py"文件，在任意一行代码的行首处单击鼠标左键，出现一个红点（相当于打了一个断点），如图 1-13 所示。

（2）在设置断点后，按 F5 键进行调试。按 F5 键后会出现如图 1-14 所示界面，这里选择"Django 启动并调试 Django Web 应用"选项。

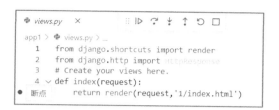

图 1-13

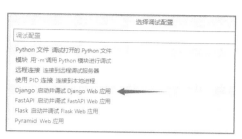

图 1-14

(3) 打开浏览器访问相应的 URL,会停在断点处。最终的调试界面如图 1-15 所示。

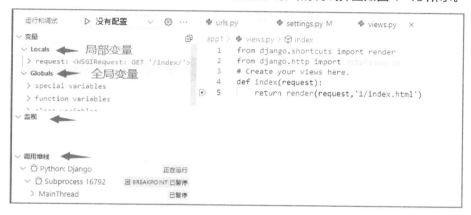

图 1-15

(4) 在左侧调试窗口中,从上到下依次显示的是调试的变量(局部变量和全局变量)、监视、调用堆栈等。

调试快捷键大致如下。

- F5:暂停/继续。
- F10:单步跳过。
- F11:单步进入。
- Shift + F11:跳出。
- F9:切换断点。

第 2 章
网站的入口——Django 的路由和视图

URL 是网站 Web 服务的入口。用户在浏览器中输入 URL 发出请求后，后端 Django 应用会在路由系统中，根据 URL 查找并运行对应的视图函数，然后返回信息到浏览器中。

Django 的路由系统也被称为 URLConf，反映了 URL 和视图函数的映射关系：遇到某个 URL 就执行对应的视图函数。

2.1 认识路由

当我们创建一个 Django 项目时，在项目目录下会生成一个 urls.py 文件。在该文件中定义了 Django 项目的主要路由信息。该文件也是整个项目路由解析的入口。除此之外，在新建的应用中也可以使用独立的路由配置文件 urls.py。但应用中的 urls.py 需要手动创建。本章我们以 myshop-test 项目为练习对象。

2.1.1 路由系统的基本配置

在项目的 urls.py 文件中，有一个名称为 "urlpatterns" 的列表，其中存放着项目中的 URL 路由规则，如以下代码所示。

```
from django.contrib import admin
from django.urls import path
```

```
from app1 import views
urlpatterns = [
    path('admin/', admin.site.urls),
    path('index/',views.index,name='index'),
]
```

在以上代码中，默认导入了 admin 模块和 path()方法，并在 urlpatterns 列表中定义了指向 admin 后台管理系统的 URL 路由规则（这是一条默认的路由规则）。该 urlpatterns 列表中定义的路由为整个项目的根路由。

一个 path()函数对应一条路由规则。当用户请求 "index/" 这个 URL 时，通过配置项找到 app1 应用下 view.py 中对应的视图函数 index()执行并返回结果。

path()函数的语法格式如下。

```
path(路由，视图函数，别名)
```

 有些路由规则还在使用 url()函数，这是 Django 1.X 中的用法。Django 2.X 和 Django 3.X 向下兼容，仍然可以使用该函数。

2.1.2 【实战】用"路由包含"简化项目的复杂度

随着业务模块越来越多，路由规则也会越来越复杂。可以用"路由包含"来简化项目的复杂度：为每一个应用创建一个 urls.py 文件，把相关的路由配置都放在每个应用的 urls.py 文件中。

这样，当用户发起请求时，会从根路由开始寻找每个应用的路由信息，生成一个完整的路由列表。当 Django 从当前请求中获取路由地址后，会先在这个路由列表中进行匹配，然后执行路由信息所关联的视图函数，从而完成整个请求过程。

1. 路由配置规则

在项目的 urls 文件中，urlpatterns 列表会从上到下进行匹配。

- 如果匹配成功，则调用 path()函数中第 2 个参数所指定的视图函数，且不会再往下继续匹配。
- 如果匹配不成功，则返回 404 错误。

如果在应用中定义了子路由，则在根路由中使用 include('应用名.urls')来加载子路由。如果 URL 的第 1 部分被匹配，则其余部分会在子路由中进行匹配。

路由信息一般以"/"结尾。

2. 实战

下面使用"路由包含"对当前项目中的 app1、app2 应用的路由进行管理。

（1）打开本书配套资源中的"myshop/urls.py"，在其中添加如下代码。其中，include()函数的参数为应用的 URL 配置文件。

```
from django.contrib import admin
from django.urls import path,include
from app1 import views
urlpatterns = [
    path('admin/', admin.site.urls),
    path('index/',views.index,name='index'),
    path('',include('app1.urls')),
    path('',include('app2.urls')),
```

（2）新建应用路由文件"app2\urls.py"，在其中添加如下代码。

```
from django.urls import path
from app2 import views
urlpatterns = [
    path('app2/index/',views.index),
]
```

（3）打开本书配套资源中的"app2\views.py"，增加视图函数 index()，如以下代码所示。

```
from django.shortcuts import render
from django.http import HttpResponse
def index(request):
    return HttpResponse("app2 中的 index 方法")
```

（4）运行结果如图 2-1 所示。

图 2-1

2.1.3　解析路由参数

在浏览新闻网站的某个新闻详情页面时，URL 地址一般都为"show/1/""show/2/"这样的格式。我们不可能为所有新闻详情页面都预先配置好路由规则，所以需要引入 URL 参数进行动态配置。

1. 编写带 URL 参数的路由

下面通过实例来学习带 URL 参数的路由。

（1）打开本书配套资源中的"app2\urls.py"，增加路由配置，如以下代码所示。

```
urlpatterns = [
    path('app2/show/<int:id>/',views.show),
]
```

（2）打开本书配套资源中的"app2\views.py"，增加视图函数 show()，如以下代码所示。

```
def show(request,id):
    return HttpResponse("app2 中的 show 方法，参数为 id，值为"+str(id))
```

（3）运行结果如图 2-2 所示。

图 2-2

2. 介绍 URL 参数

在路由规则"path('app2/show/<int:id>/',views.show)"中，<>中的内容被称为 URL 参数。其语法格式如下。

```
<参数数据类型：参数名称>
```

URL 参数有 4 种数据类型，见表 2-1。

表 2-1

参数数据类型	说　　明
str	任意非空字符串，不包含"/"，默认类型
int	匹配 0 和正整数
slug	匹配任何 ASCII 字符、连接符和下画线
uuid	匹配一个 UUID 格式的字符串，该对象必须包括"-"，所有字母必须小写。如 22221111-abcd-3cww-3321-123456789012

3. URL 参数解析的加强实例

下面通过一个实例来演示 URL 参数解析。

（1）打开应用路由文件"app2\urls.py"，添加如下路由规则。

```
urlpatterns = [
```

```
        path('app2/article/<uuid:id>/',views.show_uuid,name='show_uuid'),
        path('app2/article/<slug:q>/',views.show_slug,name='show_slug'),
]
```

（2）打开本书配套资源中的"app2\views.py"，增加视图函数 show_uuid()，如以下代码所示。

```
def show_uuid(request,id):
    return HttpResponse("app2 中的 show_uuid 方法,参数为 id, 值为"+str(id))
```

（3）打开本书配套资源中的"app2\views.py"，增加视图函数 show_slug()，如以下代码所示。

```
def show_slug(request,q):
    return HttpResponse("app2 中的 show_slug 方法,参数为 q, 值为"+str(q))
```

（4）上述两条路由规则的浏览效果分别如图 2-3、图 2-4 所示。

图 2-3

图 2-4

2.1.4　【实战】用 re_path()方法正则匹配复杂路由

re_path()方法和 path()方法的作用一样。在 re_path()方法中编写 URL 时可以使用正则表达式，所以其功能更强大。

1．路由中的正则表达式

路由中的正则表达式的语法格式如下。

```
(?P<name>pattern)
```

其中，name 是匹配的字符串的名称，pattern 是要匹配的模式。

常见的正则表达式见表 2-2。

表 2-2

正则表达式	说明
.	匹配任意单个字符
\d	匹配任意一个数字
\w	匹配字母、数字、下画线
*	匹配 0 个或者多个字符（如"\d*"代表匹配 0 或者多个数字）
[a-z]	匹配 a~z 中任意一个小写字符
{1,5}	匹配 1~5 个字符

2. 实例

下面通过一个实例来演示路由中的正则表达式。

（1）打开本书配套资源中的"app2/urls.py"，在其中添加如下代码。

```
from django.urls import path,re_path
from app2 import views
urlpatterns = [
    re_path(r'app2/list/(?P<year>\d{4})/', views.article_list),
    re_path(r'app2/page/(?P<page>\d+)&key=(?P<key>\w+)',
views.article_page,name="article_page"),]
```

上述规则可以接受符合正则表达式匹配的路由，其中，

- "app2/list/(?P<year>\d{4})/"规则表述为：接收以"app2/list/"开头、后面跟 4 位整数的路由。
- "app2/page/(?P<page>\d+)&key=(?P<key>\w+)"规则表述为：接收以"app2/page/"开头、后面跟任意位数整数，且第 2 个参数可以是字母、数字和下画线的路由。

（2）打开本书配套资源中的"app2\views.py"，增加视图函数 article_list()，如以下代码所示。

```
def article_list(request,year):
    return HttpResponse("app2 中的 article_list 方法，参数为 year，指定 4 位，值为
"+str(year))
```

（3）打开本书配套资源中的"app2\views.py"，增加视图函数 article_page()，如以下代码所示。

```
def article_page(request,page,key):
    return HttpResponse("app2 中的 article_page 方法，参数为 page，任意数字，值为
"+str(page)+" 参数 key，字母数字下画线，值为"+key)
```

（4）上述两条路由规则的浏览效果分别如图 2-5、图 2-6 所示。

图 2-5

图 2-6

2.1.5 反向解析路由

在 Django 的路由配置中,可以给一个路由配置项命名,然后在视图函数或模板的 HTML 文件中进行调用。

1. 介绍

先了解以下的路由配置。

```
path('app2/url_reverse/',views.url_reverse,name='app2_url_reverse'),
```

说明如下:

- 在 name 后可以跟任意字符串。为了避免冲突,建议使用的规则为"应用名_配置项名称"。
- name 相当于配置项的别名。有了这个别名后,可以在视图函数或者模板的 HTML 文件中调用它。

根据 name 得到路由配置项中的 URL 地址,被称作"反向解析路由"。这样的好处是:只要 name 不变,URL 地址可以任意改变。

2. 实例

下面通过实例来学习反向解析路由。

(1)打开本书配套资源中的"app2/urls.py",增加一段反向解析路由,如以下代码所示。

```
urlpatterns = [
    …
    path('app2/url_reverse/',views.url_reverse,name='app2_url_reverse'),
]
```

(2)打开本书配套资源中的"app2/views.py",增加视图函数 url_reverse(),如以下代码所示。

```
def url_reverse(request):
    #使用 reverse()方法反向解析
    print("在 views()函数中使用 reverse()方法解析的结果："+reverse("app2_url_reverse"))
    return render(request,"2/url_reverse.html")
```

（3）新建文件"template/2/url_reverse.html"，在其中添加如下代码。

```
<div>
    在 HTML 中使用 url 标签进行反向解析
    <br>
    {% url 'app2_url_reverse' %}
</div>
```

（4）运行后访问路由"localhost:8000/app2/url_reverse/"，结果如图 2-7 所示。

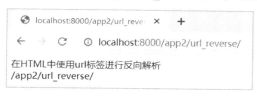

图 2-7

2.2 认识视图函数

Django 中的视图是 MTV 模式中的 View 层，用于处理客户端的请求并生成响应数据。在视图中使用函数处理请求的方式，被称为视图函数，也叫作 FBV（Function Base Views）。视图函数的代码一般放在应用目录下的 views.py 文件中。

2.2.1 什么是视图函数

先来看 Django 中一个简单的视图函数——返回字符串的视图函数。

打开本书配套资源中的"app2/views.py"，增加视图函数 hello()，如以下代码所示。

```
from django.http import HttpResponse
def hello(request):
    return HttpResponse("Hello Django!!!")
```

逐行解释一下上面的代码：

首先，从 django.http 模块导入了 HttpResponse 类。

接着，定义视图函数 hello()。视图函数默认接收一个 HttpRequest 对象作为第 1 个参数，通常定义一个变量 request 来接收这个参数数据。

 视图函数 hello()会返回一个 HttpResponse 对象，其中包含生成的响应数据。

2.2.2 视图函数的底层原理

视图函数主要使用 HttpRequest 对象（请求对象）和 HttpResponse 响应对象（响应对象）。当浏览器向服务端请求一个页面时，Django 先创建一个 HttpRequest 对象（该对象中包含请求的元数据）；然后加载相应的视图，将这个 HttpRequest 对象作为第 1 个参数传递给视图函数。视图函数会返回一个 HttpResponse 对象。

1. HttpRequest 对象

HttpRequest 对象主要包含表 2-3 中的属性/方法。

表 2-3

属性/方法	含义
path	字符串，表示请求页面的路径，不包含域名
method	字符串，表示页面的请求方法，常用值包括"GET"和"POST"。必须使用大写方式
encoding	字符串，表示提交的数据的编码方式。一般默认为 UTF-8 编码方式
GET	字典类型，包含 GET 请求方法中的所有参数
POST	字典类型，包含 POST 请求方法中的所有参数
FILES	字典类型，包含上传文件的信息
COOKIES	字典类型，包含所有的 Cookies 对象
session	字典类型，表示当前的会话
META	字典类型，包含所有的 HTTP 头部信息，如 HTTP_USER_AGENT（客户端 Agent 信息）、REMOTE_ADDR（客户端的 IP 地址）等
user	表示当前登录的用户

下面通过一段代码演示 HttpRequest 对象的用法。

（1）打开本书配套资源中的"app2/view.py"，增加视图函数 test_get()，如以下代码所示。

```
def test_get(request):
    print(request.get_host())              #域名 + 端口
    print(request.get_raw_uri())           #全部路径，包含参数
    print(request.path)                    #获取访问文件路径，不含参数
    print(request.get_full_path())         #获取访问文件路径，包含参数
    print(request.method)                  #获取请求中使用的 HTTP 方式（POST/GET）
```

```
    print(request.GET)                              #获取 GET 请求的参数
    print(request.META["HTTP_USER_AGENT"])          #用户浏览器的 user-agent 字符串
    print(request.META["REMOTE_ADDR"])              #客户端 IP 地址
    print(request.GET.get('username'))              #获取 get 参数
    return HttpResponse("")
```

配置路由如下。

```
path('app2/test_get/',views.test_get),
```

运行后，控制台输出如下。

```
localhost:8000
http://localhost:8000/app2/test_get/
/app2/test_get/
/app2/test_get/
GET
<QueryDict: {}>
Mozilla/5.0 (Windows NT 10.0; Win64; x64) AppleWebKit/537.36 (KHTML, like Gecko) Chrome/91.0.4472.77 Safari/537.36
127.0.0.1
None
[13/Jun/2020 18:55:26] "GET /app2/test_get/ HTTP/1.1" 200 0
```

（2）打开本书配套资源中的"app2/view.py"，增加视图函数 test_post()，如以下代码所示。

```
def test_post(request):
    print(request.method)                 #获取请求中的使用的 HTTP 方式（POST/GET）
    print(request.POST.get('username'))
    return render(request,'2/test_post.html')
```

新建文件"templates/2/test_post.html"，在其中添加如下代码。

```
<form method="POST">
    {% csrf_token %}
    <input type="text" name="username" >
    <input type="submit" value="提交">
</form>
```

配置路由如下。

```
path('app2/test_post/',views.test_post),
```

运行后，控制台输出如下。

```
POST
Yang                    #这是你输入的 username 参数，可以输入其他字符串测试
[27/Mar/2020 23:59:43] "POST /app2/test_post/ HTTP/1.1" 200 236
```

2. HttpResponse 对象

每个视图函数都会返回一个 HttpResponse 对象，该对象包含返给客户端的所有数据。

HttpResponse 对象的常用属性见表 2-4。

表 2-4

属 性	含 义
content	返回的内容
status_code	返回的 HTTP 响应状态码
content-type	返回的数据的 MIME 类型，默认为 text/html

常用的状态码 status_code 见表 2-5。

表 2-5

状态码	含 义
200	状态成功
301	永久重定向，Location 属性的值为当前 URL
302	临时重定向，Location 属性的值为新的 URL
404	URL 未发现，不存在
500	内部服务器错误
502	网关错误
503	服务不可用

下面通过一段代码演示 HttpResponse 对象的用法。

（1）打开本书配套资源中的"app2/views.py"，增加视图函数 test_response()，如以下代码所示。

```
def test_response(request):
    response=HttpResponse()
    response.write("hello django")
    response.write("<br>")
    response.write(response.content)
    response.write("<br>")
    response.write(response['Content-type'])
    response.write("<br>")
    response.write(response.status_code)
    response.write("<br>")
    response.write(response.charset)
    response.write("<br>")
    return response
```

（2）打开本书配套资源中的"app2/urls.py"，增加一条路由规则，如以下代码所示。

```
urlpatterns = [
    path('app2/test_response/',views.test_response),
]
```

（3）启动服务并浏览"127.0.0.1:8000/app2/test_response/"，结果如图 2-8 所示。

图 2-8

2.2.3 视图处理函数的使用

通过 HttpRequest 对象和 HttpResponse 对象，可以处理基本的数据请求并返回响应数据。但是这种方式烦琐。Django 将这些底层的操作过程全部进行了封装，提供了几个简单的函数供我们使用。接下来一一进行介绍。

1. 用 render() 函数实现页面渲染

render() 函数，根据模板文件和传递给模板文件的字典类型的变量，生成一个 HttpResponse 对象并返回。

render() 函数的格式为：

```
from django.shortcuts import render
render(request,template_name,context=None,content_type=None,status=None,using=None)
```

参数含义如下。

- request：传递给视图函数的所有请求，其实就是视图函数的参数 request。
- template_name：渲染的模板文件，一般放在 templates 目录下。
- context：数据格式为字典类型，保存要传递到 HTML 文件中的变量。
- content_type：用于生成文档的 MIME 类型。默认为 text/html。
- status：表示响应的状态代码，默认为 200。
- using：设置模板引擎，用于解析模板文件。

下面通过代码向 test_render.html 文件传递变量名为"info"、值为"hello django"的字典变量，并设置返给浏览器的类型为 text/html。

(1)打开本书配套资源中的"app2/views.py",增加视图函数 test_render(),如以下代码所示。

```
def test_render(request):
    return render(request,'2/test_render.html',{'info':'hello django'},content_type='text/html')
```

(2)新建"templates/2/test_render.html"文件,在其中添加如下代码。

```
<div>
    接收变量
    <br>
    {{info}}
</div>
```

视图函数 test_render()定义的变量 info,会作为 render()函数的参数 context 传递。在模板 test_render.html 中,通过使用模板上下文(模板变量)"{{ info }}"来获取上下文字典变量 info 的数据。

2. 用 redirect()函数实现页面重定向

在项目开发中,经常会遇到网页重定向的情况。如遇到网站的目录结构被调整了、网页被移到一个新地址这类情况,若不做重定向,则通过用户收藏夹中的链接或搜索引擎数据库中的旧地址,只能得到一个 404 页面错误信息。

在 Django 中,使用重定向函数 redirect()实现网页重定向。该函数的参数包含以下 3 种情况:

- 通过调用模型的 get_absolute_url()函数进行重定向。
- 通过路由反向解析进行重定向。
- 通过一个绝对的或相对的 URL,让浏览器跳转到指定的 URL 进行重定向。

(1)通过调用模型的 get_absolute_url()函数进行重定向。

打开本书配套资源中的"app2/models.py",在其中添加如下代码。

```
from django.db import models
from django.urls import reverse
class UserBaseInfo(models.Model):
    id=models.AutoField(verbose_name='编号',primary_key=True)
    username=models.CharField(verbose_name='用户名称',max_length=30)
    password = models.CharField(verbose_name='密码',max_length=20)
    status = models.CharField(verbose_name='状态',max_length=1)
    createdate = models.DateTimeField(verbose_name='创建日期',
db_column='createDate')
    def __str__(self):
        return str(self.id)
    def get_absolute_url(self):
        return reverse('app2_userinfo',kwargs={'id':self.pk})
```

```
    class Meta:
        verbose_name='人员基本信息'
        db_table = 'UserBaseInfo2'
```

在上述代码中，定义了 get_absolute_url()方法，用于返回模型对外的 URL；使用 reverse()函数做反向解析操作。

执行数据迁移操作，如以下命令所示。关于数据迁移操作会在第 4 章详细介绍。

```
python .\manage.py makemigrations
python .\manage.py migrate
```

打开本书配套资源中的"app2/views.py"，增加视图函数 test_redirect_model()及 userinfo()，如以下代码所示。

```
def test_redirect_model(request,id):
    user=UserBaseInfo.objects.get(id=id)
    return redirect(user)
def userinfo(request,id):
    user=UserBaseInfo.objects.get(id=id)
    return HttpResponse("编号："+str(user.id)+" 姓名："+user.username)
```

打开本书配套资源中的"app2/urls.py"，增加如下路由规则。

```
path('app2/test_redirect_model/<int:id>/',views.test_redirect_model,name='app2_test_redirect_model'),
path('app2/userinfo/<int:id>/',views.userinfo,name='app2_userinfo')
```

这里提前学习了一部分模型的知识，若要正确访问"app2/userinfo/1/"路由，还需要在 UserBaseInfo 表中插入一条 id=1 的数据。读者可以先看第四章进行熟悉。运行结果如图 2-9 所示。

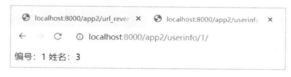

图 2-9

执行过程如下：在执行视图函数 test_redirect_model()时，redirect()函数包含一个模型实例，因此会调用该模型实例的 get_absolute_url()方法。而 get_absolute_url()方法通过 reverse()函数做反向解析，组装出"app2/userinfo/id/1/"这样的路由规则；然后根据这个路由规则，找到对应的视图函数 userinfo()，执行并得到结果。

（2）通过路由反向解析进行重定向。

打开本书配套资源中的"app2/views.py"，增加视图函数 test_redirect_views()，如以下代码所示。

```python
def test_redirect_views(request,id):
    return redirect('app2_userinfo',id)
```

使用 redirect()函数直接反向解析路由的效果，和使用 reverse()函数的效果一样。

打开本书配套资源中的"app2/urls.py"，增加如下路由规则。

```
path('app2/test_redirect_views/<int:id>/',views.test_redirect_views,name='app2_test_redirect_views'),
```

读者可以自己执行看看效果。

（3）通过一个绝对的或相对的 URL，让浏览器跳转到指定的 URL。

打开本书配套资源中的"app2/views.py"，增加视图函数 test_redirect()，如以下代码所示。

```python
def test_redirect(request):
    return redirect("https://www.phei.com.cn/")
```

打开本书配套资源中的"app2/urls.py"，增加如下路由规则。

```
path('app2/test_redirect/',views.test_redirect,name='app2_test_redirect'),
```

运行后访问，可以看到当前页面已经被重定向到电子工业出版社的网站了。

2.3 认识视图类

Django 框架还提供了另外一种处理用户请求的方式——视图类的处理方式。它可以更好地处理不同的 HTTP 请求。

2.3.1 什么是视图类

在视图里使用类处理方式，被称为视图类（class base views，CBV）。视图类可以更好地处理不同的 HTTP 请求。采用面向对象的思维，把每个方法的处理逻辑变成视图类中的单个方法，这样可以使程序的逻辑变得更加简单、清晰。

在处理视图逻辑时，不用通过"if…elif…"这样的代码来区别请求方式是 GET 请求还是 POST 请求，而是通过在视图类中定义的 get()方法和 post()方法进行区别。

2.3.2 对比视图函数和视图类

相信通过前面的学习，读者对视图函数已经有了一个了解。比如，用户请求的某个路由地址，既有 GET 请求，也有 POST 请求。对于这种情况，视图函数的定义如下。

```python
def index_page(request):
    if request.method == 'GET':
        return HttpResponse("GET 请求")
    elif request.method == 'POST':
        return HttpResponse("POST 请求")
```

视图函数的定义有些烦琐且代码冗长。改用视图类的方式，代码如下。

```python
from django.views import View
class IndexPageView(View):
    '''
    类视图
    '''
    def get(self, request):
        return HttpResponse("GET 请求")
    def post(self, request):
        return HttpResponse("POST 请求")
```

其中，视图类 IndexPageView 继承自 django.views 模块下的 View 类，而 View 类需要从 django.views 模块中导入。

视图类的路由定义方式如下。

```python
from app2.views import IndexPageView
urlpatterns = [
  path('indexpage/',IndexPageView.as_view())
]
```

视图类在调用时，只能是函数的方式，而不能是类的方式。因此，需要将视图类用 as_view() 转化为视图函数。

2.3.3 利用视图类进行功能设计

Django 提供了众多视图类，通过视图类可以简化开发过程。接下来介绍常用的视图类。

1. 通用视图类——TemplateView

TemplateView 是一个通用视图类，用来渲染指定的模板。下面通过实例来了解其用法。

为了和视图函数区分开来，新建文件"app2/views_class.py"，增加视图类 TestTemplateView，如以下代码所示。

```python
from django.shortcuts import render
from django.http import HttpResponse
from django.views.generic import TemplateView

class TestTemplateView(TemplateView):
    #设置模板文件
```

```
    template_name="2/test_templateview.html"
    #重写父类的get_context_data()方法
    def get_context_data(self, **kwargs):
        context=super().get_context_data(**kwargs)
        #增加模板变量info
        context["info"]="该变量可以传递到模板"
        return context
```

首先，通过"from django.views.generic import TemplateView"导入 TemplateView 类。

然后，通过继承 TemplateView 类的方式创建一个 TestTemplateView 类。在 TestTemplateView 类中需要设置模板文件。

最后，通过重写父类的 get_context_data()方法获取新增的额外的变量。之后在 context 字段中加入 info 变量，就可以在模板中通过"{{info}}"得到传递的字典变量了。

路由配置如下。

```
from app2.views_class import *
    …
    path('app2/test_templateview/',TestTemplateView.as_view())
```

请注意路由中 as_view()方法的用法。

2. **列表视图类——ListView**

ListView 视图类用于将数据表的数据以列表的形式显示。

（1）打开本书配套资源中的"app2/views_class.py"，增加视图类 TestListView，如以下代码所示。

```
from django.views.generic import ListView
from .models import *
class TestListView(ListView):
    model=UserBaseInfo
    template_name="2/test_listview.html"
    #设置模板变量的上下文
    context_object_name="users"
    #每页显示的条数
    paginate_by=1
    #queryset=UserBaseInfo.objects.filter(status=1)
    #重新父类的get_queryset()方法
    def get_queryset(self):
        #返回状态为1的数据
        userinfo=UserBaseInfo.objects.filter(status=1)
        return userinfo
```

```python
#重写父类的get_context_data()方法
def get_context_data(self, **kwargs):
    context=super().get_context_data(**kwargs)
    #增加模板变量info
    context["info"]="ListView变量可以传递到模板"
    print(context)
    return context
```

首先，通过"from django.views.generic import ListView"导入 ListView 类。

然后，通过继承 ListView 类的方式创建一个 TestListView 类，在 TestListView 类中需要设置模板文件。

最后，通过重写父类的 get_queryset()方法获取属性 queryset 的值，重写 get_context_data()方法来获取新增的额外的变量。之后在 context 字段中加入了 info 变量，就可以在模板中通过"{{info}}"得到传递的字典变量。

如果没有设置 context_object_name，则模板变量上下文名称由"模型名称的小写 + _list"组成。

（2）新建文件"templates/2/test_listview.html"，在其中添加如下代码。

```html
<div>
    接收变量
    <br>
    {{info}}
    <table border=1>
        {% for user in users %}
        <tr>
            <td>{{ user.username }}</td>
            <td>{{ user.status }}</td>
            <td>{{ user.createdate }}</td>
        </tr>
        {% endfor%}
    </table>
    <table>
        <tr>
            {% if page_obj.has_previous %}
            <td>
                <a href="?page={{ page_obj.previous_page_number }}">
                    上一页
                </a>
            </td>
            {% endif %}
            {% if page_obj.has_next %}
            <td>
```

```html
                <a href="?page={{ page_obj.next_page_number }}">
                    下一页
                </a>
            </td>
            {% endif %}
        </tr>
    </table>
</div>
```

其中，page_obj 为分页对象，在 ListView 类中属于固定用法。

（3）配置路由并访问页面，结果如图 2-10 所示。

图 2-10

通过控制台查看 content 变量，如下。请注意加粗代码的使用方法。

```
{'paginator': <django.core.paginator.Paginator object at
0x0000026432CD5790>, 'page_obj': <Page 2 of 3>, 'is_paginated': True,
'object_list': <QuerySet [<UserBaseInfo: 2>]>, 'userbaseinfo_list': <QuerySet
[<UserBaseInfo: 2>]>, 'view': <app2.views_class.TestListView object at
0x0000026432CD5640>, 'info': 'ListView 变量可以传递到模板'}
```

3. 详细视图类——DetailView

DetailView 视图类用于将数据表的数据以详细视图的形式显示。

（1）打开本书配套资源中的"app2/views_class.py"文件，增加视图类 TestDetailView，如以下代码所示。

```python
from django.views.generic import DetailView
from .models import *
class TestDetailView(DetailView):
    model=UserBaseInfo
    template_name="2/test_detailview.html"
    #设置模板变量
    context_object_name="users"
        #对应路由中的参数 userid
    pk_url_kwarg='userid'
```

首先，通过"from django.views.generic import DetailView"导入 DetailView 类。

然后，通过继承 DetailView 类的方式创建一个类 TestDetailView。在类 TestDetailView 中需要设置模板文件。pk_url_kwarg 代表路由地址中的某个参数，该参数用于保存记录的主键字段的值。

（2）新建文件"templates/2/test_detailview.html"，在其中添加如下代码。

```
<div>
    <table border="1">
        <tr>
            <td>姓名:</td>
            <td>{{ users.username }}</td>
        </tr>
        <tr>
            <td>注册时间:</td>
            <td>{{ users.createdate }}</td>
        </tr>
    </table>
</div>
```

（3）配置路由并访问页面，结果如图 2-11 所示。

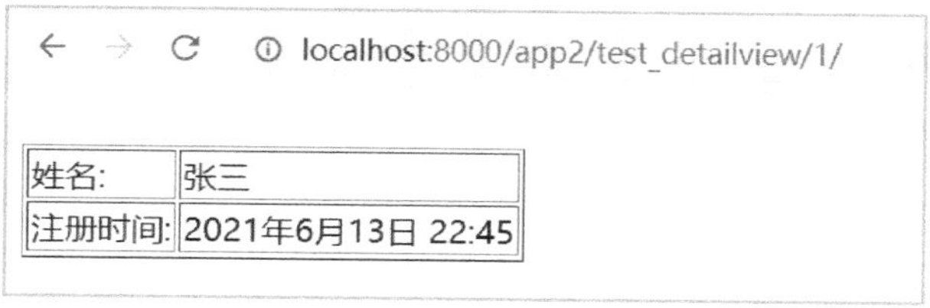

图 2-11

第 3 章

页面展现——基于 Django 模板

Django 提供了模板技术用于编写 HTML 代码,之后可以通过视图技术渲染模板将最终生成的 HTML 代码返给客户端浏览器进行显示。

Django 模板技术作为 MTV 模式中的 T(Template),主要用于页面的展现。Django 模板技术实现了业务逻辑和内容显示的分离。通常一个模板可以供多个视图使用。

Django 模板技术可以分为两部分。

- 静态部分,如 HTML、CSS 和 JavaScript。
- 动态部分,如 Django 的模板语言 DTL。

3.1 Django 模板语言——DTL

DTL 是 Django Template Language 的缩写,指 Django 自带的模板语言。Django 模板是一种带有 DTL 语言的 HTML 文件,这个 HTML 文件可以被 Django 编译,其中可以传递参数,以实现数据动态化,最终发送给客户端浏览器。

Django 模板语言包括模板变量、模板标签和模板过滤器。

3.1.1 模板变量

模板变量,除可以是字符串外,还可以是列表、字典和类对象。

模板变量可以被看作是 HTML 文件中的占位符:当 Django 模板引擎执行时,会用模板变量实际的值对其进行替换。

1. 模板变量的表示

（1）模板变量使用"{{ 变量名 }}"来表示。

注意，在模板变量的名称前后都有空格。模板变量的名称可以由字母、数字和下画线组成，但不能包含空格等其他字符，如以下模板变量。

```
我的姓名{{ name }}，我的年龄{{ age }}
```

（2）模板变量还可以是列表、字典及类对象。

在模板中，模板变量的使用方法和 Python 中的使用方法相同。比如，列表对象按照索引位置进行访问，字典对象按照关键字进行访问。

2. 实例

下面通过实例来学习模板变量。

新建一个应用 app3，接下来的操作都在 app3 应用中完成。

（1）打开本书配套资源中的"app3\views.py"，增加视图函数 var()，如以下代码所示。

```python
def var(request):
    #列表对象
    lists=['Java','Python','C','C#','JavaScript']
    #字典对象
    dicts={'姓名':'张三','年龄':25,'性别':'男'}
    return render(request,'3/var.html',{'lists':lists,'dicts':dicts})
```

在上述代码中，定义了一个列表对象 lists、一个字典对象 dicts。render()函数传给模板文件的模板变量名称就是字典的键名称，这样在模板文件中就可以使用这个字典的键名称了。

（2）打开模板文件"templates/3/var.html"，在其中添加如下代码。

```
{{ lists }}
<table border=1>
    <tr>
        <td>{{ lists.0 }}</td>
        <td>{{ lists.1 }}</td>
        <td>{{ lists.2 }}</td>
        <td>{{ lists.3 }}</td>
        <td>{{ lists.4 }}</td>
    </tr>
</table>
<br>
{{ dicts }}
<table border=1>
```

```
    <tr>
        <td>{{ dicts.姓名 }}</td>
        <td>{{ dicts.年龄 }}</td>
        <td>{{ dicts.性别 }}</td>
    </tr>
</table>
```

其中，"{{ lists }}"返回列表的值，然后使用"{{ lists.0 }}"的方式获取列表中的第 1 个元素值。对于字典类型变量"{{ dicts }}"，可以通过键访问元素的值。

在 Python 中，使用 lists[0]的方式来获取列表中第 1 个元素的值。

（3）打开本书配套资源中的"app3\urls.py"，增加一条路由规则，如以下代码所示。

```
urlpatterns = [
    ...
    path('var/',views.var),
]
```

（4）运行后访问"http://localhost:8000/var/"，结果如图 3-1 所示。

图 3-1

3.1.2 模板标签

模板标签需要用标签限定符{% %}进行包裹。常见的模板标签有{% if %}和{% endif %}、{% load %}、{% block %}和{% endblock %}等。有些标签属于闭合标签。例如，{% if %}标签的闭合标签是{% endif %}。

模板标签的作用：载入代码渲染模板，或对传递过来的参数进行逻辑判断和计算。

在 Django 3.X 中内置很多的模板标签，常见的模板标签见表 3-1。

表 3-1

模板标签	描述
{% if %}{% endif %}	条件判断模板标签
{% for %}{% endfor %}	循环模板标签
{% url %}	路由配置的地址标签
{% extends xx %}	模板继承标签，从××模板继承
{% load %}	加载相关内容
{% static %}	静态资源
{% block %}{% endblock %}	一组占位符标签，需要重写模板
{% csrf_token %}	用来防护跨站请求伪造攻击
{% include 页面 %}	包含一个 HTML 页面

接下来对常用模板标签进行介绍。

1. 条件判断模板标签

条件判断模板标签主要用于条件判断，是由{% if %}和{% endif %}标签组合的闭合标签。在该标签中还可以包含{% elif %}和{% else %}标签。

（1）条件判断模板标签一般用法如下。

```
{% if 条件 1 %}
    {{ 内容 1 }}
{% elif 条件 2 %}
    {{ 内容 2 }}
{% else %}
    {{ 默认内容 }}
{% endif %}
```

如果条件 1 为真，则显示"内容 1"；如果条件 2 为真，则显示"内容 2"；如果条件都不满足，则显示"默认内容"。

条件判断模板标签的条件表达式中的运算符，跟 Python 中的运算符是一样的，==、!=、<、<=、>、>=、in、not in、is、is not 这些都可以使用。

（2）以下是一个条件判断模板标签的使用。

```
{% if age < 18 %}
    <p>还未成年</p>
{% elif age == 18 %}
    <p>恭喜</p>
{% else %}
```

```
    <p>你成年了，亚历山大</p>
{% endif %}
```

上述代码根据不同的条件输出不同的内容。

> 运算符 "=="和"<"前后不能紧挨变量或常量，必须有空格。

2. 循环模板标签

循环模板标签{% for %}用来遍历一个序列或者可迭代对象，如列表、字典、字符串等。循环模板标签是由{% for %}和{% end for %}组成的闭合标签。在循环模板标签中还可以包含{% if %}和{% end if %}这样的条件判断模板标签。

循环模板标签的用法如下。

```
{% for list in lists %}
    {{ list }}
{% empty %}  #如果可迭代对象为空
    {{ 当可迭代对象为空时输出的信息 }}
{% endfor %}
```

此外，模板引擎还提供了循环模板标签的标签变量，如当前循环的索引、循环中剩余元素的数量等，见表3-2。

表 3-2

变 量	含 义
forloop.counter	表示当前循环的索引，从 1 开始计数
forloop.counter0	表示当前循环的索引，从 0 开始计数
forloop.revcounter	表示循环中剩余元素的数量。在进行第 1 次循环时，forloop.revcounter 的值是循环的序列中元素的总数。在进行最后一次循环时，forloop.revcounter 的值是 1
forloop.revcounter0	表示循环中剩余元素的数量。在进行第 1 次循环时 forloop.revcounter 的值是循环的序列中元素的总数减去 1。在进行最后一次循环时，forloop.revcounter 的值是 0
forloop.first	表示是否第 1 次循环
forloop.last	表示是否是最后一次循环
forloop.parentloop	在嵌套循环中，获取上层的 for 循环

下面通过实例来学习循环模板标签的用法。

（1）打开本书配套资源中的"app3\views.py"，增加视图函数 for_label()，如以下代码所示。

```
def for_label(request):
    dict1={'书名':'Django 开发','价格':80,'作者':'张三'}
```

```
dict2={'书名':'Python 开发','价格':90,'作者':'李四'}
dict3={'书名':'Java 开发','价格':100,'作者':'王五'}
lists=[dict1,dict2,dict3]
return render(request,'3/for_label.html',{'lists':lists})
```

视图函数 for_label()演示了通过列表中嵌套字典的方式返回多个字典。

（2）新建模板文件"templates\3\for_lable.html"，在其中添加如下代码。

```
<table border=1>
    {% for list in lists %}
        {% if forloop.first %}<!-- 如果是第 1 条记录-->
        <tr>
        <td>第 1 个值：{{ list.书名 }}</td>
        </tr>
        {% endif%}
        <tr>
        <td>当前值：{{ list.书名 }}，价格：{{ list.价格 }}，当前正序索引
{{ forloop.counter0 }}，当前倒序索引{{ forloop.revcounter0 }}</td>
        </tr>
        {% if forloop.last %}<!-- 如果是最后一条记录-->
        <tr>
        <td>最后一个值：{{ list.书名 }}</td>
        </tr>
        {% endif %}
    {% endfor %}
</table>
```

（3）打开本书配套资源中的"app3\urls.py"，在其中添加如下代码。

```
urlpatterns = [
    …
    path('for_label/',views.for_label),
]
```

（4）运行后访问"http://localhost:8000/for_label/"，结果如图 3-2 所示。

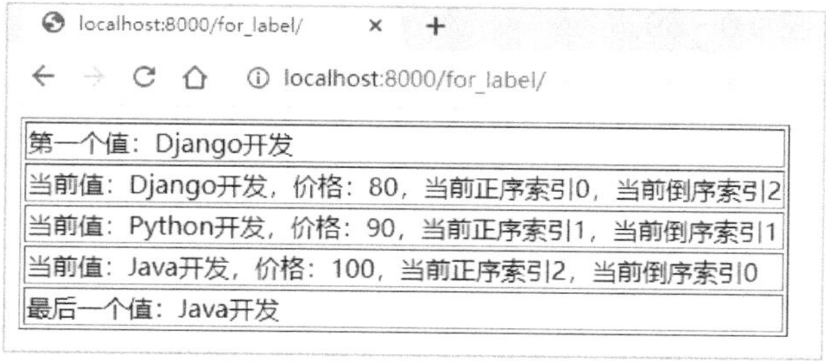

图 3-2

3.1.3 模板过滤器

模板过滤器用于对模板变量进行操作。

1. 介绍模板过滤器

模板过滤器的语法格式如下。

```
{{ 变量名 | 过滤器：参数 }}
```

Django 默认有 60 多个模板过滤器，常用的模板过滤器见表 3-3。

表 3-3

模板过滤器	格 式	描 述
safe	{{ name|safe}}	关闭 HTML 标签和 JavaScript 脚本的语法标签的自动转义功能
length	{{ name|length }}	获取模板变量的长度
default	{{ name|default:"默认值"}}	当变量的值为 False 时，显示默认值
date	{{ name|date:"Y-m-d G:i:s" }}	格式化输出时间日期变量
upper	{{ name|upper}}	将字符串转为大写
lower	{{ name|lower }}	将字符串转为小写
slice	{{ name|slice:"2:4" }}	以切片方式获取字符串中的一部分，和 Python 中的切片语法一样

常见的过滤器有字符串大小写转换过滤器、日期过滤器等。接下来重点介绍日期过滤器。

日期过滤器用于对日期类型的值进行字符串格式化。常用的格式化字符如下：

- Y 表示年，格式为 4 位。y 表示两位的年。
- m 表示月，格式为 01、02、12 等。
- d 表示日，格式为 01、02 等。
- j 表示日，格式为 1、2 等。
- H 表示二十四进制的"时"，h 表示十二进制的"时"。
- i 表示分，值为 0～59。
- s 表示秒，值为 0～59。

日期过滤器调用语法格式如下。

```
value|date:"Y年m月j日 H时i分s秒"
```

2. 实例

下面通过实例学习模板过滤器的用法。

（1）打开本书配套资源中的"app3\views.py"，在其中增加视图函数 filter()，如以下代码所示。

```
import datetime
```

```
def filter(request):
    str1="abcdefg"
    str2="ABCDEFG"
    slice_str="1234567890"
    time_str=datetime.datetime.now()
    return render(request,'3/filter.html',{"str1":str1,"str2":str2,
"slice_str":slice_str,"time_str":time_str})
```

（2）新建模板文件"templates\filter.html"，在其中添加如下代码。

```
小写转大写：{{ str1|upper }}<br>
大写转小写：{{ str2|lower }}<br>
切片操作：{{ slice_str|slice:"2:4" }}<br>
时间格式化：{{ time_str|date:"Y-m-d G:i:s" }}<br>
```

（3）打开本书配套资源中的"app3\urls.py"，增加一条路由规则，如以下代码所示。

```
urlpatterns = [
    ...
    path('filter/',views.filter),
]
```

（4）应用运行后访问"http://localhost:8000/filter/"，结果如图 3-3 所示。

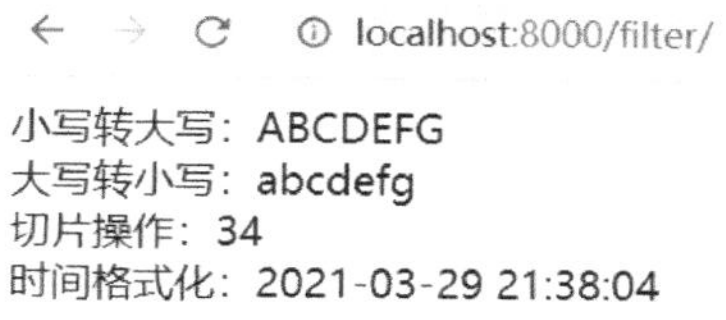

小写转大写：ABCDEFG
大写转小写：abcdefg
切片操作：34
时间格式化：2021-03-29 21:38:04

图 3-3

3.2 模板的高级用法

模板中还可以使用一些高级特性，如自定义过滤器、自定义标签和模板转义。

3.2.1 模板转义

Django 的模板会对 HTML 标签和 JavaScript 标签进行自动转义，这样做是为了代码的安全。比如，用户在 HTML 页面提交内容时，其中可能包含一些攻击性的代码（如 JavaScript 脚本代码），Django 会将 JavaScript 脚本代码中的一些字符自动转义，如将 "<" 转换为 "&lt"，将 "'" 转换为 "&#39"。

在 Django 中，可以通过"模板变量|safe"的方式来告诉 Django 这段代码是安全的，不需要

转义（即关闭模板转义）。

下面通过实例学习模板转义的用法。

（1）打开本书配套资源中的"app3\views.py"，在其中增加视图函数 html_filter()，如以下代码所示。

```
def html_filter(request):
    html_addr="<table border=1><tr><td>这是一个表格</td></tr></table>";
    html_script="<script language='javascript'>document.write('非法执行');</script>"
    return render(request,'3/html_filter.html',{"html_addr":html_addr,
"html_script":html_script})
```

（2）新增模板文件"3/html_filter.html"，在其中添加如下代码。

```
关闭模板转义-表格：{{ html_addr|safe }}
默认模板转义-表格：{{ html_addr }}<br>
默认模板转义-脚本：{{ html_script }}<br>
关闭模板转义-脚本：{{ html_script|safe }}<br>
```

（3）打开本书配套资源中的"app3\urls.py"，在其中添加一条路由规则，如以下代码所示。

```
urlpatterns = [
    ...
    path('html_filter/',views.html_filter),
]
```

（4）运行后访问"http://localhost:8000/html_filter/"，结果如图 3-4 所示。

图 3-4

 使用 safe 过滤器可以关闭模板转义，从而正常地解析 HTML 代码。

3.2.2 【实战】自定义过滤器

Django 的模板语言包含很多内置的过滤器。如果内置的过滤器不能满足功能要求，则可以通过自定义过滤器的方式来实现。

1. 准备工作

在 app3 应用下创建一个名为"templatetags"的包，这个包名不可以更改。在该包下创建了名称分别为 myfilter.py 和 __init__.py（内容为空）的文件。最终的目录结构如图 3-5 所示。

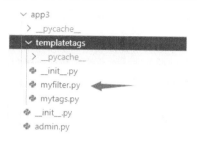

图 3-5

为避免模块名冲突，Python 引入了按目录来组织模块的方法，这种方法被称为包（package）。包通过一定的规则，把多个模块放到同一个文件夹下进行管理。包目录下第 1 个文件是 __init__.py。

要想让普通目录变为 Python 的包，只需要在该目录放置 __init__.py 文件。这样在导入包时，会首先执行 __init__.py 文件。

2. 编写自定义过滤器并注册

自定义的过滤器本质上是一个 Python 函数。要成为一个可用的过滤器，则在过滤器文件中必须包含一个名为"template.Library"的实例变量 register。

打开本书配套资源中的"app3\templatetags\myfilter.py"，在其中增加过滤器函数 show_title()，如以下代码所示。

```
from django import template
register = template.Library()
@register.filter
def show_title(value,n):
    if len(value) > n:
        return f'{value[0:n]}...'
    else:
        return value
```

在上述代码中，@register.filter 是一个装饰器，指明 show_title()函数是一个过滤器。在 show_title()函数中，value 指文章标题，n 指标题要显示的长度。判断逻辑为：当标题的长度大于要显示的长度 n 时，自动把多余的标题以省略号进行显示。

3．加载自定义过滤器并编写模板

（1）打开本书配套资源中的"app3\views.py"，在其中增加视图函数 diy_filter()，如以下代码所示。

```
def diy_filter(request):
    dict1={'标题':'学习 Python 的好方法就是每天不间断地写代码'}
    dict2={'标题':'学习 Django 的好方法就是上手做个项目比如 CMS、OA 等'}
    dict3={'标题':'学习新知识的好方法就是快速构建一棵知识树'}
    lists=[dict1,dict2,dict3]
    return render(request,'3\diy_filter.html',{'lists':lists})
```

（2）新建模板文件"templates\3\diy_filter.html"，在其中添加如下代码。

```
{% load myfilter %}
<table border=1 style="width:300px">
    {% for list in lists %}
        <tr><td>{{ list.标题|show_title:10 }}</td></tr>
    {% endfor %}
</table>
```

要在模板文件中使用自定义标签，则必须先使用"{% load 自定义标签 %}"进行装载，然后在模板中对标题使用自定义过滤器函数 show_title()，参数为 10 代表只显示 10 个字符。

（3）打开本书配套资源中的"app3\urls.py"，添加一条路由规则，如以下代码所示。

```
urlpatterns = [
    ...
    path('diy_filter/',views.diy_filter),
]
```

（4）运行后访问"http://localhost:8000/diy_filter/"，结果如图 3-6 所示。

图 3-6

3.2.3 【实战】自定义标签

自定义标签比过滤器功能强大，但是实现起来相对复杂。如果 Django 内置的标签不能满足需求，则可以通过自定义标签的方式来实现。

自定义标签可以分为两类：简单标签（Simple Tags）和包含标签（Inclusion Tags）。

1. 简单标签

简单标签的实现与自定义过滤器类似。简单标签本质上是一个 Python 函数。要实现一个简单标签，则需要先创建一个名为"template.Library"的实例变量 register，然后使用装饰器声明当前函数是一个自定义的简单标签。

（1）新建文件"app3\templatetags\mytags.py"，在其中增加自定义标签函数 show_title()，如以下代码所示。

```python
from django import template
register = template.Library()
@register.simple_tag
def show_title(value,n):
    if len(value) > n:
        return f'{value[0:n]}...'
    else:
        return value
```

其中，@register.simple_tag 是一个装饰器，指明 show_title()函数是一个自定义的简单标签。

（2）打开本书配套资源中的"app3\views.py"，在其中增加视图函数 diy_tags()，如以下代码所示。

```python
def diy_tags(request):
    dict1={'标题':'学习 Python 的好方法就是每天不间断地写代码'}
    dict2={'标题':'学习 Django 的好方法就是上手做个项目比如 CMS、OA 等'}
    dict3={'标题':'学习新知识的好方法就是快速构建一棵知识树'}
    lists=[dict1,dict2,dict3]
    return render(request,'3\diy_tags.html',{'lists':lists})
```

（3）打开模板文件"3\diy_tags.html"，在其中添加如下代码。

```
{% load mytags %}
<table border=1 style="width:300px">
    {% for list in lists %}
        <tr><td>{% show_title list.标题 10 %}</td></tr>
    {% endfor %}
</table>
```

要在模板文件中使用自定义标签，则必须先使用"{% load 自定义标签 %}"进行装载，然后即可在模板中使用自定义标签函数 show_title()。

（4）打开本书配套资源中的"app3\urls.py"，增加一条新的路由规则，如以下代码所示。

```
urlpatterns = [
    …
```

```
    path('diy_tags/',views.diy_tags),
]
```

（5）运行后访问"http://localhost:8000/diy_tags/"，结果与图 3-6 一样。

2. 包含标签

包含标签（Inclusion Tags）是指，通过渲染一些模板来展示数据的标签。

（1）打开本书配套资源中的"app3\templatetags\mytags.py"，在其中增加自定义标签函数 show_info_tags()，如以下代码所示。

```
@register.inclusion_tag("3\show_info_tags.html")
def show_info_tags():
    dict1={'标题':'张三|2020-02-02'}
    dict2={'标题':'李四|2020-02-01'}
    dict3={'标题':'王五|2020-01-31'}
    lists=[dict1,dict2,dict3]
    return {'lists':lists}
```

其中，@register.inclusion_tag 是一个装饰器，其参数用来渲染要显示的模板文件。

（2）新建文件"templates\3\show_info_tags.html"，在其中添加如下代码。

```
<table border=1 style="width:300px">
    {% for list in lists %}
        <tr><td>{{ list.标题 }}</td></tr>
    {% endfor %}
</table>
```

（3）打开本书配套资源中的"app3\views.py"，在其中增加视图函数 show_info()，如以下代码所示。

```
def show_info(request):
    return render(request,'3\show_info.html')
```

（4）新建模板文件"templates\3\show_info.html"，在其中添加如下代码。

```
{% load mytags %}
<p>当前文件是 show_info</p>
<p>以下内容是从另外一个模板文件 show_info_tags 加载的</p>
{% show_info_tags %}
```

要在模板中使用自定义标签，则必须先使用"{% load 自定义标签 %}"进行装载，然后即可在模板中调用自定义标签函数 show_info_tags 来显示一段 HTML 信息。

（5）打开本书配套资源中的"app3urls.py"，增加一条路由规则，如以下代码所示。

```
urlpatterns = [
    …
```

```
    path('show_info/',views.show_info),
]
```

（6）运行后访问"http://localhost:8000/show_info/"，结果如图 3-7 所示。

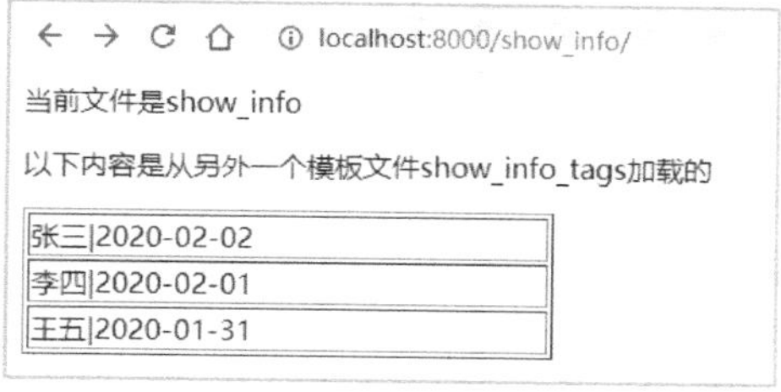

图 3-7

当页面功能组件较多时，可以通过自定义标签的方式加载若干个不同的 HTML 代码片段，以实现页面的组合。每一个自定义标签完成一个不同的功能，便于解耦合管理。

3.3 模板继承

简单来说，模板继承就是建立一个基础的模板（也被称为"母版页"）。该母版页包含网站常见的元素，并且定义了一系列可以被内容页覆盖的"块"（block）。

一个网站会有很多页面，如果多个页面有相同的部分，则可以将相同的部分抽取出来制作成一个母版页，这样可以实现代码的重用、提高开发效率。

举个例子，婚纱影楼中的婚纱模板可以给不同的新人使用，只要把新人的照片贴在婚纱模板中即可形成一张漂亮的婚纱照片。这样可以大大简化婚纱艺术照的设计复杂度。这里的母版页就像婚纱模板，内容页就是新人的照片。"母版页 + 内容页"一起形成一张独立的网页。

3.3.1 设计母版页

大部分后台管理系统，顶部的导航、左边的菜单和底部的版权信息基本都是保持不变的。下面设计一个后台管理系统的母版页。

新建模板文件"templates/3/base.html"，在其中添加如下代码。

```
<html>
    <head></head>
    {% block title %}
    <title>这是母版页</title>
    {% endblock %}
    <body>
```

```
        <table border="1" style="width: 700px;">
            <tr><td colspan="2" style="height:30px;text-align: center;">这是 TOP
区域，一般用于导航</td></tr>
            <tr style="vertical-align:middle;height:300px;">
                <td style="width:200px;">这是左边的菜单</td>
                <td style="width: 500px;">
                        {% block content %}
                            这个区域随着内容页的变化而变化
                        {% endblock %}
                </td>
            </tr>
            <tr><td colspan="2" style="height:30px;text-align: center;">这是版权
区域</td></tr>
    </table>
    </body>
</html>
```

针对母版页中的 title 标签，这里使用了 block 块的占位操作，这些 block 块会被具体的内容页替换。

3.3.2 设计内容页

下面来设计一个内容页。

（1）新建一个内容页文件"templates/3/welcome.html"，在其中添加如下代码。

```
{% extends "3/base.html" %}
{% block title %}
<title>这是欢迎页</title>
{% endblock %}
{% block content %}
<div style="text-align: center;">欢迎来到我的特色小店</div>
{% endblock %}
```

在内容页 welcome.html 中，使用{% extends %}标签来继承 base.html 母版页的所有内容，使用{% block title %}标签来重写母版页中的 title 部分，使用{% block content %}标签来重写母版页中的内容区域。

extends 标签必须是内容页中的第 1 行代码。

可能有读者有疑问，如果内容页没有实现母版页中的全部 block，会发生什么情况呢？在内容页中会默认使用母版页中 block 对应的内容。

（2）打开本书配套资源中的"app3\views.py"，增加视图函数 welcome()，如以下代码所示。

```
def welcome(request):
    return render(request,'3/welcome.html')
```

（3）打开本书配套资源中的"app3\urls.py"，增加一条路由规则，如以下代码所示。

```
urlpatterns = [
    ...
    path('welcome/',views.welcome),
]
```

（4）运行后访问"http://localhost:8000/welcome/"，结果如图 3-8 所示。

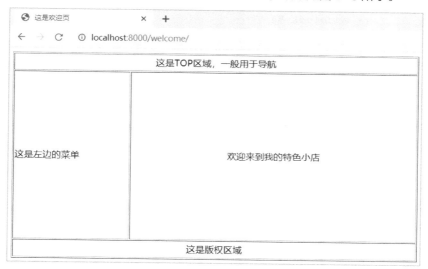

图 3-8

3.3.3 设计组件

尽管我们已经为网站设计了母版页，但由于网站页面较为复杂，母版页还是包含了太多的内容。为了简化母版页面内容，有必要将母版页进一步拆分为顶部页面、导航页面、左边菜单页面、底部版权页面、广告位页面等，这些页面是一个个独立的 HTML 文件，我们把这些独立的 HTML 页面称为"母版页的组件"。

（1）新建文件"templates/3/base_include.html"，在其中添加如下代码。

```
<html>
<head></head>
{% block title %}
<title>这是母版页</title>
```

```
    {% endblock %}
<body>
    <table border="1" style="width: 700px;">
        <tr>
            <td colspan="2">{% include 'top.html' %}
            </td>
        </tr>
        <tr style="vertical-align:middle;height:300px;">
            <td style="width:200px;">这是左边的菜单</td>
            <td style="width: 500px;">
                {% block content %}
                这个区域随着内容页的变化而变化
                {% endblock %}
            </td>
        </tr>
        <tr>
            <td colspan="2" style="height:30px;text-align: center;">{% include 'footer.html' %}</td>
        </tr>
    </table>
</body>
</html>
```

这里通过{% include 'top.html' %}标签和{% include 'footer.html' %}标签的方式引用了 top 组件和 footer 组件，从而将复杂的页面进行了简化。

（2）"top.html"组件页面的内容如下。

```
<table border="1" style="width:100%;">
    <tr><td style="height:30px;text-align: center;">这是 TOP 区域，使用 include 方式引用</td></tr>
</table>
```

（3）最终效果与图 3-8 一样。请读者动手试试。

3.4 配置模板文件

一个网站包含很多个网页，一个网页由 HTML、CSS 和 JavaScript 组成。

3.4.1 理解 HTML、CSS 和 JavaScript

HTML 是用来描述网页的一种语言，如使用标签（例如<html></html>，<div></div>）来描述网页。

CSS 指层叠样式表，用来定义如何显示 HTML 元素。层叠样式表一般存放在.css 文件里。

JavaScript 是脚本语言，通过操作 HTML 中的标签来动态修改页面。

> **举例说明：**
> HTML 是一个毛坯房，虽然能住人，但是很简陋。
> CSS 是房子的装修，通过装修能提升房屋的舒适性和美观性。
> JavaScript 是房子中的电灯开关、水龙头、百叶窗、换气扇等物件，通过这些物件对房屋进行动态调节，比如，打开电灯开关，房屋会亮起来。
> 对于一个网页，HTML 用来定义网页的结构，CSS 用来描述网页的外观，JavaScript 用来定义网页的行为。通过这三者的有机组合，房子才能真正地适合居住。

本书之前的模板仅用来展示 HTML 页面，这些页面都比较简陋。现在需要给这些 HTML 页面增加 CSS 进行美化。

CSS 和 JavaScript 这些静态文件放到哪里呢？接下来我们讨论 Django 中静态文件的配置。

3.4.2　配置静态文件

静态文件包括 static 和 media 这两类，这往往容易混淆。static 指 CSS、JavaScript、Images 这样的文件；media 指媒体文件，比如用户上传的文件等。

在 Django 中，需要在项目 myshop-test 的根目录下，手动创建 static 和 media 文件夹用来存放对应的静态文件。调试模式和生产模式的配置有所不同，下面分别介绍。

1. Debug=True

Debug=True 是"调试"模式，用于调试环境。需要把"myshop-test/static"静态目录添加到资源集合 STATICFILES_DIRS 中，这样才能正常访问静态资源。

打开"myshop/settings.py"文件，添加内容如下。

```
STATICFILES_DIRS = [os.path.join(BASE_DIR,'static')]
STATIC_URL = '/static/'
```

2. Debug=False

Debug=False 是"生产"模式，用于生产环境，需要修改 settings.py 和 urls.py 文件。

修改 settings.py 文件如下：

```
STATIC_ROOT = os.path.join(BASE_DIR, 'static')
MEDIA_ROOT=os.path.join(BASE_DIR,"media")
```

修改 urls.py 文件如下：

```
urlpatterns = [
…
    re_path('media/(?P<path>.*)', serve, {"document_root": settings.MEDIA_ROOT}),
    re_path('static/(?P<path>.*)', serve, {"document_root": settings.STATIC_ROOT}),
]
```

3. 进行测试

打开本书配套资源中的"templates/3/static_file.html",在其中添加如下代码。

```
<!DOCTYPE html>
{% load static %}
<html lang="en">
<head>
    <link rel="stylesheet" href="{% static 'plugins/tempusdominus-bootstrap-4/css/tempusdominus-bootstrap-4.min.css' %}">
    <link rel="stylesheet" href="{% static 'dist/css/adminlte.min.css'%}">
</head>
<body>
<img src="{% static 'dist/img/user1-128x128.jpg'%}" class="img-size-50 mr-3 img-circle">
<script src="{% static 'plugins/jquery/jquery.min.js' %}"></script>
<script src="{% static 'plugins/bootstrap/js/bootstrap.bundle.min.js' %}"></script>
…
```

接下来配置路由和视图函数,然后访问"http://localhost:8000/test_static/",可以看到静态页面可以被正常访问,并且有了 CSS 的美化。读者可以动手切换调试模式和生产模式进行测试。

第 4 章

使用数据库——基于 Django 模型

在动态 Web 应用中,数据库是最重要的技术之一。Django 框架支持 SQLite、MySQL 及 PostgreSQL 等数据库。模型(Model)是 MTV 模式的重要组成部分。在 Django 框架中,主要通过模型来实现与数据库的交互功能,如数据的增加、删除、修改和查询,以及多表关联等。

4.1 Django 模型

在 Django 框架中,模型用于描述数据库表结构。模型实例可以实现数据操作。一个模型(Model)对应一个数据库表。模型中的字段对应数据库表中的一个字段。

在定义好一个模型后,Django 会提供数据库访问的一整套 API,从而自动在数据库中生成相应的数据表,这样就不需要使用 SQL 脚本创建表,或者在数据库中手工创建表格了,大大提高了开发效率。

4.1.1 定义模型

所有 Django 模型都必须继承自 Model 类,Model 类位于包 django.db.models 中。

下面通过一个实例来介绍在 Django 中定义模型的方法。

新建一个应用 app4,接下来的操作都在 app4 应用中完成。

打开本书配套资源中的"app4/models.py",在其中添加如下代码。

```
from django.db import models
class UserBaseInfo(models.Model):
```

```
        id=models.AutoField(verbose_name='编号',primary_key=True)
        username =models.CharField(verbose_name='用户名称',max_length=30)
        password = models.CharField(verbose_name='密码',max_length=20)
        status = models.CharField(verbose_name='状态',max_length=1)
        createdate = models.DateTimeField(verbose_name='创建日期
',db_column='createDate')
        def __str__(self):
            return str(self.id)
        class Meta:
            managed=False
            verbose_name='人员基本信息'
            db_table = 'UserBaseInfo4'
```

在上述代码中,定义了一个人员基本信息的模型,其中包括编号、用户名称、密码、状态等字段。这些字段有整数类型、字符类型和日期类型。每个字段还包括名称、长度、是否主键等参数。

1. 常用模型字段

常用模型字段见表 4-1。

表 4-1

模型字段	说明	MySQL 数据库对应的字段类型
AutoField	数据库中的自动增长类型,相当于 ID 自动增长的 IntegerField 类型字段	Int 类型
BooleanField	一个真/假(true/false)的布尔类型字段	Tinyint 类型
CharField	字符类型字段	varChar 类型
DateField	日期字段	Date 类型
DateTimeField	日期时间类型字段	DateTime 类型
IntergerField	整数类型字段	Int 类型
TextField	长文本类型字段	Longtext 类型
TimeField	时间类型字段	Time 类型
FloatField	浮点数类型字段	Double 类型
FileField	文件类型字段	varChar 类型
ImageField	图像类型字段	varChar 类型
DecimalField	数值型类型字段	Decimal 类型

更多的字段类型与 MySQL 的字段类型的对应关系,可以参考 Django 的源代码,源代码在 "Python 安装路径\lib\site-packages\django\db\backends\mysql\base.py" 文件第 104 行中 data_types 的定义部分。

接下来介绍字段类型。

(1)数值型字段 DecimalField。

该类型字段表示固定精度的十进制数,在 Python 中表示一个十进制的实例。具体语法如下。

```
models.DecimalField(max_digits=None, decimal_places=None)
```

其中参数如下。

- max_digits:数字允许的最大位数。
- decimal_places:小数的最大位数。

例如,要存储的数字最大长度为 5 位,带有两个小数位,则如下所示。

```
models.DecimalField( max_digits=5, decimal_places=2)
```

(2)时间日期类型字段。

在 Django 的模型中有 3 种时间日期类型的字段:DatetimeField、DateField 和 TimeField。这 3 个字段都有 auto_now_add 和 auto_now 参数。

- auto_now_add:将时间类型字段的值设置为创建时的时间,后期不能再次修改,比如用户注册时间。该参数默认为 False。一旦设置为 True,则无法在程序中手动为字段赋值。
- auto_now:将时间类型字段设置为当前时间,比如用户登录时间、某条数据的最后修改时间。该参数默认为 False。一旦设置为 True,则无法在程序中手动为字段赋值。

如果要把时间类型字段设置为当前默认时间,并且还能在程序中进行修改,则使用如下代码。

```
from django.db import models
import django.utils.timezone as timezone
class User(models.Model):
    createDate = models.DateTimeField('创建日期',default = timezone.now)
```

2. 常用字段参数

还可以给模型中的字段设置不同的参数,见表 4-2。

表 4-2

字段参数	含义
verbose_name	设置字段的显示名称
primary_key	设置字段为主键
editable	是否可以编辑,一般用于 Admin 后台
max_length	设置字段的最大长度
blank	若为 True,则该字段允许为空值,在数据库中表现为空字符串。默认为 False
null	若为 True,则该字段允许为空值,在数据库中表现为 null。默认为 False
default	设置字段的默认值
choices	设置字段的可选值

续表

字段参数	含 义
db_column	设置表中的列名称。如果不设置，则将字段名作为列名称
db_index	数据库中的字段是否可以建立索引
unique	数据库中字段是否可以建立唯一索引
error_messages	自定义错误信息（字典类型）
validators	自定义错误验证（列表类型）

在人员基本信息的模型中，可以给字段设置不同的字段参数，比如，给字段 id 设置了 primary_key 参数，给字段 username 设置了 max_length 参数。后面会介绍更多的字段参数。

3. __str__()方法

__str__()方法用来设置模型的返回值，其默认返回值为"模型对象"。

可以通过__str__()方法来设置模型的不同返回值。比如，以下代码设置模型的返回值为"主键 ID + 用户名"。

```
def __str__(self):
    return str(self.id)+self.username
```

 __str__()方法只允许返回字符类型的字段，如果要返回其他类型字段，则需要使用 str() 函数进行转换，比如上述代码中的加粗部分。

4. Meta 类

Django 模型中的 Meta 类是一个内部类，用于定义一些 Django 模型的行为特性。其常用参数见表 4-3。

表 4-3

参 数	含 义
abstract	若为 True，则该模型类为抽象类
db_table	设置模型对象的数据表名称。若不设置，则默认设置数据表名称为"应用名 + 下画线 + 模型类名"
managed	默认为 True。Django 会管理数据表的生命周期，包括迁移等
ordering	模型对象返回的记录结果集按照哪个字段排序。一般如下设置： Ordering=["create_date"]　　　#按照创建时间升序排列 Ordering=["-create_date"]　　　#按照创建时间降序排列 Ordering=["-create_date","orderid"]　　　#按照创建时间降序排列，再以订单编号升序排列
verbose_name	模型类在后台管理中显示的名称，一般为中文
index_together	多个字段的联合索引
unique_together	多个字段的联合约束，比如，购物车表中每一行的用户和商品字段必须唯一，不能重复

Meta 类的一些设置如下。

```
class Meta:
    managed=False                        #不做数据迁移等操作
    verbose_name='人员基本信息'           #显示信息
    db_table = 'UserBaseInfo4'           #设置数据库中的表名
```

在 Django 中定义模型，通过字段类型、字段参数、重写函数 __str__( ) 及 Meta 类来共同完成。

4.1.2 了解模型中的关系

数据库中的表存在关联关系，包括"一对一""一对多""多对多"关系。Django 中的模型对应数据库中的表，因此，Django 中的模型也存在这些关系。

1. "一对一"关系

用户基本信息和用户扩展信息是"一对一"关系。在模型中使用 OneToOneField() 方法来构建模型的"一对一"关系。

OneToOneField() 方法的参数见表 4-4。

表 4-4

参 数	含 义
to	要进行关联的模型名称
to_field	要进行关联的表中的字段名称
on_delete	在删除关联表中的数据时使用的配置选项，具体见表 4-5

其中，on_delete 参数的配置选项见表 4-5。

表 4-5

配置选项	含 义
CASCADE	在删除基本信息表时一并删除扩展表的信息，即级联删除
PROTECT	在删除基本信息表时采用保护机制抛出错误，即不删除扩展表的内容
SET_NULL	只有当字段属性 null=True 时才将关联的内容置空
SET_DEFAULT	设置为默认值
SET	设置为指定的值
DO_NOTHING	删除基本信息表，对扩展表不做任何操作

打开本书配套资源中的"app4/models.py"，在其中添加如下代码。

```
class UserBaseInfo(models.Model):
    id=models.AutoField(verbose_name='编号',primary_key=True)
    username = models.CharField(verbose_name='用户名称',max_length=30)
```

```
        password = models.CharField(verbose_name='密码',max_length=20)
        status = models.CharField(verbose_name='状态',max_length=1)
        createdate = models.DateTimeField(verbose_name='创建日期',
db_column='createDate')
    class UserExtraInfo(models.Model):
        id=models.AutoField(verbose_name='扩展编号',primary_key=True)
        username = models.CharField(verbose_name='用户名称',max_length=30)
        truename = models.CharField(verbose_name='真实姓名',max_length=30)
        sex = models.IntegerField(verbose_name='性别')
        salary = models.DecimalField(verbose_name='薪水',max_digits=8,
decimal_places=2)
        age = models.IntegerField(verbose_name='年龄',)
        department = models.CharField(verbose_name='部门',max_length=20)
        status = models.CharField(verbose_name='状态',max_length=1)
        createdate = models.DateTimeField(verbose_name='创建日期',
db_column='createDate')
        memo = models.TextField(verbose_name='备注',blank=True, null=True)
        #返回关联两张表的外键user
        user=models.OneToOneField(UserBaseInfo,on_delete=models.CASCADE)
```

在上述代码中，使用数据迁移命令生成了数据表 UserBaseInfo 和 UserExtraInfo；在 UserExtraInfo 表中生成一个外键，名称为 user_id；命名规则为"user 为关联两张表的外键，id 为 UserBaseInfo 表的主键 id 字段"。

> 有读者可能会问，OneToOneField()方法到底放在哪个模型中更好些呢？
> 可以这样考虑：哪个数据表需要外键，就把 OneToOneField()方法放到该数据表对应的模型中。

数据表的模型关系如图 4-1 所示。

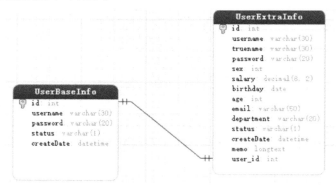

图 4-1

从数据表的模型关系可以看出，在用户扩展表（UserExtraInfo）中需要外键，因此将 OneToOneField()方法放在 UserExtraInfo 模型中是更好的。

2．"一对多"关系

部门信息表和用户扩展信息表是"一对多"关系。在模型中，使用 ForeignKey()方法来构建模型的"一对多"关系。

ForeignKey()方法的参数见表 4-6。

表 4-6

参 数	含 义
to	要进行关联的模型名称
to_field	要进行关联的表中的字段名称
on_delete	在删除关联表中的数据时使用的配置选项
related_name=None	在反向操作时使用的字段名，用于代替【表名_set】。如：obj.表名_set.all()
related_query_name=None	在反向操作时使用的连接前缀，用于替换【表名】。如：models.UserGroup.objects.filter(表名__字段名=1).values('表名__字段名')
db_constraint=True	是否在数据库中创建外键约束

打开本书配套资源中的"app4/models.py"，在其中添加如下代码。

```
class DepartInfo(models.Model):
    id=models.AutoField(verbose_name='部门编号',primary_key=True)
    departname=models.CharField(verbose_name='部门名称',max_length=30)
    createdate = models.DateTimeField(verbose_name='创建日期',
db_column='createDate')
class UserExtraInfo(models.Model):
    id=models.AutoField(verbose_name='扩展编号',primary_key=True)
    username=models.CharField(verbose_name='用户名称',max_length=30)
    truename=models.CharField(verbose_name='真实姓名',max_length=30)
    …
#返回关联两张表的外键depart
    depart=models.ForeignKey(DepartInfo,default="",
on_delete=models.DO_NOTHING)
```

在上述代码中，使用数据迁移生成了数据表 DepartInfo 和 UserExtraInfo；在 UserExtraInfo 表中生成了一个外键，名称为 depart_id；命名规则为"depart 为关联两张表的外键，id 为 UserExtraInfo 表的主键 id 字段"。

有读者可能会问，ForeignKey()方法到底放在哪个模型中更好一些呢？

可以这样考虑：把 ForeignKey()方法放到"多"的数据表对应的模型中。

数据表的模型关系如图 4-2 所示。

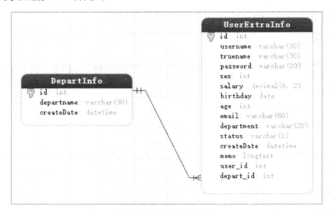

图 4-2

3. "多对多"关系

用户扩展信息表和技能信息表是"多对多"关系：一个用户可以有多个技能，一个技能也可以对应多个用户。在模型中，用 ManyToManyField()方法来构建模型的"多对多"关系。

ManyToManyField()方法的参数见表 4-7。

表 4-7

参　　数	含　　义
to	要进行关联的模型名称
db_constraint=True	是否在数据库中创建外键约束
db_table=None	默认创建的多对多关系表的表名

在 ManyToManyField()方法中没有 on_delete 参数，db_table 参数表示模型迁移后生成的多对多关系表的表名，如果不设定，则默认生成的表名为"两个模型名称的相加"。

打开本书配套资源中的"app4/models.py"，在其中添加如下代码。

```
class UserExtraInfo(models.Model):
    id=models.AutoField(verbose_name='扩展编号',primary_key=True)
    username =models.CharField(verbose_name='用户名称',max_length=30)
    truename =models.CharField(verbose_name='真实姓名',max_length=30)
    …
    user=models.OneToOneField(UserBaseInfo,on_delete=models.CASCADE)
    depart=models.ForeignKey(DepartInfo,default="",
on_delete=models.DO_NOTHING)
class SkillInfo(models.Model):
    id=models.AutoField(verbose_name='技能编号',primary_key=True)
```

```
    skillname = models.CharField(verbose_name='特长',max_length=30)
    createdate = models.DateTimeField(verbose_name='创建日期',
db_column='createDate')
    user=models.ManyToManyField(UserExtraInfo,db_table="user_skill")
```

在上述代码中,使用数据迁移生成了数据表 UserExtraInfo 和 SkillInfo,以及它们的关系表 user_skill,关系表的表名由 db_table 参数指定。在关系表 user_skill 中包含两个模型的主键,如图 4-3 所示。

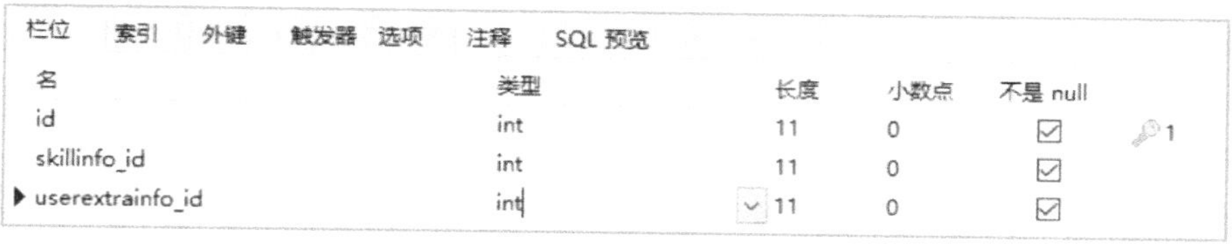

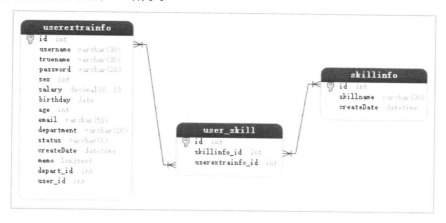

图 4-3

数据表的模型关系如图 4-4 所示。

图 4-4

4.1.3 配置项目文件

在使用模型关系之前,还需要配置数据库连接信息。

1. 配置数据库信息

打开本书配套资源中的"myshop/setting.py",在 DATABASES 节点中配置如下数据库信息。

```
DATABASES = {
    'default': {
        'ENGINE': 'django.db.backends.mysql', #配置为MySQL
```

```
        'NAME': 'shop-test',              #数据库名
        'USER': 'root',                   #数据库登录账户
        'PASSWORD': 'Aa_123456',          #登录密码
        'HOST': 'localhost',              #数据库IP地址
        'PORT': '3306',                   #数据库端口号
    #取消外键约束
        'OPTIONS': {
            "init_command": "SET foreign_key_checks = 0;",
        }
    }
}
```

其中还设置了取消外键约束，否则在"多对多"模型关系的迁移中会出现如下提示。

```
django.db.utils.IntegrityError: (1215, 'Cannot add foreign key constraint')
```

2．配置日志

如果想查看在 ORM 转换过程中产生的 SQL 语句，则需要在"myshop/setting.py"文件中配置日志，如以下代码所示。

```
LOGGING = {
    'version': 1,
    'disable_existing_loggers': False,
    'handlers': {
        'console':{
            'level':'DEBUG',
            'class':'logging.StreamHandler',
        },
    },
    'loggers': {
        'django.db.backends': {
            'handlers': ['console'],
            'propagate': True,
            'level':'DEBUG',
        },
    }
}
```

在配置上述的日志后，在 Django Shell 环境中执行 ORM 操作会打印出辅助的 SQL 语句，方便学习。

4.1.4　迁移数据

"代码优先"（CodeFirst）是一种新的编程模型，即在代码中直接创建类，则框架会根据我们创建的类自动生成数据库和表。

- 传统的编程方式：先建立数据库，然后在代码中创建对应的实体类。
- CodeFirst 的编程方式：在代码中直接创建模型类，框架会根据我们创建的模型类调用数据迁移命令生成数据库和表。

在迁移数据前，首先要生成迁移文件。

1. 生成迁移文件

执行如下命令生成所有应用的迁移文件。

```
E:\python_project\myshop-test> python .\manage.py makemigrations
```

执行命令后，正常显示如下。

```
(0.000) SELECT @@SQL_AUTO_IS_NULL; args=None
(0.000) SET SESSION TRANSACTION ISOLATION LEVEL READ COMMITTED; args=None
(0.016) SHOW FULL TABLES; args=None
(0.000) SELECT `django_migrations`.`id`, `django_migrations`.`app`,
`django_migrations`.`name`, `django_migrations`.`applied` FROM
`django_migrations`; args=()
Migrations for 'app4':
    app4\migrations\0001_initial.py
      - Create model DepartInfo
      - Create model UserBaseInfo
      - Create model UserExtraInfo
      - Create model SkillInfo
```

打开 "app4\migrations\0001_initial.py" 文件，可以看到文件中包含当前模型的创建语句。

对模型字段进行修改操作后，再次执行生成迁移文件命令，会以 0001_initial.py 为基础生成修改的文件，一般名称为 0002_auto_日期.py、0003_auto_日期.py 等，文件中包括当前模型的字段修改语句。

2. 执行迁移

使用 migrate 命令执行迁移。

```
PS E:\python_project\myshop-test> python .\manage.py migrate
```

执行迁移后查看数据库，可以看到已经生成了相关的数据表。

如果在数据库中已经存在对应的表，则迁移不会成功。

3. 生成迁移文件的 SQL 语句

还可以通过执行 sqlmigrate 命令对迁移文件生成对应的 SQL 语句，命令格式如下。

```
python .\manage.py sqlmigrate 应用名称 迁移文件名称（一般以前四位数字为主）
```

比如，生成 app4 应用下的 0001 迁移文件对应的 SQL 语句，使用的命令如下。

```
E:\python_project\myshop-test>python .\manage.py sqlmigrate app4 0001>1.sql
```

执行后，在 VS Code 控制台会输出 app4 应用下 0001 迁移文件对应的 SQL 语句，还会生成 1.sql 文件。

4.2 用 Django 中的 ORM 操作数据库

在模型创建完成后，Django 会自动为模型提供一套数据操作接口，通过接口可以查询、新增、修改和删除数据。下面以 app4 应用为例进行介绍。

Django 的 manage 工具提供了 shell 命令，帮助我们直接在终端中执行测试 Python 语句。shell 命令如下。

```
PS E:\python_project\myshop-test> python .\manage.py shell
Python 3.8.2 (tags/v3.8.2:7b3ab59, Feb 25 2020, 23:03:10) [MSC v.1916 64 bit (AMD64)]
Type 'copyright', 'credits' or 'license' for more information
IPython 7.17.0 -- An enhanced Interactive Python. Type '?' for help.

In [1]:
```

其中，In 提示符用于输入语句，Out 提示符用于显示输出语句。

如果没有显示 IPython 的字样，则可以使用如下命令安装 IPython。

```
pip install ipython
```

> IPython 是基于 Python 默认 CPython 解释器之上的一个增强的交互式解释器，提供了颜色显示、tab 补全、历史机制、集成 Python 调试器等功能。

4.2.1 了解 ORM

ORM 的作用：在关系型数据库和业务实体对象之间进行映射。

ORM 对底层进行了封装与隔离，在使用 Django 开发的项目时，程序员无须关心程序使用的是 MySQL 还是 Oracle 等数据库；在操作具体的数据库时，也无须和复杂的 SQL 语句打交道，只需要使用 ORM 提供的 API 进行操作即可。

每个模型都是一个 Python 类，每个模型都会映射到一个数据库表上。

- 类：数据库中的数据表。
- 属性：数据库中的字段。
- 实例：数据库表中的数据行。

ORM 将模型类和数据库表进行了映射，其映射关系如图 4-5 所示。

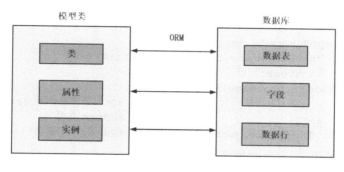

图 4-5

4.2.2 熟悉 QuerySet 对象

QuerySet 对象也被称为"查询集"，表示从数据库获取的数据对象集合。查询集有一个最重要的特性——惰性执行。

"惰性执行"是指，在创建查询集后不会访问数据库，只有在调用相关方法时才会访问数据库。这些方法包括遍历迭代、序列化等。

比如，在对查询集 QuerySet 进行迭代访问时，才开始真正的数据库查询，如以下代码所示。

```
queryset=UserBaseInfo.objects.all()        #还没有对数据库进行访问
for user in queryset:                      #开始操作数据库
    print(user.username)
```

QuerySet 对象拥有众多方法，接下来一一进行介绍。

1. all()方法

该方法用于获取模型的 QuerySet 对象，即获取所有的数据。

使用如下代码获取用户扩展表中的所有数据,相当于 SQL 语句"select * from userextrainfo"。

```
In [5]: from app4.models import *
In [6]: users=UserExtraInfo.objects.all()  #查询所有数据
In [7]: print(users[0].truename)    #打印第 1 条数据的姓名。列表索引从 0 开始
```

2. filter()方法

该方法用于实现数据过滤功能，相当于 SQL 语句中的 where 子句。该方法获取满足条件的数

据,并返回一个 QuerySet 对象。如果没有获取数据,则返回空的 QuerySet 对象。

该方法的语法格式如下。

模型类.objects.filter(字段=值)

使用以下代码查询所有性别为男性的用户,相当于 SQL 语句"select * from userextrainfo where sex=1"。

```
In [5]: from app4.models import *
In [6]: users=UserExtraInfo.objects.filter(sex=1)
   for user in users:
       print(user.truename)
张三                                          #输出用户表中的 truename
In [4]: type(users)                           #users 类型
Out[4]: django.db.models.query.QuerySet       #QuerySet 类型
```

从输出结果可以看到,users 类型是一个 django.db.models.query.QuerySet 对象。

3. get()方法

该方法用于查询数据表记录,以模型对象的形式返回符合要求的一条数据。

使用以下代码查询 id 为 1 的用户,相当于 SQL 语句"select * from userextrainfo where id=1"。

```
In [6]: from app4.models import *
In [7]: user=UserExtraInfo.objects.get(id=1)
In [8]: print(user,type(user))
1 <class 'app4.models.UserExtraInfo'>   #输出结果
```

当查询没有记录或者记录数超过一条时,会出现错误提示,因此需要做异常捕获处理。

4. exclude()方法

该方法用于排除符合条件的数据,返回 QuerySet 对象。

该方法的语法格式如下。

模型类.objects.exclude(字段=值)

使用以下代码排除所有年龄小于 32 岁的用户(即获取大于或等于 32 岁的用户),相当于 SQL 语句"select * from userextrainfo where age>32"。

```
In [10]: users=UserExtraInfo.objects.exclude(age__lt=32)
    ...: for user in users:
    ...:     print(user.truename)
```

还可以在 filter()方法、exclude()方法中使用大于、小于、模糊匹配等操作符。常见的操作符见表 4-8。

表 4-8

操作符	含义	具体使用
__gt	大于	filter(age__gt=20)
__gte	大于或等于	filter(age__gte=20)
__lt	小于	filter(age__lt=20)
__lte	小于或等于	filter(age__lte=20)
__in	在某个列表内	filter(sex__in=[1,0])
__contains	模糊匹配	filter(username__contains='张')
__year	日期字段的年份	filter(createdate__year=2021)
__month	日期字段的月份	filter(createdate__month=12)
__day	日期字段的天数	filter(createdate__day=31)

5. values()方法

该方法用于提取需要的字段。它返回一个 QuerySet 对象，该对象包含的数据类型是由指定的字段和值形成的字典。

使用以下代码指定部分列，相当于 SQL 语句"select id,username,truename from userextrainfo"。

```
users=UserExtraInfo.objects.values()
for user in users:
    print(type(user))
users=UserExtraInfo.objects.values('id','username','truename')
```

6. distinct()方法

该方法用于去除重复数据。它返回一个 QuerySet 对象。

使用以下代码去除部门重复数据，相当于 SQL 语句"select distinct department from userextrainfo"。

```
In [16]: users=UserExtraInfo.objects.distinct().values("department")
    ...: print(users)
 (0.000) SELECT DISTINCT `UserExtraInfo`.`department` FROM `UserExtraInfo`
LIMIT 21; args=()              #输出的辅助 SQL 语句
 <QuerySet [{'department': '开发部'}, {'department': '财务部'}]>
```

4.2.3 查询数据

数据查询主要使用 all()方法、filter()方法、get()方法等，以及这些方法的组合。

以下代码演示了查询数据的各种方法。

```
users=UserExtraInfo.objects.all()              #查询全部
users=UserExtraInfo.objects.filter(id=1)       #查询 id=1 的数据
users=UserExtraInfo.objects.get(id=10)         #查询 id=10 的数据
```

filter()方法和 get()方法都可以完成数据查询的操作。get()方法在找不到数据时会触发异常，提示信息如下。filter()方法则不会有任何提示。

```
DoesNotExist: UserExtraInfo matching query does not exist.
```

4.2.4 新增数据

新增数据可以通过 save()方法和 create()方法完成。

1. 使用 save()方法新增数据

```
from app4.models import *
import django.utils.timezone as timezone
depart=DepartInfo()
depart.departname="技术部"
depart.createdate=timezone.now()
depart.save()
```

或者使用以下语句。

```
from app4.models import *
import django.utils.timezone as timezone
depart=DepartInfo(departname="技术部",createdate=timezone.now())
depart.save()
```

在 shell 环境下执行上述代码，输出如下 SQL 语句。

```
(0.000) INSERT INTO `DepartInfo` (`departname`, `createDate`) VALUES ('技
术部', '2020-04-17 20:26:04.340453'); args=['技术部', '2020-04-17
20:26:04.340453']
```

2. 使用 create()方法新增数据

```
In [1]: d=dict(username="张三",password='123456',status=1,
createdate=timezone.now())
In [2]: user=UserBaseInfo.objects.create(**d)
```

或者使用以下语句。

```
depart=UserBaseInfo.objects.create(username="张三",password='123456',
status=1,createdate=timezone.now())
```

在 shell 环境下执行上述代码，输出如下 SQL 语句。

```
(0.016) INSERT INTO `UserBaseInfo` (`username`, `password`, `status`,
`createDate`) VALUES ('张三', '123456', '1', '2020-04-17 15:00:15.146519');
args=['张三', '123456', '1', '2020-04-17 15:00:15.146519']
```

4.2.5 更新数据

更新数据可以使用 save() 方法或者 update() 方法。更新数据是：先查询数据，之后对查询出的数据进行修改，最后进行保存。如以下代码所示。

```
one_user=UserExtraInfo.objects.get(id=1)
one_user.username='王五'
one_user.save()      #save 方法
```

还可以使用链式写法，直接在一行中实现，如以下代码所示。

```
one_user=UserExtraInfo.objects.filter(id=3).update(username='赵六')
```

还可以批量进行更新，所有用户的状态更新为 1，如以下代码所示。

```
users=UserExtraInfo.objects.update(status=1)
```

4.2.6 删除数据

删除数据有 3 种。

1. 删除单行数据

```
In [1]: from app4.models import *
In [2]: oneuser = UserBasicInfo.objects.get(id=1)   # 查询 id=1 的数据
In [3]: oneuser.delete()                    #删除单行数据
Out[3]: (1, {'app4.UserBasicInfo: 1})       #返回删除的数据
```

2. 删除多行数据

```
In [4]: oneuser= UserBasicInfo.objects.filter(status=2).delete()
In [5]: oneuser
Out[5]: (2, {'app4.UserBasicInfo: 2})       #返回删除的行数
```

3. 删除全部数据

```
In [6]: alluser= UserBasicInfo.objects.all().delete()
In [7]: alluser
Out[7]: (2, {'app4.UserBasicInfo: 2})       #返回删除的行数
```

如果删除的数据有外键字段，且模型中的 on_delete 参数被设置为 CASCADE，则删除外键关联表中的对应数据。

4.2.7 操作关联表

上述的操作都是基于一个表进行的，接下来介绍关联表的增加、删除、修改和查询。

1. "一对一"关联表的操作

用户基本表和用户扩展表是"一对一"关系，通过关联属性 user 来实现两者之间的关系。模型

关系如下。

```
class UserBaseInfo(models.Model):
…
class UserExtraInfo(models.Model):
…
#返回关联两张表的外键 user
    user=models.OneToOneField(UserBaseInfo,on_delete=models.CASCADE)
```

（1）在 shell 中输入如下代码完成增加操作。

```
#添加用户基本表
d=dict(username="李四",password='123456',status=1,
createdate=timezone.now())
one_user=UserBaseInfo.objects.create(**d)
#添加用户扩展表
d=dict(username="李四",truename='李小四',sex=0,salary=6555.88,age=35,
status=0,createdate=timezone.now(),memo='',user=one_user)
extrainfo=UserExtraInfo.objects.create(**d)
```

请注意加粗代码的使用方式。在代码执行后，读者们可以打开数据库查看表的数据。

（2）通过关联属性直接查询关联数据。

可以从用户基本表访问用户扩展表，如以下代码所示。

```
In [62]: user=UserBaseInfo.objects.get(id=1)
In [63]: user.userextrainfo.username     #扩展表名称需要小写
Out[63]: '张三'
```

也可以从用户扩展表访问用户基本表。

```
In [5]   result=UserExtraInfo.objects.get(id=1)
In [6]   result.user.username              #根据外键操作
Out[7]: '张三'
```

2. "一对多"关联表的操作

用户基本表和用户卡信息表是"一对多"关系，通过关联属性 user 来实现两者之间的关系。模型关系如下。

```
class UserBaseInfo(models.Model):
    …
class CardInfo(models.Model):
    …
    user=models.ForeignKey(UserBaseInfo,on_delete=models.CASCADE)
```

（1）在 shell 中输入如下代码完成增加操作。

```
#获取用户基本表
user=UserBaseInfo.objects.get(id=1)
#添加卡信息表
card=CardInfo(cardno='1111111111111111',bank='工商银行',user=user)
card.save()
```

请注意加粗代码的使用方式。在代码执行后,读者们可以打开数据库查看表的数据。

(2)通过关联属性直接查询关联数据。

可以"从一查询多",从用户基本表访问用户卡信息表,如以下代码所示。

```
In [5]:    user=UserBaseInfo.objects.get(id=1)
   ...:    user.cardinfo_set.all()
<QuerySet [<CardInfo: 1>, <CardInfo: 2>]>
```

在"一对多"关系中,使用"<模型名小写>_set.all()"的方式查询关联数据,返回 QuerySet 类型。

在实际项目中,常通过配置的 related_name 进行反向查询。

首先将模型 CardInfo 进行修改,如以下代码所示。

```
class CardInfo(models.Model):
    …
    user=models.ForeignKey(UserBaseInfo, related_name="usercard", on_delete=models.CASCADE)
```

然后在 shell 中使用以下代码进行反向查询。

```
In [8]: userinfo=UserBaseInfo.objects.get(id=1)
In [9]: userinfo.usercard.all()
Out[9]: <QuerySet [<CardInfo: 1>]>
```

也可以"从多查询一",从用户卡信息表访问用户基本表。

```
In [6]:    card=CardInfo.objects.get(id=1)
   ...:    card.user.username          #通过外键操作
Out[6]: '张三'
```

3. "多对多"关联表的操作

用户基本表和技能表是"多对多"关系:一个用户可以拥有多项技能,一个技能也可以被多个用户拥有。通过关联属性 user 来实现两者之间的关系。模型关系如下。

```
class UserBaseInfo(models.Model):
    …
class SkillInfo(models.Model):
    …
    user=models.ManyToManyField(UserBaseInfo,db_table="user_skill")
```

（1）在 shell 环境中输入如下代码完成增加操作。

```
#获取用户基本表
user=UserBaseInfo.objects.all()
#获取 id=1 的技能
skill=SkillInfo.objects.get(id=1)
#给所有的用户增加 id=1 的技能
result=skill.user.add(*user)
```

代码执行后，读者可以打开数据库查看表 user_skill 的数据。

（2）通过关联属性直接查询关联数据，如以下代码所示。

可以从用户基本表访问技能表。

```
In [62]: user=UserBaseInfo.objects.get(id=1)、
In [63]: user.skillinfo_set().all   #使用<模型名小写>_set.all()的方式
Out[63]: <QuerySet [<SkillInfo: 1>]>
```

也可以从技能表访问用户基本表。

```
In [5] result=SkillInfo.objects.get(id=1)
In [6] result.user.all().get(id=1).username   #通过外键访问
Out[7]: '张三'
```

（3）修改关联数据。

通过 set()方法可以直接修改关联数据，如以下代码所示。

```
#获取用户基本表，比如用户基本表中有 id=1、2、5 的 3 个用户
user=UserBaseInfo.objects.all()
#获取 id=1 的技能
skill=SkillInfo.objects.get(id=1)
#修改全部用户中技能 id 为 1 的数据
result=skill.user.set(user)
#修改指定用户中技能 id 为 1 的数据
user=[1,2]
result=skill.user.set(user)
```

第 6 行执行后，关系表 user_skill 中的数据如图 4-6 所示。

第 8 行 user=[1,2]为列表格式，其中的 1 和 2 指用户基础表中 id 字段的值。执行 result=skill.user.set(user)后，会保留关系表中 userbaseinfo_id 等于 1 和 2 的数据而删除 userbaseinfo_id 等于 15 的数据，如图 4-7 所示。

图 4-6　　　　　　　　　　　　　图 4-7

（4）删除关联数据。

使用 remove()方法和 clear()方法来删除关联数据，如以下代码所示。

```
#获取用户基本表
user=UserBaseInfo.objects.get(id=1)
#获取 id=1 的技能
skill=SkillInfo.objects.get(id=1)
#删除指定的用户
result=skill.user.remove(user)    #删除指定用户实例
result=skill.user.remove(2)       #删除某个用户 ID
result=skill.user.clear()         #删除 skill_id=1 的全部用户
```

4. select_related()方法

在访问某个模型数据时，可以将关联的模型数据提取出来，这样可以减少数据库查询的次数。比如，访问用户卡信息数据，可以使用 select_related()方法将用户信息提取出来，再次使用 cardinfo.user 时就不需要访问数据库了。

比如，在用户信息表和用户卡信息表中获取每个卡的关联用户信息，如以下代码所示。

```
cards=CardInfo.objects.all()
for card in cards:
    print(card.user)
```

打印出的 SQL 语句如下。

```
(0.000) SELECT `CardInfo`.`id`, `CardInfo`.`cardno`, `CardInfo`.`bank`,
`CardInfo`.`user_id` FROM `CardInfo`; args=()
(0.000) SELECT `UserBaseInfo`.`id`, `UserBaseInfo`.`username`,
`UserBaseInfo`.`password`, `UserBaseInfo`.`status`,
`UserBaseInfo`.`createDate` FROM `UserBaseInfo` WHERE `UserBaseInfo`.`id` = 1
LIMIT 21; args=(1,)
 1
(0.000) SELECT `UserBaseInfo`.`id`, `UserBaseInfo`.`username`,
`UserBaseInfo`.`password`, `UserBaseInfo`.`status`,
`UserBaseInfo`.`createDate` FROM `UserBaseInfo` WHERE `UserBaseInfo`.`id` = 2
LIMIT 21; args=(2,)
 2
```

在上述 SQL 语句中，首先查询 CardInfo 表，然后循环查询关联的 userbaseinfo 表。获取每个卡的关联用户信息需要通过查询两次数据库才能得到，效率较低。

使用 select_related()方法改写，如以下代码所示。

```
cards=CardInfo.objects.select_related("user")
for card in cards:
    print(card.user)
```

打印出的 SQL 语句如下。

```
(0.000) SELECT `CardInfo`.`id`, `CardInfo`.`cardno`, `CardInfo`.`bank`,
`CardInfo`.`user_id`, `UserBaseInfo`.`id`, `UserBaseInfo`.`username`,
`UserBaseInfo`.`password`, `UserBaseInfo`.`status`,
`UserBaseInfo`.`createDate` FROM `CardInfo` INNER JOIN `UserBaseInfo` ON
(`CardInfo`.`user_id` = `UserBaseInfo`.`id`); args=()
1
2
```

从上述代码中可以看出，select_related()方法使用了 SQL 语句的多表关联，只执行了一次数据库查询，大大提升了效率。

> select_related()方法只能用在"一对多"关系且设置了外键的模型中。比如，用户基本表和用户卡信息表是"一对多"关系，要通过关联属性 user 来实现两者之间的关系，则可以使用 select_related()方法。

5. prefetch_related()方法

prefetch_related()方法与 select_related()方法类似，用于解决"多对一"和"多对多"关系的查询问题。在访问多个表中的数据时，使用它可以减少查询的次数。

使用 prefetch_related()方法获取技能表中的用户信息，如以下代码所示。

```
skills=SkillInfo.objects.prefetch_related("user")
for skill in skills:
  print(skill.skillname)
  users=skill.user.all()
  for user in users:
      print(user.username)
```

上述代码直接在 shell 环境中执行，打印出的 SQL 语句如下。

```
(0.000) SELECT `SkillInfo`.`id`, `SkillInfo`.`skillname`,
`SkillInfo`.`createDate` FROM `SkillInfo`; args=()
(0.000) SELECT (`user_skill`.`skillinfo_id`) AS
`_prefetch_related_val_skillinfo_id`, `UserBaseInfo`.`id`,
```

```
`UserBaseInfo`.`username`, `UserBaseInfo`.`password`, `UserBaseInfo`.`status`,
`UserBaseInfo`.`createDate` FROM `UserBaseInfo` INNER JOIN `user_skill` ON
(`UserBaseInfo`.`id` = `user_skill`.`userbaseinfo_id`) WHERE
`user_skill`.`skillinfo_id` IN (1, 2); args=(1, 2)
游泳
张三
唱歌
李四
```

从上述代码中可以看出，prefetch_related()方法使用了 SQL 语句的多表关联，只执行了一次数据库查询，大大提升了效率。

4.2.8 F()函数和 Q()函数

本节介绍 Django 中的 F()函数和 Q()函数的作用及使用方法。

1. F()函数

在 Django 的 ORM 语句中，F()函数用于实现数据表中字段的各种运算操作。比如，要给用户扩展表中的所有人员的薪水增加 1000 元，于是我们写了如下的代码。

```
users=UserExtraInfo.objects.all()
for user in users:
    user.salary+=1000
    user.save()
```

通过跟踪 SQL 语句发现（如以下代码所示），更新数据，需要先从数据库里将原数据取出放在内存中，待处理完"salary + 1000"后，再把数据从内存中更新到数据库中。

```
(0.015) UPDATE `UserExtraInfo` SET `username` = '张三', `truename` = '张三
', `sex` = 1, `salary` = '12555.88', `age` = 30, `department` = '开发部', `status`
= '1', `createDate` = '2020-04-17 20:52:24.186054', `memo` = '', `user_id` = 1
WHERE `UserExtraInfo`.`id` = 1; args=('张三', '张小凡', 1, '12555.88', 30, '开
发部', '1', '2020-04-17 20:52:24.186054', '', 1, 1)
```

此时使用 F()函数，可以直接生成 SQL 语句更新数据库，效率更高一些。

```
from django.db.models import F
  for user in users:
      user.salary=F("salary")+1000
      user.save()
```

打印出的 SQL 语句如下，可以看到"salary=salary+1000"的 SQL 语句。

```
(0.016) UPDATE `UserExtraInfo` SET `username` = '张三', `truename` = '张小
凡', `sex` = 1, `salary` = (`UserExtraInfo`.`salary` + 1000), `age` = 30,
`department` = '开发部', `status` = '1', `createDate` = '2020-04-17
20:52:24.186054', `memo` = '', `user_id` = 1 WHERE `UserExtraInfo`.`id` = 1;
```

```
args=('张三', '张小凡', 1, 1000, 30, '开发部', '1', '2020-04-17 20:52:24.186054',
'', 1, 1)
```

在使用 F()函数对某个字段进行更新后，需要使用 refresh_from_db()方法才能获取最新字段的值信息，如以下代码所示。

```
for user in users:
    user.refresh_from_db()
    print(user.salary)
```

总结一下：使用 F()函数可以直接在数据库中进行操作，可以减少某些操作所需的数据库查询次数。

2. Q()函数

在 Django 中的 ORM 语句中，Q()函数用于对象进行多条件查询，支持&（and）、|（or）、~（not）操作符。

使用 Q()函数查询用户扩展表中年龄大于 30 岁且薪水大于 5000 元的人员，如以下代码所示。

```
from django.db.models import Q
    user=UserExtraInfo.objects.filter(Q(age__gt=30)&Q(salary__gt=5000))
    user
```

代码执行后的 SQL 语句如下。

```
Out[21]: (0.000) SELECT `UserExtraInfo`.`id`, `UserExtraInfo`.`username`,
`UserExtraInfo`.`truename`, `UserExtraInfo`.`sex`, `UserExtraInfo`.`salary`,
`UserExtraInfo`.`age`, `UserExtraInfo`.`department`, `UserExtraInfo`.`status`,
`UserExtraInfo`.`createDate`, `UserExtraInfo`.`memo`,
`UserExtraInfo`.`user_id` FROM `UserExtraInfo` WHERE (`UserExtraInfo`.`age` >
30 AND `UserExtraInfo`.`salary` > 5000) LIMIT 21; args=(30, Decimal('5000'))
    <QuerySet [<UserExtraInfo: 3>]>
```

ORM 最终都会通过生成 SQL 语句来实现，因此，需要将代码写得更加合理，让代码执行效率更高。

4.2.9 执行原生 SQL

在实际项目中，可能会遇到一些复杂的 SQL 语句（比如多张报表的关联统计等），此时难以使用 ORM 中提供的 API 来完成。Django 提供了直接执行 SQL 语句的方法。

1. Raw()方法

该方法的语法格式如下，返回 RawQuerySet 对象。

```
django.db.models.Manager.raw(raw_query)
```

其中，raw_query 参数指要执行的 SQL 语句。

（1）基本使用。

```
In [1]: from app4.models import *
In [2]: users=UserExtraInfo.objects.raw("select * from userbaseinfo4")
        for user in users:
            print(type(user),user)
#查询结果如下
<class 'app4.models.UserExtraInfo'> 1
<class 'app4.models.UserExtraInfo'> 2
<class 'app4.models.UserExtraInfo'> 15
```

（2）条件查询。

条件查询，需要注意 SQL 语句拼接导致的 SQL 注入漏洞。在 Raw() 方法中使用占位符，可以防止 SQL 注入。

```
In [1]: from firstapp.models import *
        name="张三"
        sql='''
            select * from UserExtraInfo4 where username=%s
            '''
        users=UserExtraInfo.objects.raw(sql,[name])
        for user in users:
            print(user.id)
#输出结果如下
1 张三
```

（3）多表查询。

```
sql='''select a.*,b.* from UserBaseInfo4 a,UserExtraInfo4 b where
    a.id=b.user_id
    '''
users=UserBaseInfo.objects.raw(sql)
for user in users:
    print(user.age)
```

Django 使用主键来标识模型实例，因此主键必须始终包含在原始查询中。

2. 游标方法

在 Django 中，用 django.db.connection 封装了数据库的连接对象，通过连接对象来获取游标。游标（cursor）是系统为用户开设的一个数据缓冲区，主要用于处理和接收数据，如对数据库进行增加、删除、修改和查询等操作。

首先，导入 connection 对象。

然后，通过 connection 对象的 cursor()方法返回一个游标对象。在连接对象关闭前，游标对象可以反复使用。

接着，使用游标对象的 execute()方法执行 SQL 语句，返回影响的行数。其中，事务管理使用了 connection 对象的 3 个方法：begin()方法表示开始事务，commit()方法表示提交事务，rollback()方法表示回滚事务。

最后，释放资源，关闭游标对象。

接下来使用游标对象完成数据库的插入、查询、更新和删除操作。

（1）插入数据。

插入数据使用 cursor.execute()方法，参数使用占位符 %s。这样可以有效避免 SQL 注入问题。

在 shell 环境下，使用以下代码演示插入数据。

```
from django.db import connection
import django.utils.timezone as timezone
cursor=connection.cursor()
insertsql="insert into departinfo(departname,createdate) values (%s,%s)"
data=('总经办',timezone.now())
cursor.execute(insertsql,data)          #插入一条数据
cursor.close()
```

（2）查询数据。

游标对象提供了 fetchall()方法，该方法用于获取全部数据，返回一个元组。还有 fetchone()方法，用于获取其中的一个结果，返回一个元组。

在 shell 环境下，通过游标对象方式查询数据，如以下代码所示。

```
from django.db import connection
cursor=connection.cursor()
cursor.execute("SELECT * from userextrainfo")
row = cursor.fetchone()          #以元组方式返回一条记录
print(row)
cursor.close()
#输出结果如下
   (1, '张三', '张小凡', 1, Decimal('12555.88'), 30, '开发部', '1',
datetime.datetime(2021, 4, 17, 15, 52, 24, 186054), '', 1)
```

（3）更新数据。

更新数据使用占位符 %s，可以根据更新数据后影响的行数来判断更新是否成功。此外，还可以增加事务处理：如果执行成功，则提交事务；如果执行失败，则回滚事务。

在 shell 环境下，通过以下代码演示更新数据。

```
from django.db import connection
cursor=connection.cursor()
try:
   updatesql='update departinfo set departname=%s where id=%s'
   data=('销售部',2)
   cursor.execute(updatesql,data)
   rowcount=cursor.rowcount          #影响的行数
   print(rowcount)
   connection.commit()
except:
   connection.rollback()
```

代码执行结果为 1，即执行语句只影响 1 行。

（4）删除数据。

删除数据使用占位符 %。可以根据删除数据后影响的行数，来判断删除是否成功。

在 shell 环境下，通过以下代码演示更新数据。

```
cursor=connection.cursor()
sql="delete from departinfo where departname =%s"
data=['总经办']
cursor.execute(sql,data)           #数据删除
cursor.close()
```

> 在 Django 中使用游标执行 SQL 语句的方法，与在 Python 中的方法完全一样，完全可以将 Python 中的数据操作代码迁移到 Django 中来。

4.2.10 事务处理

在实际项目中，经常会遇到复杂的数据库操作业务逻辑，比如，创建修改一系列相关的对象，一旦其中某处出现执行失败或异常，则要求回滚前面已经执行成功的数据库操作。这时，数据库的事务管理就非常重要了。

事务是指具有原子性的一系列数据库操作。即使程序崩溃了，数据库也会确保这些操作要么全部执行，要么全部未执行。

事务拥有 ACID 特性，说明如下。

- 原子性（Atomicity）：事务作为一个整体被执行，其中对数据库的操作要么全部被执行，要么全部不被执行。
- 一致性（Consistency）：事务应确保数据库的状态从一个一致状态转变为另一个一致状态。一致状态的含义是，数据库中的数据应满足完整性约束。
- 隔离性（Isolation）：在多个事务并发执行时，一个事务的执行不应影响其他事务的执行。
- 持久性（Durability）：已被提交的事务对数据库的修改应该被永久保存在数据库中。

在 Django 中，通过 django.db.transaction 模块处理事务。

定义事务有装饰器方式和 with 语句方式。

1. 装饰器方式

```python
from django.db import transaction
@transaction.atomic  #装饰器
def trans(request):
    #开启事务
    save_id=transaction.savepoint()
    try:
        #代码操作 1
        #代码操作 2
        #提交从保存点到当前状态的所有数据库事务操作
        transaction.savepoint_commit(save_id)
    except:
        #事务回滚，回滚到保存点
        transaction.savepoint_rollback(save_id)
```

第 2 行代码，使用装饰器@transaction.atomic 使得视图函数 trans()支持事务。

第 5 行代码，创建了一个保存点 save_id，便于 Django 的事务管理。

使用 try…except 语句进行异常处理：如果操作成功则提交事务，如果失败则回滚事务到保存点，从而保证事务的一致性。

2. with 语句方式

```python
def trans_with(request):
    with transaction.atomic():      #with 语句
        #开启事务
        save_id=transaction.savepoint()
        try:
            #代码操作 1
            #代码操作 2
            #提交从保存点到当前状态的所有数据库事务操作
            transaction.savepoint_commit(save_id)
```

```
        except:
            #事务回滚,回滚到保存点
            transaction.savepoint_rollback(save_id)
```

3. 实例

下面通过一个实例来演示事务的。

打开本书配套资源中的"app4/views.py",增加视图函数 userinfo_trans(),如以下代码所示。

```
@transaction.atomic
def userinfo_trans(request):
    #开启事务
    save_id=transaction.savepoint()
    try:
            #保存基本信息
        d=dict(username="测试1",password='123456',status=1,
        createdate=timezone.now())
        userbaseinfo=UserBaseInfo.objects.create(**d)
        raise #抛出异常
            #保存扩展信息
        d=dict(username="测试1",truename='测试1',sex=0,
salary=6555.88,age=35,
        status=0,createdate=timezone.now(),memo='',user=userbaseinfo)
        userextrainfo=UserExtraInfo.objects.create(**d)
        transaction.savepoint_commit(save_id)
        msg="新增数据成功"
        print(msg)
    except:
        transaction.savepoint_rollback(save_id)
        msg="新增数据失败"
        print(msg)
    return HttpResponse(msg)
```

在上述代码中,"新增用户基本表"和"新增用户扩展表"这两个动作是原子操作,要么成功,要么失败。当新增用户基本表数据成功,新增用户扩展表数据失败时,事务回滚到保存点。

程序执行后,数据表中的数据不会发生改变。读者可以自己配置路由,测试上述事务代码。

第 5 章
自动生成界面——基于 Django 表单

基于传统的表单（HTML 表单）开发项目，会显著增加 HTML 页面的代码量，比如校验用户输入的合法性、数据格式是否正确等。这增加了开发难度和调试时间。

Django 的 From 表单可以自动生成 HTML 组件标签，增加检验功能，极大地提高了编写代码的效率。而 Django 的模型表单更是在 Form 表单的基础上，进一步精简了代码，提高了效率。此外，本章还会介绍在实际项目中使用得较多的用 AJAX 提交表单。

5.1　HTML 表单

HTML 表单是一个包含表单元素的区域。表单的主要功能是收集用户信息，以完成人机交互。

表单由一个个 HTML 标签组成。常见的 HTML 标签有文本框、单选框、复选框、下拉列表框、"确认"按钮等。

常见的 HTML 标签见表 5-1。

表 5-1

标　　签	说　　明
\<form\>	表单标签
\<input type=text\>	文本框标签

续表

标签	说明
<input type=password>	密码输入框标签
<input type=radio>	单选框标签
<input type=checkbox>	复选框标签
<input type=button>	按钮标签
<input type=submit>	提交按钮标签
<input type=reset>	重置按钮标签
<input type=file>	文件上传标签
<textarea>	多行文本标签
<label>	显示文本的标签
<select>	下拉列表框标签
<option>	下拉列表框中的选项

以下代码演示用<form>等标签创建一个"用户登录"的 HTML 表单。该表单可以被视图函数调用，经过浏览器解析，得到一个登录界面供用户输入。

```html
<form name="f1" action="" method="get">
    用户名：<input type="text" name="username" /><br>
    密  码：<input type="password" name="pwd">
<input type="submit" value="submit">
</form>
```

其中，<form>标签的属性如下。

- name：表单的名称。
- method：表单数据的提交方式，分为 GET 和 POST。
- action：表单数据提交的远程服务器地址，一般为 URL。

接下来逐步介绍 HTML 表单的相关知识。

5.1.1 用令牌 CSRF 保证表单的安全

HTML 表单想要在 Django 中正常显示，还需要添加 CSRF 令牌。CSRF 令牌是 Django 为了防止网站跨站请求伪造而默认开启的一项保护机制。在 Django 中，通过"{% csrf_token %}"标签来为表单添加令牌。"{% csrf_token %}"标签放在网页的<form></form>标签之间。

接下来的项目继续以"myshop-test"为例进行说明。

打开本书配套资源中的"myshop/settings.py"，在 MIDDLEWARE 列表包含了所有的中间件信息，如以下所示。

```
MIDDLEWARE = [
    'django.middleware.security.SecurityMiddleware',
    'django.contrib.sessions.middleware.SessionMiddleware',
    'django.middleware.locale.LocaleMiddleware',
    'django.middleware.common.CommonMiddleware',
    'django.middleware.csrf.CsrfViewMiddleware',
    …
]
```

5.1.2 【实战】用 HTML 表单上传文件

通过进行实战——上传文件，来巩固表单的知识点。

使用如下命令新建一个应用 app5，接下来的操作都在 app5 应用中完成。

```
Python manager.py startapp app5
```

（1）新建模板文件 "templates/5/upload.html"，在其中添加如下内容。

```
<form enctype="multipart/form-data" action="" method="post">
    {% csrf_token %}
    <input type="file" name="myfile" />
    <br/>
    <input type="submit" value="upload"/>
</form>
```

这里在模板文件中创建了一个 form 表单，并在 form 表单中，设置 method 属性的值为 "post"，enctype 属性的值为 "multipart/form-data"。

（2）打开本书配套资源中的 "app5/views.py"，增加视图函数 upload_file()，在其中添加如下代码。

```
def upload_file(request):
    if request.method=="GET":
        return render(request,"5/upload.html")
    # 在请求方法为 POST 时进行处理。文件上传为 POST 请求
    if request.method == "POST":
        # 获取上传的文件。如果没有文件，则默认为 None
        myFile =request.FILES.get("myfile", None)
        if myFile:
            # 二进制的写操作
            path='media/uploads/'
            if not os.path.exists(path):
                os.makedirs(path)
            dest = open(os.path.join(path+myFile.name),'wb+')
            for chunk in myFile.chunks():     # 分块写入文件
                dest.write(chunk)
```

```
            dest.close()
        return HttpResponse("上传完成!")
    else:
        return HttpResponse("没有上传文件! ")
```

在上述粗体代码中,使用 request.FILES.get("myfile", None) 的方式来获取上传的文件,myfile 是上传表单中文件上传组件的名称。

(3)打开本书配套资源中的"app5/urls.py",增加一条路由,如以下代码所示。

```
path('upload_file/',views.upload_file),
```

运行应用后,浏览 http://localhost:8000/app5/upload_file/,选择一个文件上传。上传成功后,在项目的"media/uploads"文件夹下会生成上传的文件。

5.2 Django 的 Form 表单

Django 框架提供了 Form 表单,用于生成页面可用的 HTML 标签。用户在表单中输入数据提交表单时,Django 框架会自动进行表单数据验证,并将数据绑定到表单对象。

5.2.1 认识 Form 表单

表单类被定义在每个应用目录下的 forms.py 文件中,该文件默认不存在,需要手工添加。表单类必须继承自 Form 类,该 Form 类位于包 django.forms 中。

通过一个实例来了解定义 Django 表单的过程。

新建文件"app5/forms.py",在其中添加如下代码。

```
from django import forms
class UserInfoForm(forms.Form):
    '''用户状态'''
    STATUS=((None,'请选择'),(0,'正常'), (1,'无效'),)
    username=forms.CharField(label="用户名称
",min_length=6,widget=forms.widgets.TextInput(attrs={'class':'form-control',
'placeholder':"请输入用户名称"}))
    password=forms.CharField(label="密码",min_length=6,max_length=10,
    widget=forms.widgets.PasswordInput(attrs={"class":"password"},
render_value=True))
    age=forms.IntegerField(label="年龄",initial=1)
    mobile=forms.CharField(label="手机号码")
    status=forms.ChoiceField(label="用户状态",choices=STATUS)
    createdate=forms.DateTimeField(label="创建时间",required=False)
```

上述代码定义了一个人员信息表单，其中包含用户名称、密码和年龄等字段，这些字段有字符类型、整数类型和日期时间类型。字段还包括名称（label）、最小长度（min_length）、是否填写（required）等参数。接下来一一进行介绍。

1. 表单字段

常用的表单字段见表 5-2。

表 5-2

表单字段	说明
CharField	字符类型字段，默认在界面上显示一个文本输入标签。 如：<input type='text'…>
InterField	数值类型字段，默认在界面上显示一个数字输入标签。 如：<input type='number'…>
FloatField	数值类型字段，默认在界面上显示一个数字输入标签。 如：<input type='number'…>
DecimalField	数值类型字段，默认在界面上显示<input>类型的数字输入标签。 如：<input type='number'…>
ChoiceField	选择属性字段，默认在界面上显示一个下拉列表标签。 如：<select name="city" id="city" …>
FileField	文件属性字段，默认在界面上显示一个文件域标签。 如：<input type='file'…>
BooleanField	布尔类型字段，默认在界面上显示一个复选框标签。 如：<input type='checkbox'…>
DateField	日期属性字段，默认显示一个文本输入标签，可以自动验证日期格式。 如：<input type='text'…>
DateTimeField	日期时间属性字段，默认显示一个文本输入标签，可以自动验证日期时间格式。 如：<input type='text'…>
EmailField	邮件属性字段，默认显示一个邮件输入标签。 如：<input type='email'…>
URLField	URL 地址属性字段，默认显示一个 URL 地址输入标签，可以自动校验 URL 格式的合法性。 如：<input type='text'…>
ModelChoiceField	如果使用了该字段，则可以直接从数据库中获取数据生成下拉列表组件。 如：<select name="city" id="city" …>

接下来介绍常见的表单字段。

（1）选择类型字段 ChoiceField。

该字段默认在界面上显示一个下拉列表组件。生成的代码如下。

```
<select name="city"  id="city"><option></option></select>
```

具体语法如下。

```
forms.ChoiceField(choices=((None,'请选择'),(0,'正常'), (1,'无效'),))
```

（2）时间日期类型字段。

Django 的表单字段中有 DatetimeField、DateField 和 TimeField 类型，默认在界面上创建一个带时间验证格式的文本输入组件。

具体语法如下。

```
Forms.DateTimeField(input_format=["%Y-%m-%d %H:%M"])
Forms.DateField(input_format=["%Y-%m-%d"])
```

（3）选择类型字段 ModelChoiceField。

许多表单的下拉框标签内容需要直接从数据表加载，比如城市列表、人员列表等，此时可以使用 ModelChoiceField 字段来简化操作。

具体语法如下。

```
Forms.ModelChoiceField(queryset=DepartInfo.objects.all(),empty_label='请选择')
```

上述代码执行后，会生成一个带有部门信息的下拉框标签。

2. 常用字段参数

表单字段可以设置不同的字段参数，具体的字段参数见表 5-3。

表 5-3

字段参数	说　　明
label	生成 HTML 中的 label 标签
label_suffix	Label 标签后的统一后缀信息
initial	字段的初始值
help_text	字段的描述信息
error_messages	指定错误信息
validators	指定字段的验证规则
required	字段是否可以为空，默认为 True
disabled	字段是否可以编辑
widget	指定字段的 HTML 标签样式

常用字段参数如下所示。

```python
class UserBaseInfoForm(forms.Form):
    '''用户状态'''
    STATUS=((None,'请选择'),(0,'正常'), (1,'无效'),)
    username=forms.CharField(label="用户名称
",min_length=6,error_messages={'required':'用户姓名不能为空','min_length':'长度最少6位','invalid':'输入正确的用户姓名'})
    age=forms.IntegerField(label="年龄
",initial=1,validators=[age_validate],error_messages={'required': '年龄不能为空',})
    status=forms.ChoiceField(label="用户状态
",choices=STATUS,error_messages={'required': '用户状态不能为空',})
    createdate=forms.DateTimeField(label="创建时间",required=False)
```

在上述代码中，用户名称、用户状态等字段设置了 error_messages 字段参数，年龄字段设置了初始值（initial）和验证规则（validators）。在后续的章节中会介绍更多的字段参数。

3. 表单元素的风格显示

参数 widget 的作用是，按照 widget 指定的类型在网页中生成对应的标签样式。

比如：

```python
age=forms.IntegerField(min_value=1,max_value=120)
```

最终在网页中生成的代码如下所示：

```html
<label for="id_age">Age:</label> <input type="number" name="age" min="1" max="120" required id="id_age">
```

常见的参数 widget 见表 5-4。

表 5-4

widget	说　　明
PasswordInput	密码输入标签，展现为<input type='password'>
HiddenInput	隐藏元素输入标签，展现为<input type='hidden'>
Textarea	文本域标签，展现为<textarea></textarea>
CheckboxInput	复选框标签，展现为<input type='checkbox'>
FileInput	文件域标签，展现为<input type='file'>
RadioSelect	单选按钮标签，展现为<input type='radio'>
HiddenInput	隐藏域标签，展现为<input type='hidden'>
DateTimeInput	日期时间标签，展现为<input type='datetime'>
Select	下拉列表标签，展现为<select name="city"　id="city"…>
SelectMultiple	下拉多选列表标签，展现为<select multiple…>

读者可能会问：不同的表单字段可以被渲染为不同的 HTML 标签，为何还需要这个表单元素的 widget 选项呢？原因是：同一种表单字段可以根据不同的 widget 被渲染为不同的展示效果。

比如，用户名和密码都是 CharFiled 字段，但两者的 widget 渲染方式不同，最终界面的展现效果是不同的：一个是普通文本框，另一个是带*号的密码文本框，如以下代码所示。

```
username=forms.CharField(label="用户名",min_length=6)
password=forms.CharField(label="密码",min_length=8,
    widget=forms.widgets.PasswordInput(attrs={"class":"password"},
render_value=True))
```

再比如，用户状态和爱好都是 ChoiceFiled 字段，但是在不同的 widget 渲染方式下，最终界面的展现效果是，一个是下拉列表，另一个下拉多选列表，如以下代码所示。

```
status=forms.ChoiceField(label="用户状态",
choices=STATUS,widget=forms.widgets.Select)
    skill=forms.ChoiceField(label="爱好",
choices=SKILL_STATUS,widget=forms.widgets.SelectMultiple)
```

上述代码的最终界面效果如图 5-1 所示。

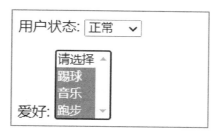

图 5-1

4. 表单的综合实例

（1）新建表单文件。

打开本书配套资源中的"app5/forms.py"，增加表单类 UserInfoForm，如以下代码所示。

```
from django import forms
class UserInfoForm(forms.Form):
    '''用户状态'''
    STATUS=((None,'请选择'),(0,'正常'), (1,'无效'),)
    username=forms.CharField(label="用户名
",min_length=6,widget=forms.widgets.TextInput(attrs={'class':'form-control',
'placeholder':"请输入用户名"}))
    password=forms.CharField(label="密码
",min_length=6,max_length=10,widget=forms.widgets.PasswordInput(attrs={"clas
s":"password"},render_value=True))
```

```
age=forms.IntegerField(label="年龄",initial=1)
mobile=forms.CharField(label="手机号码")
status=forms.ChoiceField(label="用户状态",choices=STATUS)
#createdate=forms.DateTimeField(label="创建时间",required=False)
```

(2)增加视图函数。

打开本书配套资源中的"app5/views.py",在其中增加视图函数 userinfo_form(),如以下代码所示。

```
from .forms import *
def userinfo_form(request):
    if request.method=="GET":
        myform=UserInfoForm()
        return render(request,"5/userinfo.html",{'form_obj':myform})
```

当请求方式为 GET 时,将实例化对象 myform 以字典的方式传递到模板文件中使用。

(3)新增模板文件。

新建模板文件"templates/5/userinfo.html",在其中添加如下代码。

```
<html>
<head></head>
<body>
<form action="" method="POST">
    {% csrf_token %}
    {{ form_obj.as_p }}
    <input type="submit" value="提交">
</form>
</body></html>
```

表单中常见的属性如下。

- as_p 属性:为表单字段提供<p>标签。
- as_table 属性:为表单字段提供<table>标签。
- as_ui 属性:为表单字段提供<ui>标签。

csrf_token 模板标签用于防止 csrf(跨站请求伪造),一般被放在 form 标签中。

(4)增加路由并运行,结果如图 5-2 所示。

图 5-2

5.2.2 表单数据的校验

在图 5-2 中的表单正常显示后，即可录入数据并提交了。在提交数据时会涉及表单的数据校验。Django 的表单提供了强大的数据校验功能。

表单验证属性或方法见表 5-5。

表 5-5

表单属性或方法	说　　明
is_valid()方法	验证表单中的数据是否合法
cleaned_data 属性	获取表单中通过验证的数据
errors 属性	表单的验证错误信息

1. 校验数据

（1）增加表单类。

打开本书配套资源中的"app5/forms.py"，增加表单类 UserInfo_Msg_Form(forms.Form)，如以下代码所示。

```
class UserInfo_Msg_Form(forms.Form):
    '''用户状态'''
    STATUS=((None,'请选择'),(0,'正常'), (1,'无效'),)
    username=forms.CharField(label="用户名",min_length=6,
widget=forms.widgets.TextInput(attrs={'class':'form-control','placeholder':"
请输入用户名"}),error_messages={'required':'用户姓名不能为空','min_length':'长度
最少 6 位','invalid':'不能含有特殊字符'})
    password=forms.CharField(label="密码",min_length=6,
max_length=10,widget=forms.widgets.PasswordInput(attrs={"class":"password"},
```

```
        age=forms.IntegerField(label="年龄",initial=1,validators=
[age_validate],error_messages={'required': '年龄不能为空',})
        mobile=forms.CharField(label="手机号码",validators=[mobile_validate],
error_messages={'required': '手机号码不能为空',})
        status=forms.ChoiceField(label="用户状态",choices=STATUS,
error_messages={'required': '用户状态不能为空',})
        createdate=forms.DateTimeField(label="创建时间",required=False)
```

在代码中，为每个字段都增加了 error_messages 参数。

以 username 字段为例：

```
error_messages={'required':'用户姓名不能为空','min_length':'长度最少 6 位',
'invalid':'不能含有特殊字符'})
```

在 error_messages 参数中，required 对应的是当提交内容为空时所提示的信息，invalid 对应的是当提交的数据出现格式错误时所提示的信息。

（2）增加视图函数。

打开文件"app5/view.py"，增加视图函数 userinfo_msg_form()，如以下代码所示。

```
def userinfo_msg_form(request):
    if request.method == "GET":
        myform = UserInfo_Msg_Form()
        return render(request, "5/userinfoform.html", {'form_obj': myform})
    else:
        f = UserInfo_Msg_Form(request.POST)
        if f.is_valid():
            print(f.clean())
            print(f.cleaned_data["username"])
            print(f.data)
        else:
            errors = f.errors
            print(errors)
            return render(request, "5/userinfoform.html", {'form_obj': f,
'errors': errors})
        return render(request, "5/userinfoform.html", {'form_obj': f})
```

当用户发起 POST 请求时，Django 表单会根据 POST 请求的表单数据来实例化 UserInfoForm 类，并把表单实例化对象 f 传递给模板中的模板变量。

Django 的数据校验流程：使用 forms.is_valid()方法验证表单中的数据是否合法；如果验证成功，则通过 f.clean_data 属性返回接收到的数据；如果验证失败，则通过 f.errors 属性获取表单的验证错误信息。

（3）增加模板文件。

新建模板文件 "templates/5/userinfoform.html"，在其中添加如下代码。

```
<form action="" method="POST" novalidate>
    {% csrf_token %}
    <p>{{form_obj.username.label}}:{{ form_obj.username }}
        {{ errors.username.0 }}
    </p>
    <p>{{ form_obj.password }}
        {{ errors.password.0 }}
    </p>
    <p>{{form_obj.status.label}}:{{ form_obj.status }}
        {{ errors.status.0 }}
    </p>
    <p>{{form_obj.age.label}}:{{ form_obj.age }}
        {{ errors.age.0 }}
    </p>
    <p>{{form_obj.mobile.label}}:{{ form_obj.mobile }}
        {{ errors.mobile.0 }}
    </p>
    错误信息汇总在一起显示：
    {{ errors }}
    <input type="submit" value="提交">
</form>
```

上述代码说明如下：

- 在 form 标签中增加了属性 novalidate，这样提交表单时就不会对其进行验证。如果 form 标签没有该属性，则运行后的界面如图 5-3 所示，每个输入组件都会弹出默认的验证框，这将导致自定义错误信息（errors）无法显示。

图 5-3

- 将表单的各个字段通过模板变量的方式进行显示。其中，{{ form_obj.username.label }} 指表单中 username 字段的显示名称，{{ form_obj.username }}指表单中的 username 组件，{{ errors.username.0 }}指错误信息中关于 username 字段的提示。

（4）增加路由并运行。

如果在表单中的输入框没有任何内容时单击"提交"按钮，则在所有标签后会显示设定的

error_messages 参数，如图 5-4 中的上半部分所示。此外，错误信息还可以汇总在一起显示，如图 5-4 中的下半部分所示。

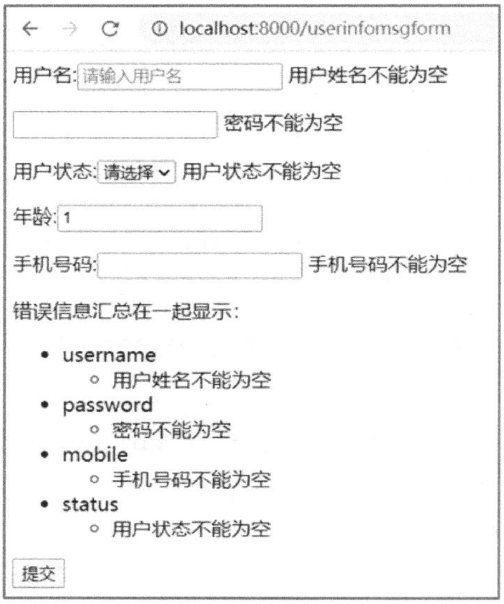

图 5-4

2. 自定义验证规则

对于表单，除基本的验证外，还有一些自定义验证，比如，人员的年龄必须为 1～120 岁，手机号码需要符合运营商的号码规则等。字段的 validators 参数表示字段输入的校验规则，可以使用某个函数来实现。

在表单类 UserInfo_Msg_Form 中，年龄和手机号码使用了自定义验证规则，如以下代码中的粗体部分所示。

```
age=forms.IntegerField(label="年龄",initial=1,validators=[age_validate],
error_messages={'required': '年龄不能为空',})
mobile=forms.CharField(label="手机号码",validators=[mobile_validate],
error_messages={'required': '手机号码不能为空',})
```

打开本书配套资源中的"app5/forms.py"，定义手机号码的自定义验证规则的函数，如以下代码所示。

```
from django.core.exceptions import ValidationError #导入错误
import re  #导入正则表达式库
def mobile_validate(value):
    mobile_re = re.compile(r'^(13[0-9]|15[012356789]|17[678]|18[0-9]|
14[57])[0-9]{8}$')  #手机号码的正则判断
```

```
        if not mobile_re.match(value):
            raise ValidationError('手机号码格式错误')
    def age_validate(value):
        if value<1 or value>120:
            raise ValidationError('年龄范围为 1~120 岁')
```

其中，函数错误信息使用关键字 raise 抛出 ValidationError('信息')。读者可以自己测试一下。

5.2.3 表单数据的获取

在表单验证成功后，可以通过 forms.clean() 方法或者 forms.cleaned_data 属性获取表单提交的数据。此外，还可以通过 forms.data 属性获取表单原始的数据。

以 userinfo_msg_form() 视图函数为例，其中加粗部分是表单数据的几种获取方式。

```
    def userinfo_msg_form(request):
        if request.method == "GET":
            myform = UserInfo_Msg_Form()
            return render(request, "5/userinfoform.html", {'form_obj': myform})
        else:
            f = UserInfo_Msg_Form(request.POST)
            if f.is_valid():
                print(f.clean())
                print(f.cleaned_data["username"])
                print(f.data)
            else:
                errors = f.errors
                print(errors)
                return render(request, "5/userinfoform.html", {'form_obj': f,
    'errors': errors})
            return render(request, "5/userinfoform.html", {'form_obj': f})
```

其中，f.clean() 表示获取全部数据，以字典方式返回；f.cleaned_data["username"] 表示获取数据中的 username 字段内容；f.data 表示获取全部数据，以 QueryDict 字典方式返回。

运行代码后，在 VS Code 控制台会打印出相关信息，如下所示。

```
    {'username': 'admin1', 'password': '123456', 'age': 1, 'mobile':
'13999999999', 'status': '0', 'createdate': None}   #f.clean()返回一个字典
    admin1    # f.cleaned_data["username"]返回数据中的 username 信息
    <QueryDict: {'csrfmiddlewaretoken':
['6QVLZCwWII60DuROx4c0hOCh4oiEfnKLQy5k9fvVnoQ3I0GGNvF27XA8nw9Tu7nZ'],
'username': ['admin1'], 'password': ['123456'], 'status': ['0'], 'age': ['1'],
'mobile': ['13999999999']}>   #f.data 返回 QueryDict 字典
```

获取表单数据后，即可对这些数据进行 ORM 入库操作了。

5.2.4 【实战】用Form表单上传文件

使用Form表单可以大大简化文件上传的代码。

（1）新建模板文件"templates/upload_form.html"，在其中添加如下代码。

```
<form enctype="multipart/form-data" action="" method="post">
    {% csrf_token %}
    {{ form_obj.as_p }}
    <br/>
    <input type="submit" value="文件上传"/>
    <img src="/media/{{ user.headimg }}">
</form>
```

（2）打开本书配套资源中的"app5/models.py"，增加模型类ImgFile，如以下代码所示。

```
class ImgFile(models.Model):
    name = models.CharField(verbose_name='名称',default='',max_length=30)
    headimg = models.FileField(verbose_name='文件名',upload_to="uploads/")
    def __str__(self):
        return str(self.name)
    class Meta:
        verbose_name='用户头像信息'
        db_table = 'user_img'
```

模型中有两个字段，一个是用户名称字段，另一个是文件名字段。其中，文件名字段使用了FileField字段，设置了upload_to属性（该属性用于指定文件的上传路径，默认保存在"media/uploads"目录下）。

设置模型后，请执行迁移命令生成数据表。

（3）创建表单类。

打开本书配套资源中的"app5/forms.py"文件，增加表单类ImgFileForm，如以下代码所示。

```
class ImgFileForm(forms.Form):
    name=forms.CharField()
    headimg=forms.FileField()
```

（4）创建视图函数。

打开本书配套资源中的"app5/views.py"，增加视图函数imgfileform()，如以下代码所示。

```
def imgfileform(request):
    if request.method == "GET":
        f = ImgFileForm()
        return render(request, "5/upload_form.html", {'form_obj': f})
    else:
        f = ImgFileForm(request.POST,request.FILES)
```

```
        if f.is_valid():
            name = f.cleaned_data['name']
            headimg = f.cleaned_data['headimg']
            userimg = ImgFile()
            userimg.name=name
            userimg.headimg = headimg
            userimg.save()
            print("上传成功")
            return render(request, "5/upload_form.html", {'form_obj':
f,'user':userimg})
```

（5）配置路由。

打开本书配套资源中的"app5/urls.py"，增加一条路由，如以下代码所示。

```
urlpatterns = [
    …
    path('userimg/',views.imgfileform),
    re_path(r'media/(?P<path>.*)', serve, {"document_root":
settings.MEDIA_ROOT}),
]
```

在上述代码中，在路由中使用 re_path()函数设置了正则匹配，这样可以通过浏览器浏览 media 目录下的所有图像文件。

此外还需要在项目的"settings.py"文件中配置如下内容。

```
MEDIA_URL="/media/"
MEDIA_ROOT=os.path.join(BASE_DIR,"media")
```

运行后可以显示上传的文件，界面效果如图 5-5 所示。同时，在项目的"media/uploads"目录下会生成上传的文件，在数据表中也会生成相应的记录。

图 5-5

5.3 Django 的模型表单

Django 提供了模型表单（ModelForm），它可以和模型直接关联，省略了在 Form 表单中定义表单字段的过程。

简单来说，Django 中的 ModelForm 就是利用数据模型（Model）来简化表单开发的一种高级封装技术。

5.3.1 认识模型表单

下面对 5.2.1 节中的 4.小标题中的"表单综合实例"使用 ModelForm 进行改写。

打开本书配套资源中的"app5/forms.py"，增加视图类 UserBaseInfoModelForm（forms.ModelForm），如以下代码所示。

```python
from app5.models import *
class UserBaseInfoModelForm(forms.ModelForm):
    class Meta:
        #定义关联模型
        model=UserBaseInfo
        #定义需要在表单中展示的字段
        fields=['username','password','age','mobile','status']
        #如果要显示全部字段，则可以如下设置
        #fields="__all__"
```

上述代码定义用户基本信息的表单类，继承自 django.forms.ModelForm。

保持模板文件不变，增加相应的路由，运行应用后可以得到与图 5-2 同样的效果，但是代码量却大大地减少了。在实际开发中，ModelForm 的使用很广泛。

常见的模型表单属性见表 5-6。

表 5-6

模型表单属性	含 义
model	用于绑定已有的模型
fields	设置模型中的哪些字段可以显示。如果将值设为__all__，则显示全部字段。如果要显示部分字段，则将部分字段写入一个列表或者元组中
exclude	禁止将模型字段转换为表单字段，用法同 fileds
labels	设置表单字段的 label 项，以字典方式表示，字典的键为模型的字段
widgets	设置表单字段的渲染效果，以字典方式表示，字典的键为模型的字段
help_texts	设置表单字段的帮助信息

续表

模型表单属性	含 义
error_messages	设置表单字段的错误信息

5.3.2 校验模型表单数据

Django 校验模型表单数据功能很强大。

1. 校验数据

打开本书配套资源中的"app5/forms.py",增加表单类 UserBaseInfoModelForm,如以下代码所示。

```
from app5.models import *
class UserBaseInfoModelForm(forms.ModelForm):
    class Meta:
        #定义关联模型
        model=UserBaseInfo
        #定义需要在表单中展示的字段
        fields=['username','password','age','mobile','status']
        #如果要显示全部字段,则可以进行如下设置
        #fields="__all__"
        #如果在 Models 中定义了名称,则在这里不用再定义
        labels={
            "age":"年龄",
            "mobile":"手机信息",
        }#将文本框渲染为密码输入框
        widgets={"password":forms.widgets.PasswordInput(attrs={"class":
"password"},render_value=True)}
        error_messages={
            "username":{'required':'用户姓名不能为空','min_length':'长度最少 6
位','invalid':'输入正确的用户姓名'},
            "password":{'max_length':'密码最长 10 位','required':'密码不能为空
','min_length':'密码最少 6 位'},
            "age":{'required': '年龄不能为空',},
            "mobile":{'required': '手机号码不能为空',},
            "status":{'required': '用户状态不能为空',}
        }
```

之后我们继续定义相应的视图函数和路由。最终执行结果与图 5-4 一样,这里不再赘述。

2. 自定义校验函数

在 Django 的 ModelForm 类中提供了自定义校验函数,以进行字段的校验,比如,手机号码要符合号码规范、两次输入的密码要一样等。

Django 中提供了两种数据校验方式:

- 对某个字段进行精确校验,校验函数的语法格式为:clean_字段名()。该字段中输入的数据必须经过验证函数的校验。
- 重写 clean()函数来实现校验。使用该函数相当于对每个字段都进行处理。

打开本书配套资源中的"app5/forms.py",修改表单类 UserBaseInfoModelForm,如以下代码所示。

```python
# 校验手机号码的局部钩子函数
def clean_mobile(self):
    mobile = self.cleaned_data.get('mobile')
    mobile_re = re.compile(r'^(13[0-9]|15[012356789]|17[678]|18[0-9]|14[57])[0-9]{8}$')
    if not mobile_re.match(mobile):
        raise ValidationError('手机号码格式错误')
    return mobile

# 全局钩子函数
def clean(self):
    password = self.cleaned_data.get("password")
    confirm_password = self.cleaned_data.get("confirm_password")
    if password != confirm_password:
        raise forms.ValidationError("二次密码输入不一致")
```

校验函数在表单类 UserBaseInfoModelForm 中,在编写代码时应注意层次关系。

5.3.3　处理模型表单数据

Django 的 ModelForm 类提供了 save()方法,用于将表单绑定的数据直接保存到数据库中,这是因为 ModelForm 类和模型类做了关联。一般有如下几种方式。

(1)接收 POST 请求提交的数据,直接保存到数据库中,返回一个模型对象,如以下代码所示。

```
f = UserInfoBaseModelForm(request.POST)
new_userinfo = f.save()
```

(2)调用表单类生成类实例,完成数据显示,如以下代码所示。

```
a = UserInfoBaseModel.objects.get(id=1)   #获取数据表中的一条记录
f = UserInfoBaseModelForm(instance=a)     #生成表单类实例
```

(3)调用表单类生成类实例,完成数据修改,如以下代码所示。

```
a = UserInfoBaseModel.objects.get(id=1)
f = UserInfoBaseModelForm(request.POST,instance=a)
new_userinfo=f.save()
```

上述代码常用于修改数据表中的单条数据。

（4）延迟保存。

save()方法接受一个 commit 参数，默认为 True，可以实现 Model 实例的保存。如果将 commit 参数设置为 False，则不会立刻执行保存动作。可以在这个保存动作之前增加一些其他操作。比如，在获取用户信息的 POST 数据之后保存数据之前，对某个字段进行额外处理后，再进行保存操作，如以下代码所示。

```
user=UserModelForm(request.Post)
if user.is_valid():
    user=user.save(commit=False)
    user.username=request.username
    user.save()
```

5.4 使用 AJAX 提交表单

AJAX 即 Asynchronous Javascript And XML（异步 JavaScript 和 XML）。AJAX 是一个在 2005 年提出的使用现有技术集合的新技术，包括：HTML 或 XHTML、CSS、JavaScript、DOM、XML、XSLT，以及最重要的 XMLHttpRequest。

简单来说，AJAX 就是在不重载整个网页的情况下，通过后台加载数据，并在网页上进行局部刷新和显示。

5.4.1 基于 jQuery 技术实现 AJAX

使用 jQuery 技术来实现 AJAX 比较简单。jQuery 提供多个与 AJAX 相关的方法。

通过 jQuery 的 ajax()方法，能够使用 HTTP GET 方式和 HTTP POST 方式从远程服务器请求文本、HTML、XML 或 JSON，并把这些外部数据直接加载到网页相应的元素中。

AJAX 请求代码的一般写法如下所示。

```
<script src="plugins/jquery/jquery.min.js"></script>  #引用 jQuery 文件
<button id="submit">提交</button>
$("#submit").click(function () {
    $.ajax({
        url:"/ajax_login/",      提交的 URL 地址
        async:true,              //是否异步，默认 true
```

```
        type:"post",              //提交方式
        data:{     #以字典方式传递参数
            "username":"admin",
            "password":123
        },
        success:function (data) {    //请求成功，返回相关数据
            console.log(data)
        },
        error:function () {          //请求失败，返回错误信息
            alert("出错了。");
        },
    })
}
```

5.4.2　在 AJAX 请求中设置令牌 csrf_token

在 AJAX 请求中需要传递 csrfmiddlewaretoken 参数，否则系统会提示 403-CSRF 验证失败。解决办法有两种。

1．在前台模板中解决

具体做法是，在 JavaScript 脚本中获取 csrf_token 的值。

（1）获取名称为 csrfmiddlewaretoken 的 HTML 元素的值，并赋值给 csrfmiddlewaretoken 参数。

```
{% csrf_token %}
data:{
    username:$('#username').val(),
    pwd:$('#password').val(),
    csrfmiddlewaretoken:$('[name=csrfmiddlewaretoken]').val(),
},
```

（2）直接使用模板变量{{ csrf_token }}的值，并赋值给 csrfmiddlewaretoken 参数。

```
{% csrf_token %}
data:{
    username:$('#username').val(),
    pwd:$('#password').val(),
    csrfmiddlewaretoken:{{ csrf_token }},    #模板渲染的方式
},
```

2．在视图函数中解决

```
from django.views.decorators.csrf import csrf_exempt
@csrf_exempt
def ajax_login(request):
    return render(request,"5/ajax_login.html")
```

在上述代码中，在每个视图函数前都增加了@csrf_exempt 装饰器来去掉 CSRF 校验。但是，为了保证网站的安全，不建议这样处理。

5.4.3 【实战】使用 AJAX 实现用户登录

（1）打开本书配套资源中的"app5/views.py"，增加视图函数 ajax_login()，如以下代码所示。

```
from django.views.decorators.csrf import csrf_exempt
def ajax_login(request):
    return render(request,"5/ajax_login.html")
def ajax_login_data(request):
    # 获取用户名和密码
    username = request.POST.get('username')
    password = request.POST.get('password')
    # 判断并返回 JSON 数据
    if username == 'admin' and password == '123456':
        return JsonResponse({'code': 1,"msg":"登录成功"})
    else:
        return JsonResponse({'code': 0,"msg":"登录失败"})
```

（2）新建模板文件"templates/5/ajax_login.html"，在其中添加如下代码。

```
用户名：<input type="text" id="username"></input>
密码：<input type="password" id="password"></input>
{% csrf_token %}
<button id="submit">提交</button>
{% load static %}
<script src="{% static 'plugins/jquery/jquery.min.js' %}"></script>
<script>
    $("#submit").click(function () {
        $.ajax({
            url: "/ajax_login_data/", //后端请求地址
            type: "POST",              //请求方式
                data: {                //请求参数
                username: $("#username").val(),
                password: $("#password").val(),
                "csrfmiddlewaretoken": $("[name = 'csrfmiddlewaretoken']").val()
            },
            //请求成功后的操作
            success: function (data) {
                console.log(data)
            },
            //请求失败后的操作
            error: function (jqXHR, textStatus, err) {
```

```
            console.log(arguments);
        },
    })
})
</script>
```

(3)配置路由并运行,结果如图 5-6 所示。

图 5-6

在浏览器中按 F12 键,当应用运行后,输入正确的用户名和密码并单击"提交"按钮,界面显示登录成功,并且在浏览器中可以看到请求的 ajax_login_data 的 URL,该 URL 返回登录成功的信息。

第 6 章
用户认证

Django 作为一款优秀的 Web 框架，自动内置了用户认证体系，功能强大，可以"开箱即用"。还可以在 Django 用户认证体系的基础上进行定制和扩展，以满足不同的业务需求。

6.1 初识用户认证

在 Django 框架中，使用用户、用户组和权限来实现用户认证。

- 用户：应用系统的使用者。用户拥有自己的权限，可以属于一个或者多个用户组。
- 用户组：对用户进行分类的一种便捷方法。不同的用户组可以拥有不同的权限，用户属于哪个用户组就拥有该用户组的权限。
- 权限：约束用户行为的一种机制。一个完整的权限应该包括用户、对象和权限。即什么用户对什么对象具有什么样的权限。

基于用户、用户组和权限的架构相对简单，基本上能满足大部分业务系统的需要。

6.1.1 认识 Auth 模块

Auth 模块是 Django 框架内置的权限管理模块。利用 Auth 模块可以实现用户身份认证、用户组和权限管理。

在创建项目时，Django 框架默认使用内置的 Auth 模块。在配置文件 settings.py 的 INSTALLED_APPS 列表中可以看到 Auth 相关的配置。

打开本书配套资源中的"settings.py",默认代码如下所示。

```
INSTALLED_APPS = [
    'django.contrib.admin',
    'django.contrib.auth',           '#权限管理模块
    'django.contrib.contenttypes',#内容类型,用于关联模型
]
```

如果想使用 Auth 模块的方法,则必须先导入 Auth 模块,如以下代码所示。

```
from django.contrib import auth
```

在 Auth 模块中封装了用户模型、用户组模型和权限模型,见表 6-1。

表 6-1

模块名称	说明
Django.contrib.auth.models.User	Auth 模块中的用户模型
Django.contrib.auth.models.Group	Auth 模块中的用户组模型
Django.contrib.auth.models.Permission	Auth 模块中的权限模型

用户模型是 Django 框架中用户认证系统的核心。用户模型中内置了多个字段,字段说明见表 6-2。

表 6-2

字 段	说 明	字段类型
id	数据库主键	int 类型
password	密码	varchar 类型
last_login	最近登录的时间	datetime 类型
is_superuser	是否为超级管理员	tinyint 类型
username	用户账号	varchar 类型
first_name	用户名字	varchar 类型
last_name	用户姓氏	varchar 类型
email	邮件	varchar 类型
is_staff	是否登录 admin 后台	tinyint 类型
is_active	用户状态是否激活	tinyint 类型
date_joined	账号的创建时间	datetime 类型

Auth 模块的相关方法见表 6-3。

表 6-3

方法	说明
authenticate(username,password)	用户验证功能，如果认证成功，则返回一个 User 对象
login(HttpRequest,user)	用户登录功能。其中，user 为一个经过认证的 User 对象。登录成功后将用户身份信息记录到请求的会话对象中存储。使用 request.user 可以获取当前登录的用户对象。如果未登录，则 request.user 得到的是一个匿名用户对象 AnonymousUser
is_authenticated()	判断当前用户是否经过认证
logout(request)	清除当前请求，注销会话
create_user()	创建新用户，至少提供用户名和密码
set_password(password)	修改密码
check_password(password)	检查密码是否正确

6.1.2 了解用户权限数据表

在完成数据迁移后，在数据库中会自动生成一套用户权限数据表，如图 6-1 所示。

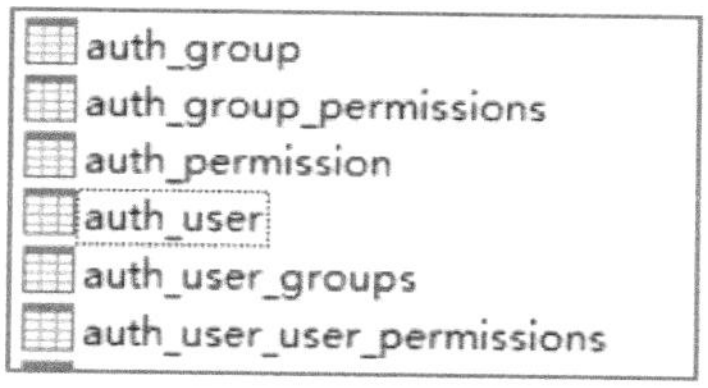

图 6-1

其中各个表的说明如下。

- auth_user：用户信息表。
- auth_group：组信息表。
- auth_permission：权限信息表。
- auth_user_group：用户和组的关系表。
- auth_group_permissions：组和权限的关系表。
- auth_user_user_permissions：用户和权限的关系表。

6.2 用户管理

本节使用内置的 Auth 模块来实现用户注册和用户登录功能。

使用如下命令新建一个应用 app6，接下来的操作都在 app6 应用下完成。

```
python manage.py startapp app6
```

6.2.1 用户注册

使用用户模型可以很方便地实现注册功能。

（1）打开本书配套资源中的"app6/view.py"，增加视图函数 user_reg()，如以下代码所示。

```python
from django.shortcuts import render
from django.http import HttpResponse
from django.contrib.auth.models import User
from django.contrib.auth import authenticate
def user_reg(request):
    if request.method=="GET":
        return render(request,'6/user_reg.html')
    if request.method=="POST":
        uname=request.POST.get("username",'')
        pwd=request.POST.get("password",'')
        if User.objects.filter(username=uname):
            info='用户已经存在'
        else:
            d=dict(username=uname,password=pwd,email='111@111.com',is_staff=1,is_active=1,is_superuser=1)
            user=User.objects.create_user(**d)
            info='注册成功，请登录'
        return render(request,'6/user_reg.html',{"info":info})
```

在上述代码中，将输入的用户名与用户模型中的数据进行了比对。如果有数据，则提示"用户已经存在"，否则调用 create_user()方法新增用户。

（2）新建模板文件"templates/6/user_reg.html"，在其中添加如下代码。

```
{% load static %}
<form action="" method="post">
    {% csrf_token %}
    <div class="input-group mb-3">
        <input type="text" class="form-control" name="username" placeholder="用户名">
    </div>
    <div class="input-group mb-3">
        <input type="email" class="form-control" name="email" placeholder="邮箱">
    </div>
    <div class="input-group mb-3">
        <input type="password" class="form-control" name="password" placeholder="密码">
    </div>
```

```
        <div class="input-group mb-3">
            <input type="password" class="form-control" name="re-password" placeholder="重复密码">
        </div>
        <div class="row">
            <div class="col-8">
                <label for="agreeTerms">
                    {{ info }}
                </label>
            </div>
            <div class="col-4">
                <button type="submit" class="btn btn-primary btn-block">注册</button>
            </div>
        </div>
    </form>
```

（3）配置相应路由并运行，结果如图 6-2 所示。这部分代码没有进行字段的验证，读者可以自己动手去完成。

图 6-2

6.2.2 用户登录

使用用户模型提供的强大用户认证 Auth 模块，可以很方便地实现登录功能。

（1）打开文件"app6/views.py"，增加视图函数 user_login()，如以下代码所示。

```
def user_login(request):
    if request.method=="GET":
        return render(request,'6/user_login.html')
    if request.method=="POST":
        uname=request.POST.get("username",'')
```

```python
        pwd=request.POST.get("password",'')
        if User.objects.filter(username=uname):  #判断用户是否存在
           #如果存在，则进行验证
           user=authenticate(username=uname,password=pwd)
           if user:  #如果验证通过
              if user.is_active:    #如果用户状态为激活
                 login(request,user)#则进行登录操作
                     info="登录成功"
                  else:
                     info="用户还未激活"
              else:
                 info="账号密码不对，请重新输入"
           else:
              info='用户账号不存在，请查询'
        return render(request,'6/login.html',{"info":info})
```

在上述代码中，使用 django.contrib.auth 模块中的 authenticate()方法、login()方法进行用户登录的验证。

（2）新增模板文件"templates/6/user_login.html"，在其中添加如下代码。

```
{% load static %}
<form action="" method="post">
    {% csrf_token %}
    <div class="input-group mb-3">
        <input type="text" class="form-control" name="username" placeholder="用户名">
        <div class="input-group-append">
            <div class="input-group-text">
                <span class="fas fa-user"></span>
            </div>
        </div>
    </div>
    <div class="input-group mb-3">
        <input type="password" class="form-control" name="password" placeholder="密码">
        <div class="input-group-append">
            <div class="input-group-text">
                <span class="fas fa-lock"></span>
            </div>
        </div>
    </div>
    <div class="row">
        <div class="col-8">
            <label for="agreeTerms">
                {{ info }}
```

```
                </label>
            </div>
            <div class="col-4">
                <button type="submit" class="btn btn-primary btn-block">登录</button>
            </div>
        </div>
    </form>
```

(3)配置相应路由并运行。

这部分代码没有进行字段的验证,读者可以自己动手去完成。

6.2.3 扩展用户模型

用户模型中的字段是有限的,无法满足实际业务需要。比如,在用户资料中还需要照片、等级、微信号码等信息。Django 框架提供了扩展用户模型的方法,一般使用继承 AbstractUser 类的方式来扩展用户模型。AbstractUser 类不会改变现有验证方法的使用。

接下来学习扩展用户模型。

1. 修改数据模型

打开本书配套资源中的"app6/models.py",在其中添加以下代码。

```
from django.db import models
from django.contrib.auth.models import AbstractUser
class MyUser(AbstractUser):
    photo=models.CharField('用户头像',max_length=50)
    weChat=models.CharField('微信',max_length=30)
    level=models.CharField('用户等级',max_length=1)
    def __str__(self):
        return self.username
```

MyUser 类继承自 AbstractUser 类,拥有用户模型的全部字段和方法,此外还有 3 个扩展字段。

2. 配置项目文件

打开本书配套资源中的"myshop/setting.py"文件,在其中添加以下代码。

```
AUTH_USER_MODEL="app6.MyUser"
```

其中,app6.MyUser 为"应用程序名.模型名",也是最后生成的数据库表名。

3. 数据迁移

执行如下命令进行数据迁移。

```
python manage.py makemigrations
python manage.py migrate
```

为了保证迁移成功，请先删除数据库中以 auth 和 django 开头的数据表。

4. 查看效果

查看数据表，结果如图 6-3 所示。查看 app6_myuser 表结构，如图 6-4 所示。

图 6-3　　　　　　　　　　　　　　图 6-4

6.3 【实战】利用用户模型实现用户身份认证及状态保持

下面通过一个实例来说明在 Django 框架中如何利用用户模型实现用户身份认证，以及用户登录状态在全网站中是如何保持的。

6.3.1 增加视图函数 myuser_reg()

打开文件 "app6/views.py"，在其中增加视图函数 myuser_reg()，如以下代码所示。

```
from app6.models import MyUser
def myuser_reg(request):
    if request.method=="GET":
        return render(request,'6/user_reg.html')
    if request.method=="POST":
        uname=request.POST.get("username",'')
        pwd=request.POST.get("password",'')
        if MyUser.objects.filter(username=uname):
            info='用户已经存在'
        else:
            d=dict(username=uname,password=pwd,email='222@111.com',is_staff=1,is_active=1,is_superuser=1,weChat='yangcoder',level='1')
            user=MyUser.objects.create_user(**d)
            info='注册成功,请登陆'
            #跳转到登陆页面
            return redirect(reverse("app6_myuser_login"))
```

请注意以上代码中的粗体部分——使用扩展用户模型 MyUser 替代了默认的用户模型。在注册成功后会跳转到登录页面，因为这里使用了反向解析。

6.3.2 增加视图函数 myuser_login()

打开本书配套资源中的"app6/views.py",在其中增加视图函数 myuser_login(),如以下代码所示。

```python
def myuser_login(request):
    if request.method=="GET":
        return render(request,'6/user_login.html')
    if request.method=="POST":
        uname=request.POST.get("username",'')
        pwd=request.POST.get("password",'')
        if MyUser.objects.filter(username=uname):  #判断用户是否存在
            #如果存在,进行验证
            user=authenticate(username=uname,password=pwd)
            if user:  #如果验证通过
                if user.is_active:  #如果用户状态为激活
                    login(request,user)  #进行登陆操作,完成session的设置
                    info="登陆成功"
                    return redirect(reverse("app6_user_index"))
                    #return render(request,"6/user_index.html")
                else:
                    info="用户还未激活"
            else:
                info="账号密码不对,请重新输入"
        else:
            info='用户账号不存在,请查询'
        return render(request,'6/user_login.html',{"info":info})
```

在上述代码中,通过 authenticate()方法和 login()方法完成用户认证登录。如果登录成功,则应用跳转到用户首页。

6.3.3 用户退出的设置

打开本书配套资源中的"app6/views.py",在其中增加视图函数 myuser_logout(),如以下代码所示。

```python
def myuser_logout(request):
    logout(request)
    return redirect(reverse("app6_myuser_login"))
```

其中,logout(request)方法用于完成用户的退出,logout()方法用于完成登录状态的清除。

6.3.4 用户首页的显示

(1)打开本书配套资源中的"app6/views.py",在其中增加视图函数 user_index(),如以下

代码所示。

```python
def user_index(request):
    users=MyUser.objects.all()
    return render(request,'6/user_index.html',{"users":users})
```

在上述代码中,将用户数据传递到 user_index.html 中并进行显示。

(2)新增模板文件"templates/6/user_index.html",在其中添加以下代码。

```
欢迎{{ request.user }}来到商城系统!
<a href="{% url 'app6_myuser_logout' %}">用户退出</a>
<br>
用户信息列表
<table border=1>
    <tr>
        <td>账号</td>
        <td>用户姓名</td>
        <td>email</td>
        <td>操作</td>
    </tr>
    {% for user in users%}
    <tr>
        <td>{{ user.username }}</td>
        <td>{{ user.truename }}</td>
        <td>{{ user.email }}</td>
        <td><a href="{%url 'app6_myuser_edit' %}">修改</a></td>
        <td>删除</td>
    </tr>
    {% endfor %}
</table>
```

在上述代码中,使用 request.user 属性表示当前登录的用户。

(3)配置路由后运行如图 6-5 所示。

图 6-5

单击"用户退出"链接后,系统会做退出处理并跳转到登录页面。但是这个功能还存在问题:在用户退出后,再次访问用户首页,发现还能正常浏览。这显然是不合适的。这涉及权限管理的问题,接下来将介绍权限管理。

6.4 权限管理

权限管理包含 Django 框架中权限的设置、权限认证的相关方法和自定义用户权限，接下来一一进行介绍。

6.4.1 权限的设置

Django 认证系统默认对一个数据模型设置 4 个权限：查看(view)、增加(add)、修改(change)、删除(delete)权限。

打开数据库表 auth_permission，其中字段说明如下。

- id：主键。
- name：权限名称，描述信息。
- content_type_id：使用哪个模型关联 django_content_type 表。
- codename：具体权限，命名为"权限名称_模型名称"。比如，add_personinfo 权限指对 personinfo 模型拥有新增权限。

模型 personinfo、departinfo 默认都添加了这 4 个权限，生成的数据表内容如图 6-6 所示。

id	name	content_type_id	codename
25	Can add 人员信息	7	add_personinfo
26	Can change 人员信息	7	change_personinfo
27	Can delete 人员信息	7	delete_personinfo
28	Can view 人员信息	7	view_personinfo
29	Can add 部门信息	8	add_departinfo
30	Can change 部门信息	8	change_departinfo
31	Can delete 部门信息	8	delete_departinfo
32	Can view 部门信息	8	view_departinfo

图 6-6

6.4.2 权限认证的相关方法

Django 框架内置的 django.contrib.auth 模块提供了身份认证和权限管理方面的装饰器。Python 中的装饰器是一种用于拓展原来函数功能的函数，其特殊之处是其返回值也是一个函数。使用 Python 装饰器的好处是，可以在不更改原函数代码的前提下给函数增加新功能。常用的装饰器见表 6-4。

表 6-4

装饰器	含 义
login.required	用户身份认证资源访问装饰器，验证用户是否通过身份认证。如果通过认证了，则允许该用户访问该装饰器关联的函数，否则跳转到 login_url 参数所指定的登录地址。如果不提供 login_url 参数，则跳转到 settings.py 中的 LOGIN_URL 路径
permission_required	数据资源访问装饰器，验证用户是否拥有指定权限。如果通过认证了，则允许该用户访问该装饰器关联的函数，否则跳转到 login_url 参数所指定的登录地址。如果不提供 login_url 参数，则跳转到 settings.py 中的 LOGIN_URL 路径
Require_GET	请求访问限制装饰器，只允许使用 GET 方式访问函数
Require_POST	请求访问限制装饰器，只允许使用 POST 方式访问函数

在用户通过身份认证后，可以通过表 6-5 中的方法进行用户组和权限的增加、删除、修改和查询。

表 6-5

方　　法	含　　义
user.groups.set(group1,group2)	为指定用户配置用户组
user.groups.remove(group1,group2)	从指定的用户组中删除用户
user.groups.clear()	将用户从所有的用户组中删除
user.user_permissions.set(per1,per2)	为指定用户配置权限
user.user_permissions.remove(per1,per2)	删除当前用户的权限中指定的权限
user.user_permissions.clear()	删除当前用户所有的权限
user.has_perm('app6.add_departinfo')	检查用户是否拥有 app6 应用中的 departinfo 模型的添加权限

6.4.3　自定义用户权限

实际的业务系统都比较复杂，Django 框架默认认证系统提供的 4 个权限显然是不够的，需要自定义用户权限。

打开本书配套资源中的"app6/models.py"，在其中添加以下代码。

```
from django.db import models
from django.contrib.auth.models import AbstractUser
class MyUser(AbstractUser):
    photo=models.CharField('用户头像',max_length=50)
    weChat=models.CharField('微信',max_length=30)
    level=models.CharField('用户等级',max_length=1)
    def __str__(self):
        return self.username
    class Meta(AbstractUser.Meta):
        permissions=(
```

```
            ['check_myuser','审核用户信息']],
    )
```

在 Meta 类中新增了 permissions 属性,以列表或元祖的方式表示。每个权限中包含两个项,分别对应数据表 auth_permission 中的 codename 字段和 name 字段。

在执行数据迁移命令后,可以在 auth_permission 表中看到新增的权限 check_myuser。

6.5 【实战】用装饰器控制页面权限

下面在 6.3 节的实战基础上,为其增加权限控制部分。

6.5.1 增加权限装饰器

打开本书配套资源中的"app6/views.py",对视图函数 myuser_edit()、user_index()增加装饰器,如以下代码加粗部分所示。

```
from django.contrib.auth.decorators import login_required,
permission_required
    @permission_required("app6.change_myuser")
    @login_required
    def myuser_edit(request):
        return render(request,'6/user_edit.html')


    @permission_required("app6.view_myuser")
    @login_required
    def user_index(request):
        users=MyUser.objects.all()
        return render(request,'6/user_index.html',{"users":users})
```

说明如下。

- permission_required 装饰器和 login_required 装饰器用来对 user_index()视图函数和 myuser_edit()视图函数进行权限验证,以判断用户是否登录,以及是否具有模型的增加、删除、修改和查询权限。
- login_required 装饰器用来设置当前页面的访问权限。如果当前用户没有登录,则程序会跳转到指定的登录页面。用户在完成登录后可以正常访问当前页面。
- permission_required 装饰器用来验证当前用户是否拥有对应的权限。如果当前用户不具备相应权限,则程序会跳转到指定的登录页面。(默认值是项目 settings.py 文件中的 LOGIN_URL 项)。

6.5.2 修改模板文件

打开模板文件"templates/6/user_index.html",进行如下修改。

```html
欢迎{{ request.user }}来到商城系统!
<a href="{% url 'app6_myuser_logout' %}">用户退出</a>
<br>
用户信息列表
<table border=1>
    <tr>
        <td>账号</td>
        <td>用户姓名</td>
        <td>email</td>
        <td>操作</td>
    </tr>
    {% for user in users%}
    <tr>
        <td>{{ user.username }}</td>
        <td>{{ user.truename }}</td>
        <td>{{ user.email }}</td>
        <td><a href="{%url 'app6_myuser_edit' %}">修改</a></td>
        {% if perms.myuser.delete_myuser %}
        <td>删除</td>
        {% endif %}
    </tr>
    {% endfor %}
</table>
```

以上代码中的粗体部分是"删除"链接,如果在当前权限中包含 myuser 模型的 delete 权限,则显示"删除"链接。

在模板中验证用户权限,需要使用 perms 对象。perms 对象对当前用户的 user.has_module_perms()和 user.has_perm()方法进行了封装。如果需要判断当前用户是否拥有 myuser 模型的 **delete_myuser** 权限,则可以使用上述代码中的粗体部分的判断逻辑。

6.5.3 设置项目配置文件

打开"myshop/settings.py"文件,在其中添加如下代码。

```
LOGIN_URL = '/app6/myuser_login/' #这个路径需要根据网站的实际登录地址来设置
```

6.5.4 测试权限

(1)通过 Admin 后台管理系统创建一个"test"用户,并配置 User 模型的 view 权限,如图 6-7 所示。关于 Admin 后台管理系统可以参考 7.2 节中的内容。

图 6-7

（2）使用超级管理员 admin 登录，打开如图 6-8 所示界面。单击"修改"链接，可以正常打开修改界面，如图 6-9 所示。

图 6-8　　　　　　　　　　　　　　　图 6-9

（3）使用"test"用户登录，打开的界面如图 6-10 所示。

图 6-10

（4）单击"修改"操作，由于用户"test"用户只有 view 权限，所以当前界面会跳转到登录页。由于权限不满足，所以不会显示"删除"链接。

6.6 中间件技术

中间件实际上就是 AOP（面向切面编程）。AOP 的主要作用是，把一些跟核心业务逻辑模块无关的功能抽离出来。这些跟业务逻辑无关的功能通常包括日志统计、安全控制、异常处理等。把这些功能抽离出来之后，再通过"动态切入"的方式将这些功能融入业务逻辑模块中。

使用 AOP 的好处：①可以保持业务逻辑模块的"纯净"和高内聚性；②可以很方便地复用日志统计、安全控制等功能模块。

中间件为开发者提供了一种无侵入式的开发方式，增强了 Django 框架的健壮性。中间件技术允许在不改变原有代码的情况下，动态地插入一部分代码。在默认情况下，动态插入的代码不会中断程序的执行顺序，切点会自动执行原有逻辑。

6.6.1 认识 Django 中间件

Django 中间件是修改 Django Request 或者 Response 对象的钩子，可以将其理解为是介于 HttpRequest 与 HttpResponse 对象之间的一个处理过程，或者是 URL 请求到视图函数响应的一个处理过程，如图 6-11 所示。

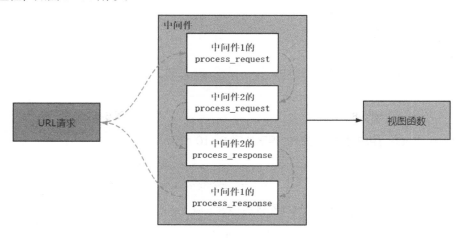

图 6-11

中间件配置在 settings.py 文件的 MIDDLEWARE 列表中。Django 默认的中间件配置如下。

```
MIDDLEWARE = [
  'django.middleware.security.SecurityMiddleware',#内置的安全中间件
  'django.contrib.sessions.middleware.SessionMiddleware',#会话中间件
  'django.middleware.locale.LocaleMiddleware',#语言设置
  'django.middleware.common.CommonMiddleware',#通用中间件，用来规范请求内容
  'django.middleware.csrf.CsrfViewMiddleware',#开启 CSRF 防护功能
  'django.contrib.auth.middleware.AuthenticationMiddleware',#内置用户认证
  'django.contrib.messages.middleware.MessageMiddleware',#开启信息提示
  'django.middleware.clickjacking.XFrameOptionsMiddleware',#防止恶意程序点击劫持
]
```

Django 会在 MIDDLEWARE 列表中,按照从上到下的顺序执行中间件的 process_request()

方法,按照从下到上的顺序执行中间件的 process_response() 方法。如果图 6-11 中的中间件 2 有返回值,则直接执行该类下的 process_response() 方法返回,后面的中间件 1 及视图函数不会被执行。

6.6.2 使用 Django 中间件

Django 中间件有 5 个方法,见表 6-6。

表 6-6

方 法	说 明
process_request(self,request)	在处理请求前在每个请求上调用,返回 None 或 HttpResponse 对象
process_view(self,request,callback,callback_args, callback_kwargs)	在处理视图前在每个请求上调用,返回 None 或 HttpResponse 对象
process_template_response(self,request,response)	如果 views() 函数中返回的对象中具有 render() 方法,则直接执行该方法。在每个请求上调用,返回实现了 render() 方法的响应对象
process_exception(self, request, exception)	在视图抛出异常时调用,在每个请求上调用,返回一个 HttpResponse 对象
process_response(self, request, response)	在处理响应后,所有响应返回浏览器之前被调用,在每个请求上调用,返回 HttpResponse 对象

其中,process_request() 和 process_response() 方法用得较多。

下面通过一个实例来学习如何自定义中间件。

(1)新建 "app6/middle" 目录,在 middle 目录下创建 mymiddle.py 文件。因为自定义中间件必须继承 MiddlewareMixin 类,所以在文件中添加如下代码。

```
#中间件必须继承 MiddlewareMixin 类
from django.utils.deprecation import MiddlewareMixin
from django.http import HttpResponse
class AuthMiddleware1(MiddlewareMixin):
    def process_request(self,request):
        print("process_request1()方法执行")
        #return HttpResponse("返回")
    def process_view(self,request,callback,callback_args,
callback_kwargs):
        print("process_view1()方法执行")
    def process_template_response(self,request,response):
        print("process_template_response1()方法执行")
        return response
    def process_exception(self, request, exception):
```

```
        print("process_exception1()方法执行")
    def process_response(self, request, response):
        print("process_response1()方法执行,状态为",response.reason_phrase)
        return response

class AuthMiddleware2(MiddlewareMixin):
    def process_request(self,request):
        print("process_request2()方法执行")
    def process_view(self,request,callback,callback_args,
callback_kwargs):
        print("process_view2()方法执行")
    def process_template_response(self,request,response):
        print("process_template_response2()方法执行,用得很少,不做测试")
        return response
    def process_exception(self, request, exception):
        print("process_exception2()方法执行")
    def process_response(self, request, response):
        print("process_response2()方法执行,状态为", response.reason_phrase)
        return response
```

（2）配置中间件。

打开文件"myshop/settings.py"，在 MIDDLEWARE 列表的最后配置以下代码中粗体部分的中间件。

```
MIDDLEWARE = [
    'django.middleware.security.SecurityMiddleware',
    'django.contrib.sessions.middleware.SessionMiddleware',
    …
    'app6.middle.mymiddle.AuthMiddleware1',
    'app6.middle.mymiddle.AuthMiddleware2'
]
```

（3）配置路由并测试执行。

打开本书配套资源中的"app6/views.py"，增加视图函数 test()，如以下代码所示。

```
def test(request):
    return HttpResponse("我也执行了")
```

配置路由并执行"http://localhostr:8000/app6/test/"，此时自定义中间件将会执行，在 VS Code 控制台输出如下信息：

```
process_request1()方法执行
process_request2()方法执行
process_view1()方法执行
process_view2()方法执行
process_response2()方法执行,状态为 OK
```

process_response1()方法执行,状态为 OK

(4)在中间件1的process_request()方法中直接使用HttpResponse()方法返回。

```
class AuthMiddleware1(MiddlewareMixin):
    def process_request(self,request):
        print("process_request1()方法执行")
        return HttpResponse("返回")
```

再次执行"http://localhostr:8000/app6/test/",发现页面上输出了"返回"信息,控制台输出如下。

process_request1()方法执行
process_response1()方法执行,状态为 OK

上述过程说明了,当中间件1调用return HttpResponse("返回")语句时,会直接执行该类下的process_response()方法返回,后面的中间件2及视图函数不会被执行。

6.6.3 【实战】用中间件简化权限认证

在商城系统的后台开发中,所有的页面都需要登录,且用户需要拥有相应的权限才能够使用功能。如果用户没有登录直接访问某个页面,则系统会跳转到登录页面。我们给每一个视图函数添加对应的登录装饰器@login_required。

可以通过中间件技术来简化这个过程,具体如下。

(1)新建文件"app6/middle/permmiddleware.py",在其中添加如下代码。

```
from django.shortcuts import HttpResponse,render,redirect
from django.utils.deprecation import MiddlewareMixin
import re
class PermissionMiddleWare(MiddlewareMixin):
    def process_request(self,request):
        #获取当前路径
        curr_path=request.path
        print(curr_path)
        #白名单处理
        white_list=["/myuser_login/","/myuser_reg/"]
        for w in white_list:
          if re.search(w,curr_path):
                return None   #通过
        #验证是否登录
        print(request.user.is_authenticated)
        if not request.user.is_authenticated:
            return redirect("/app6/myuser_login/")
        #这里还可以继续处理一些权限细节,不再展开
        #比如,晚上12点以后关闭商城
```

（2）配置中间件。

打开本书配套资源中的"myshop/settings.py"，在 MIDDLEWARE 列表最后配置以下代码中粗体显示的中间件。

```
MIDDLEWARE = [
    'django.middleware.security.SecurityMiddleware',
    'django.contrib.sessions.middleware.SessionMiddleware',
    …
    'app6.middle.mymiddle.AuthMiddleware1',
    'app6.middle.mymiddle.AuthMiddleware2',
    'app6.middle.permmiddleware.PermissionMiddleWare',
]
```

（3）测试。

访问路由地址"http://localhost:8000/app6/test/"，如果当前用户未登录，则跳转到登录页面。由于该地址也不在白名单 white_list 列表中，所以，用户也需要登录才能访问该地址。这样就通过中间件技术简化了权限认证过程。

第 2 篇
后台项目实战

第 7 章
【实战】开发一个商城系统的后台

本章将介绍商城系统后台的需求分析、架构设计及数据库设计。

商城系统后台,使用 Django 框架自带的 Admin 后台管理系统来实现。在创建好模型后,几乎不写一行代码即可快速开发出商城系统的后台功能。

商城系统后台还使用另一种实现方式——基于 Bootstrap 框架和 Django 框架中的路由和视图、模板、模型和 ORM、表单、权限等技术来实现。

7.1 商城系统后台的设计分析

商城系统后台的设计分析,主要包含需求分析、架构设计和数据库模型设计。

7.1.1 需求分析

商城系统后台的功能如图 7-1 所示。

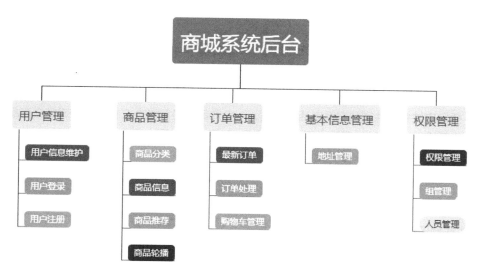

图 7-1

7.1.2 架构设计

为实现商城系统后台，采用 Django 框架作为服务器端的基础框架，采用"HTML + CSS + JavaScript"搭建前端，数据库采用 MySQL，如图 7-2 所示。

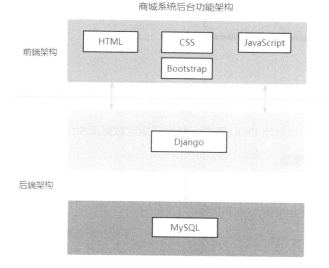

图 7-2

7.1.3 数据库模型设计

准确了解用户需求是整个系统设计的基础，也是最困难、最耗费时间的一步。在了解清楚需求后，开始进行数据库模型设计。模型设计分为逻辑模型设计和物理模型设计。

- 逻辑模型设计：将业务需求具体化，实现具体业务场景所描述的东西。比如，用户信息包括用户姓名、性别和联系电话等属性，一个商品分类可以有 0 个、1 个或多个商品。
- 物理模型设计：针对逻辑模型分析的内容，在具体的物理介质上实现出来。比如，在 MySQL 数据库中编写 SQL 脚本建立用户信息表。

从逻辑模型到物理模型，是一个从抽象到具体、不断细化完善的过程。一般使用 PowerDesign 或者 PDMan 进行数据库的模型设计。

1. 生成物理模型

在 PDMan 中可以新增模型，设计商品分类表和商品表，如图 7-3 所示。商品分类表和商品表是"一对多"关系。

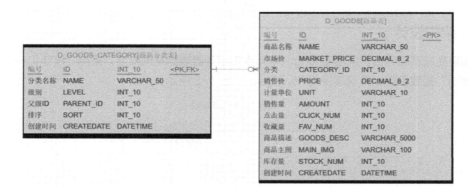

图 7-3

在模型设计完成后，可以导出 DDL 脚本，然后在指定数据库中生成数据表。

2. 反向生成 Django 模型

在完成数据库的物理模型设计后，可以根据物理模型反向生成 Django 模型。

在 VS Code 终端控制台中输入如下命令：

```
python manage.py inspectdb                    #输出数据库中的所有表到控制台中
python manage.py inspectdb > models.py        #输出到 models.py 文件中
```

当数据表中字段很多时，反向生成模型可以提高模型的编写效率。

7.2 使用 Django 自带的 Admin 后台管理系统

使用 Django 的 Admin 后台管理系统，不写一行代码即可完成数据的增加、删除、修改和查询。只要定义好模型，Django 就能生成一个具备增加、删除、修改和查询功能的应用。这也是 Django 之所以非常流行的一个很大原因。如果对软件界面效果要求不高，或者只是临时做个界面录入信息，则可以采用这种方式。

Django 自带的 Admin 后台管理系统可用于对网站中的各个模块进行管理，比如文字、图片、文件等的增加、删除、修改和查询。

7.2.1 创建商城系统后台项目

新建一个项目 myshop-back，接下来的操作都在该项目中完成。在该项目下创建一个 apps 目录，用来放置所有的商城应用。

（1）输入如下命令创建应用。

```
python manage.py startapp basic    #基础应用
python manage.py startapp goods    #商品应用
python manage.py startapp users    #用户应用
python manage.py startapp order    #订单应用
```

创建完成后，将这 4 个应用目录放到 apps 目录下，如图 7-4 所示。

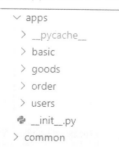

图 7-4

打开本书配套资源中的"settings.py"，在 INSTALLED_APPS 列表中增加商城系统后台的相关应用，如以下代码所示。

```
INSTALLED_APPS = [
    …
    'apps.basic', #注意写法
    'apps.goods', #注意写法
```

```
    'apps.order',  #注意写法
    'apps.users',  #注意写法
    …
]
```

(2)创建商品分类模型和商品模型。

打开本书配套资源中的"apps/goods/models.py",新增模型类 GoodsCategory 和 Goods,如以下代码所示。

```
    …
    class GoodsCategory(BaseModel):
        id = models.AutoField(primary_key=True)
        name=models.CharField(max_length=50,verbose_name='分类名称',default='')
        parent=models.ForeignKey("self", null=True,blank=True,verbose_name="父类",on_delete=models.DO_NOTHING,related_name="sub_cat")
        logo=models.ImageField(verbose_name="分类logo图片",upload_to="uploads/goods_img/")
        is_nav=models.BooleanField(default=False,verbose_name='是否显示在导航栏')
        sort=models.IntegerField(verbose_name='排序')

    …

    class Goods(models.Model):
        STATUS=(
            (0,'正常'),
            (1,'下架'),
        )
        name = models.CharField(max_length=50,verbose_name='商品名称',default='')
        category=models.ForeignKey(GoodsCategory,blank=True,null=True,verbose_name='商品分类',on_delete=models.DO_NOTHING)
        market_price = models.DecimalField(max_digits=8,default=0,decimal_places=2,verbose_name='市场价格')
        price = models.DecimalField(max_digits=8,decimal_places=2,default=0,verbose_name='实际价格')
        …
        status=models.IntegerField(default=0,choices=STATUS)
        …
```

限于篇幅,其他模型不一一列出,读者可以查阅本书配套资源中的代码。接下来继续配置 Admin 后台管理系统。

7.2.2 登录 Admin 后台管理系统

在登录 Admin 后台管理系统前,需要创建一个管理员用户。在 VS Code 终端界面输入如下命令,之后根据命令提示输入用户名和密码即可完成用户的注册。邮箱可以不用输入。

```
python manage.py createsuperuser
```

接下来就可以登录 Admin 后台管理系统了。访问 Admin 后台管理系统"http://localhost:8000/admin/",使用刚才创建的管理员用户名和密码进行登录,登录后的界面如图 7-5 所示。

图 7-5

7.2.3 配置 Admin 后台管理系统

默认用户模型和组模型会在 Admin 后台管理系统中显示出来,其他的模型还需要在每个应用中设置相应的文件才能正常显示。

1. 设置 apps.py 文件

打开本书配套资源中的"goods/apps.py",在其中添加如下代码。

```
from django.apps import AppConfig
class GoodsConfig(AppConfig):
    name = 'apps.goods'
    verbose_name="商品管理"
```

这样,"商品管理"会显示在 Admin 后台管理系统中的左侧菜单导航中。

2. 设置__init__.py 文件

打开本书配套资源中的"goods/__init__.py",在其中添加如下代码。

```
from .apps import GoodsConfig
default_app_config = 'apps.goods.GoodsConfig'
```

__init__.py 是应用的初始化文件。在该文件中设置 default_app_config 变量，用来指向 apps.py 文件中定义的 AppConfig 类。

3. 设置 admin.py 文件

打开本书配套资源中的"goods/admin.py"，在其中添加如下代码。

```python
from django.contrib import admin
from apps.goods.models import *
@admin.register(GoodsCategory)
class GoodsCategoryAdmin(admin.ModelAdmin):
    admin.site.site_title="我的特产商城后台"
    admin.site.site_header="我的特产商城后台"
    admin.site.index_title="商城平台管理"
    #设置列表中显示的字段
    list_display=['name','logo','sort','create_time']
    #搜索
    search_fields=['name']
    #过滤
    list_filter=['name','parent_id']
    #设置日期选择器
    date_hierarchy='create_time'
    #设置每页现实的数据量
    list_per_page=10
    #设置排序
    ordering=['sort']
@admin.register(Slide)
class SlideAdmin(admin.ModelAdmin):
    #设置列表中显示的字段
    list_display=['goods_id','sort','images']
```

上述代码的实现过程如下。

（1）自定义一个继承自 ModelAdmin 的类。该类用来在 Admin 后台管理系统中显示模型。

（2）使用装饰器将模型类 Goods 和 GoodsAdmin 关联起来，并注册到 Admin 后台管理系统中。

admin.py 用于将项目应用定义的模型独享注册，并绑定到 Admin 后台管理系统中。注册后，Admin 后台管理系统自动拥有了该模型对应数据表的增加、删除、修改和查询功能。

刷新 Admin 后台管理系统界面，如图 7-6 所示。可以看到在左侧的菜单"商品管理"下出现了商品信息、商品分类和首页轮播等二级菜单。

第 7 章 【实战】开发一个商城系统的后台 | 135

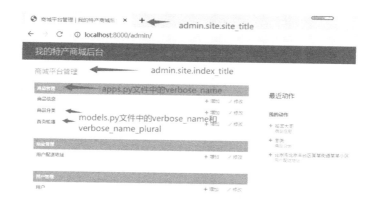

图 7-6

单击左侧菜单中的"商品分类"链接，右侧会显示商品分类列表数据。商品分类列表数据按照在代码中定义的规则进行显示，如图 7-7 所示。

图 7-7

此外，还可以对商品分类表和商品表进行数据维护，如图 7-8、图 7-9 所示。

图 7-8

图 7-9

感兴趣的读者可以动手试试 Django 的 Admin 后台管理系统中的其他功能。

7.3 用 Bootstrap 框架实现商城系统后台

虽然 Django 自带了 Admin 后台管理系统,可以在几乎不写一行代码的情况下实现模块的增加、删除、修改和查询,但在实际业务中,还会需要其他的各种功能,比如审核、导出、打印等。此时,用 Django 自带的 Admin 后台管理系统来实现就较困难了,可以通过 Bootstrap 框架来实现。

本书的商城系统后台实现了这些功能:用户注册、用户登录、后台系统首页、用户信息维护、商品分类管理、商品信息管理。

7.3.1 开发"用户注册"模块

"用户注册"模块使用如下技术来开发。

- 使用 Form 表单方式进行表单数据的验证。
- 通过继承 AbstractUser 类来简化用户权限认证。
- 使用视图函数来处理业务逻辑。

具体开发过程如下。

(1)创建模型类。

打开本书配套资源中的"apps/users/models.py",在其中添加如下代码。

```
…
class MyUser(AbstractUser):
    nickname=models.CharField('qq',blank=True,max_length=50)
```

```
    mobile=models.CharField('手机号码',max_length=11,default="")
    user_img=models.ImageField("头像",upload_to="user_img",default="")
    …
```

MyUser 类继承 AbstractUser 类，在 MyUser 类中增加了自定义字段。

（2）创建表单类。

打开本书配套资源中的"apps/users/forms.py"，在其中添加如下代码。

```
…
#手机验证函数
def mobile_validate(value):
    mobile_re = re.compile(r'^(13[0-9]|15[012356789]|17[678]|18[0-9]|14[57])[0-9]{8}$')
    if not mobile_re.match(value):
        raise ValidationError('手机号码格式错误')

class UserRegForm(forms.Form):
    username = forms.CharField(label="用户名", min_length=6,
widget=forms.widgets.TextInput(
attrs={'class': 'form-control', 'placeholder': "请输入用户名"}),
error_messages={'required':'用户姓名不能为空','min_length':'长度最少6位',})
    password=forms.CharField(label="密码",min_length=6,max_length=10,
widget=forms.widgets.PasswordInput(
#render_value=True,在页面校验不通过后，页面上的该值还存在
attrs={"class": "form-control"}, render_value=True),
error_messages={'max_length': '密码最长10位','required': '密码不能为空',
'min_length': '密码最少6位'})
    re_password = forms.CharField(label="确认密码", min_length=6,
max_length=10, widget=forms.widgets.PasswordInput(
attrs={"class": "form-control"}, render_value=True),
error_messages={'max_length': '密码最长10位','required': '密码不能为空',
'min_length': '密码最少6位'})
    …

    #全局钩子函数
    def clean(self):
      password = self.cleaned_data.get("password")
      re_password = self.cleaned_data.get("re_password")
      print(password)
      if password != re_password:
        self.add_error("re_password",ValidationError("两次密码输入不一样"))
```

在 Form 表单中，字段的验证使用了"单个字段函数验证"和"全局钩子函数"两种方式。对于两次输入密码不一样的错误信息提示，使用 add_error()方法来处理，让错误信息在指定字段处显示。

（3）创建视图函数。

打开本书配套资源中的"users/views.py"，增加视图函数 user_reg()，如以下代码所示。

```python
def user_reg(request):
    if request.method == "GET":
        form_obj = forms.UserRegForm()
        return render(request,'shop/user_reg.html',{"form_obj":form_obj})
    if request.method == "POST":
         form_obj = forms.UserRegForm(request.POST, request.FILES)
        if form_obj.is_valid():
            uname = request.POST.get("username", '')
            users = MyUser.objects.filter(username=uname)
            if users:
                for user in users:
                user_img = user.user_img
                    info = '用户已经存在'
                else:
            form_obj.cleaned_data.pop("re_password")
            form_obj.cleaned_data["is_staff"] = 1
            form_obj.cleaned_data["is_superuser"] = 0 #非管理员
            #接收页面传递过来的参数，进行用户新增
            user=MyUser.objects.create_user(**form_obj.cleaned_data)
            user_img=user.user_img
                info='注册成功，请登录'
            return render(request,'shop/user_reg.html',{"form_obj":form_obj,
"info":info,"user_img":user_img})
        else:
            errors = form_obj.errors
            print(errors)
            return render(request, "shop/user_reg.html", {'form_obj': form_obj,
'errors': errors})
        return render(request,'shop/user_reg.html',{"form_obj":form_obj})
```

在代码 form_obj=forms.UserRegForm(request.POST,request.FILES) 中，request.POST 指包含用 POST 提交的数据，request.FILES 指包含上传文件的字段数据。代码 form_obj.cleaned_data.pop("re_password")指在 form 表单实例对象中包含 re_password 字段，但实际数据表中没有该字段，所以要删除。

（4）新建模板文件。

新建模板文件"templates/shop/user_reg.html"，在其中添加如下代码。

```
{% load static %}
…
<form novalidate action="" method="post" enctype="multipart/form-data"
```

```html
class="form-horizontal">
    {% csrf_token %}
        <div class="form-group">
            <label for="{{form_obj.username.id_for_label}}" class="col-sm-2">{{form_obj.username.label}}</label>
                <div class="col-sm-8">
                    {{form_obj.username}}
                    <span class="help-block">{{ form_obj.errors.username.0 }}</span>
                </div>
        </div>
        <div class="form-group">
            <label for="{{form_obj.password.id_for_label}}" class="col-sm-2">{{form_obj.password.label}}</label>
                <div class="col-sm-8">
                    {{form_obj.password}}
                    <span class="help-block">{{ form_obj.errors.password.0 }}</span>
                </div>
        </div>
        <div class="form-group">
            <label for="{{form_obj.re_password.id_for_label}}" class="col-sm-2">{{form_obj.re_password.label}}</label>
                <div class="col-sm-8">
                    {{form_obj.re_password}}
                    <span class="help-block">{{ form_obj.errors.re_password.0 }}</span>
                </div>
        </div>
        …
        <div class="form-group">
            <label for="{{form_obj.nickname.id_for_label}}" class="col-sm-2">{{form_obj.user_img.label}}</label>
                <div class="col-sm-8">
                    {{form_obj.user_img}}
                    <span class="help-block"></span>
                </div>
                <img src="/media/{{ user_img }}">
        </div>
        <div class="col-8">
            <label for="agreeTerms">
                {{ info }}
            </label>
        </div>
        …
</form>
```

(5)配置路由并运行。

配置好路由并运行,结果如图 7-10 所示。

图 7-10

7.3.2 开发"用户登录"模块

对于"用户登录"模块,使用如下技术来开发。

- 使用 AJAX 表单方式进行表单验证。
- 通过继承 AbstractUser 类来简化用户权限认证。
- 使用视图函数来处理业务逻辑。

具体开发过程如下。

(1)创建视图函数。

打开本书配套资源中的"apps/users/views.py",在其中添加如下代码。

```
def user_login(request):
    return render(request,"shop/user_login.html")
```

```python
def ajax_login_data(request):
    uname=request.POST.get("username",'')
    pwd=request.POST.get("password",'')
    json_dict={}
    if uname and pwd:        #如果用户名和密码不为空，则查询数据库
        if MyUser.objects.filter(username=uname):    #判断用户是否存在
            #如果存在，则进行验证
            user=authenticate(username=uname,password=pwd)
            if user:  #如果验证通过
                if user.is_active:      #如果用户状态为激活
                    login(request,user)  #则完成登录
                    json_dict["code"]=1000
                    json_dict["msg"]="登录成功"
                else:
                    json_dict["code"]=1001
                    json_dict["msg"]="用户还未激活"
            else:
                json_dict["code"]=1002
                json_dict["msg"]="账号密码不对，请重新输入"
        else:
            json_dict["code"]=1003
            json_dict["msg"]="用户账号有误，请查询"
    else:
        json_dict["code"]=1004
        json_dict["msg"]="用户名或者密码为空"
    return JsonResponse(json_dict)
```

在上述代码中，加粗部分使用 Auth 模块的 authenticate()方法进行用户验证，如果验证通过，则调用其 login()方法进行登录操作。

（2）创建模板文件。

新增文件"templates/shop/user_login.html"文件，在其中添加如下代码。

```html
{% load static %}
…
<script src="{% static 'plugins/jquery/jquery.min.js' %}"></script>
…
<form action="" method="post">
    {% csrf_token %}
    <div class="input-group mb-3">
        <input type="text" class="form-control" id="username" name="username" placeholder="用户名">
    </div>
    <div class="input-group mb-3">
        <input type="password" class="form-control" id="password"
```

```
name="password" placeholder="密码">
        </div>
        <div class="row">
           <div class="col-8">
               <label for="agreeTerms" id="info">
               </label>
           </div>
           <div class="col-4">
               <input id="register" type="button" class="btn btn-success" value="登录">
           </div>
        </div>
   </form>
   …
   <script>
       $("#register").click(function () {
           $.ajax({
               url: "/users/ajax_login_data/",    //后端请求地址
               type: "POST",            //请求方式
               data: {                  //请求参数
                   username: $("#username").val(),
                   password: $("#password").val(),
                   "csrfmiddlewaretoken": $("[name = 'csrfmiddlewaretoken']").val()
               },
               //请求成功后操作
               success: function (data) {
                   $("#info").html(data.msg)
               },
               //请求失败后操作
               error: function (jqXHR, textStatus, err) {
                   console.log(arguments);
               },
           })
       })
   </script>
```

（3）配置路由规则并运行。

打开本书配套资源中的"myshop/urls.py"，在其中增加路由规则，如以下代码所示。结果如图 7-11 所示。

```
urlpatterns = [
   path('user_reg/',views.user_reg),
   path('user_login/',views.user_login),
   path('ajax_login_data/',views.ajax_login_data),
```

图 7-11

7.3.3 开发商城系统后台首页面

商城系统后台是供运营人员日常操作的,所以,其界面需要美观一些,以便有更佳的使用体验。下面基于 Bootstrap 框架来开发商城系统后台。

1. 认识 Bootstrap 框架

Bootstrap 是很受欢迎的 HTML、CSS 和 JavaScript 框架。它支持响应式栅格系统,自带了大量的组件和众多强大的 JavaScript 插件。基于 Bootstrap 框架的强大功能,能够快速设计并开发网站。

AdminLTE 是基于 Bootstrap 框架开发的一套受欢迎的开源的后台管理模板。这里使用 AdminLTE 3.1.0 版本作为商城系统后台的模板框架。

2. 构建母版页

下载 AdminLTE-3.1.0-rc 压缩包并解压缩,通过浏览 index.html 文件总览该模板框架。之后,将解压缩目录下的 index.html 文件、pages 文件夹复制到"myshop-back"项目的 templates 目录下,将解压缩目录下的 dist 文件夹、plugins 文件夹等复制到"myshop-back"项目的 static 目录下。最终目录结构如图 7-12 所示。

图 7-12

新建文件"myshop-back/templates/shop/base.html",然后对其进行母版化处理,如以下代码所示。限于篇幅,后面省略了部分代码,完整代码请参见本书配套资源文件。

```html
{% load static %}
<html lang="en">
<head>
    <title>这是模板标题</title>
    <link rel="stylesheet" href="{% static 'plugins/tempusdominus-bootstrap-4/css/tempusdominus-bootstrap-4.min.css' %}">
    {% block ext_css %}
    {% endblock %}
</head>
<body class="hold-transition sidebar-mini layout-fixed">
<div class="wrapper">
    <img src="{% static 'dist/img/AdminLTELogo.png'%}" alt="AdminLTE Logo" class="brand-image img-circle elevation-3" style="opacity: .8">
    <span class="brand-text font-weight-light">我的商城</span>
  <div class="sidebar">
    <nav class="mt-2">
      <ul class="nav nav-pills nav-sidebar flex-column" data-widget="treeview" role="menu" data-accordion="false">
          <li class="nav-header">运营管理</li>
          <li class="nav-item">
            <a href="pages/calendar.html" class="nav-link">
              <i class="nav-icon far fa-calendar-alt"></i>
              <p> 新订单
               <span class="badge badge-info right">2</span>
              </p>
            </a>
          </li>
      </ul>
    </nav>
…
  {%block content%}
  {%endblock%}
</div>
<script src="{% static 'plugins/jquery/jquery.min.js' %}"></script>
<script src="{% static 'plugins/jquery-ui/jquery-ui.min.js' %}"></script>
{% block ext_js %}
{% endblock%}
</body>
```

3. 构建内容页

打开本书配套资源中的"templates/shop/index.html",在其中添加如下代码。限于篇幅,下面省略了部分代码,完整代码请参见本书配套资源文件。

```
{% extends 'shop/base.html'%}
{% load static %}
 {% block ext_css %}
 <link rel="stylesheet" href="{% static '引入你的CSS文件' %}">
 {% endblock %}
 {% block content%}
 <div class="content-wrapper">
   <section class="content">
     <div class="container-fluid">
       <div class="row">
         <div class="col-lg-4 col-6">
           <div class="small-box bg-info">
             <div class="inner">
                       <h3>150</h3>
                       <p>新订单</p>
                    </div>
             <div class="icon">
               <i class="ion ion-bag"></i>
                    </div>
             <a href="#" class="small-box-footer">更多 <i class="fas
fa-arrow-circle-right"></i></a>
 ...
         </div>
        </div>
      </div>
     </div>
    </section>
  </div>
 {%endblock%}
```

其中,"{% extends 'shop/base.html'%}"指该内容页继承自母版页"shop/base.html"。

设置路由和视图函数,然后访问"localhost:8000/basic/index/",看到的商城系统后台界面如图 7-13 所示。

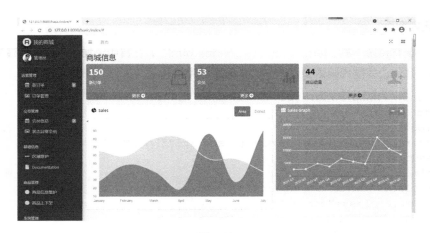

图 7-13

7.3.4 开发"用户信息维护"模块

"用户信息维护"模块包括用户信息的查询、显示、修改和删除等功能。

对于"用户信息维护"模块,使用如下技术来开发。

- 使用模板技术进行用户信息列表的显示。
- 通过 Django ORM 技术实现数据的显示和查询。
- 使用视图函数来处理业务逻辑。

1. 实现效果

访问地址"http://localhost:8000/users/index/",结果如图 7-14 所示。

图 7-14

图 7-14 中的功能分为 3 部分：用户列表、删除用户和多条件查询。

2．用户列表

用户列表分为 3 步来实现。

（1）新建模型类。

打开本书配套资源中的"apps/users/models.py"，增加模型类 MyUser，如以下代码所示。

```
...
class MyUser(AbstractUser):
    SEX=(
        (0,'男'),
        (1,'女'),
    )
    LEVEL=(
        (1,'寂寞卡会员'),
        (2,'钻石卡会员'),
        (3,'金卡会员'),
        (4,'银卡会员'),
    )
    STATUS=(
        (0,'正常'),
        (1,'异常'),
    )
    truename=models.CharField('真实姓名',blank=True,max_length=50)
    mobile=models.CharField('手机号码',max_length=11,default="")
    sex = models.IntegerField(default=0,choices=SEX)
    birthday = models.DateField(blank=True, null=True)
    user_img=models.ImageField("头像",upload_to="user_img",default="")
    level=models.IntegerField(default=4,choices=LEVEL)
    status=models.IntegerField(default=0,choices=STATUS)
    ...
```

（2）创建模板文件。

新增模板文件"shop/users/index.html"，在其中添加如下代码。

```
...
<table class="table table-bordered table-condensed table-striped table-hover">
    <thead>
        <tr>
            <th>账号</th>
            <th>真实姓名</th>
            <th>性别</th>
            <th>生日</th>
```

```html
                <th>email</th>
                <th>手机</th>
                <th>添加时间</th>
                <th>用户头像</th>
                <th>功能操作</th>
            </tr>
        </thead>
        <tbody>
            {% for per in users %}
            <tr>
                <td>{{ per.username }}</td>
                <td>{{ per.truename }}</td>
                <td>{{ per.sex }}</td>
                <td>{{ per.birthday }}</td>
                <td>{{ per.email }}</td>
                <td>{{ per.mobile }}</td>
                <td>{{ per.add_time }}</td>
                <td width="5%"><img src="/media/{{ per.user_img }}" width="100px" height="100px" /></td>
                <td width="20%">
                    <a class="btn btn-primary single" href="#">
                        <i class="fa fa-edit"></i> 修改
                    </a>
                    <a class="btn btn-danger" href="javascript:void(0)" onclick="showDeleteModal(this)">删除</a>
                    <input type="hidden" id="id_hidden" value={{ per.id }}>
                </td>
            </tr>
            {% empty %}
            <tr>
                <td colspan="7">无相关记录！</td>
            </tr>
            {% endfor %}
        </tbody>
    </table>
```

在上述代码中，加粗部分使用模板标签{% for %}{% endfor %}来完成表格的循环输出。

（3）创建视图函数。

打开本书配套资源中的"users/views.py"，增加视图函数 index()，如以下代码所示。

```python
def index(request):
    if request.method=="GET":
        users =MyUser.objects.all().order_by("-id")
        context={
```

```
            'users':users,
        }
    return render(request,'shop/users/index.html',context=context)
```
请读者创建路由并运行，这里不再赘述。

3. 删除用户

在删除用户信息时，需要弹出一个提示框，当用户单击"确定"按钮后，用户信息才会被删除。在这里，使用 Bootstrap 框架的模态对话框来实现。

（1）实现效果。

配置路由并执行地址"http://localhost:8000/users/index/"。单击某个用户信息对应的"删除"按钮，弹出一个对话框，如图 7-15 所示。

图 7-15

（2）设置模板文件。

打开本书配套资源中的"shop/users/index.html"，"删除"按钮的代码如下。

```
<a class="btn btn-danger" href="javascript:void(0)"
onclick="showDeleteModal(this)">删除</a>
```

对话框的代码如下。

```
<!-- 信息删除确认 -->
<div class="modal fade" id="delModal" tabindex="-1" aria-hidden="true">
    <div class="modal-dialog">
        <div class="modal-content">
            <div class="modal-header">
                <h4 class="modal-title" style="float:left">提示信息</h4>
                <button type="button" class="close" data-dismiss="modal"
```

```
                    aria-label="Close">
                <span aria-hidden="true">×</span>
            </button>
            <div class="modal-body">
                <p id="info">您确认要删除当前数据吗？</p>
                <input type="hidden" id="del_id">
            </div>
            <div class="modal-footer">
                <button type="button" class="btn btn-default" data-dismiss="modal">取消</button>
                <a id="delButton" class="btn btn-success" data-dismiss="modal">确定</a>
            </div>
        </div>
    </div>
</div>
```

上述是 Bootstrap 框架提供的对话框的通用代码。其中，`<input type="hidden" id="del_id">` 是一个 HTML 隐藏域标签，用来保存将要被删除的用户 ID。

（3）实现删除功能。

打开本书配套资源中的 "shop/users/index.html"，在其中添加如下代码。

```
<script>
    // 打开模态对话框并设置需要删除的 ID
    function showDeleteModal(obj) {
        var $tds = $(obj).parent().children();        // 获取所有列
        var delete_id = $($tds[2]).val();             // 获取隐藏的 ID
        console.log(delete_id)
        $("#del_id").val(delete_id);         // 给对话框中需要删除的 ID 赋值
        $("#delModal").modal({
            backdrop: 'static',
            keyboard: false
        });
    };
    $(function () {
        // 对话框中"确定"按钮的单击事件
        $("#delButton").click(function () {
            var id = $("#del_id").val();
            // AJAX 异步删除
            $.ajax({
                url: "/users/delete/" + id + "/",
                type: "GET",
                success: function (result) {
```

```
                        if (result.code == "200") {
                            $("#delModal").modal("hide");
                            window.location.href = "/users/index/";
                        }
                    }
                })
            });
        });
    </script>
```

(4) 视图函数的实现。

打开本书配套资源中的"users/views.py",增加视图函数 delete(),如以下代码所示。

```
def delete(request,id):
    obj=MyUser.objects.get(id=id)
    obj.delete()
    json_dict={}
    json_dict["code"]=200
    json_dict["msg"]="删除数据成功"
    return JsonResponse(json_dict)
```

4. 多条件查询

在用户列表页面中,一般通过多个条件来查询用户信息。这里使用用户级别、用户姓名和用户状态这 3 个字段进行查询。

(1) 设置模板文件。

打开本书配套资源中的"users/index.html",在其中添加增加查询条件的 HTML 代码。

```
<form id="search_form" method="get">
    {% csrf_token %}
    <div class="select-list">
        <ul>
            <li>
                <label>分类: </label>
                <select id="search_level" name="level">
                    <option value="">所有</option>
                    <option value="1" {% if level= ='1' %} selected="selected"
{% endif %}>寂寞卡会员</option>
                    <option value="2" {% if level= ='2' %} selected="selected"
{% endif %}>钻石卡会员</option>
                    <option value="3" {% if level= ='3' %} selected="selected"
{% endif %}>金卡会员</option>
                    <option value="4" {% if level= ='4' %} selected="selected"
{% endif %}>银卡会员</option>
                </select>
```

```
                </li>
                <li>
                    <label>名称：</label>
                    <input type="text" id="search_truename" name="truename"
value="{{truename}}" />
                </li>
                <li>
                    <label>状态：</label>
                    <select id="search_status" name="status">
                        <option value="">所有</option>
                        <option value="0" {% if status= ='0' %} selected="selected"
{% endif %}>正常</option>
                        <option value="1" {% if status= ='1' %} selected="selected"
{% endif %}>异常</option>
                    </select>
                </li>
                <li>
                    <input type="submit" value="查询" class="btn" />
                </li>
            </ul>
        </div>
    </form>
```

其中，分类、名称、状态字段被增加了{% if %}标签的判断，目的是在再次查询时能够保留上一次查询的值。

（2）修改视图函数。

打开本书配套资源中的"users/views.py"，修改视图函数 index()，结果如以下代码所示。

```
def index(request):
    if request.method=="GET":
        level=request.GET.get("level")
        truename=request.GET.get("truename",'')
        status=request.GET.get("status")
        search_dict=dict()
        if level:
            search_dict["level"]=level
        if truename:
            search_dict["truename"]=truename
        if status:
            search_dict["status"]=status
        users=MyUser.objects.filter(**search_dict).order_by("-id")
        context={
            'level':level,
            'truename':truename,
```

```
            'status':status,
            'users':users,
        }
    return render(request,'shop/users/index.html',context=context)
```

为了构造多条件查询,这里把所有的查询条件组装为一个字典(search_dict),并使用 MyUser.objects.filter(**search_dict)的方式进行字典传值查询。

5. 使用 Django 内置的分页功能完善会员列表

当数据量较大时,需要使用分页技术,这样让每页只显示少量的数据,从而更快地完成数据显示。接下来介绍 Django 框架内置的分页功能。

Paginator 类是 Django 默认的分页类,该类需要两个参数。

- 数据源:可以是列表、字典和 QuerySet。
- 一个整数:每页显示的数据行数。

如以下代码所示。

```
users=MyUser.objects.order_by("-id")
paginator=Paginator(users,10)    #每页显示 10 行数据
```

上述代码执行后得到一个 Paginator 类的实例。Paginator 类的属性和方法见表 7-1。

表 7-1

属性和方法	含 义
object_list	要进行分页的数据
per_page	设置每一页的数据量
page()	根据当前页面对 object_list 进行切片处理,获取页数对应的数据并返回
count	object_list 的数据长度
num_pages	页面总数
page_range	从 1 开始的页数范围

在 Paginator 类实例化后,再由实例化对象调用 page()方法即可得到 Page 类的实例化对象。Page 类常用的属性和方法见表 7-2。

表 7-2

属性和方法	含 义
object_list	已经切片了的数据
number	第几个分页
paginator	当前 page 对象所属的 paginator 对象
has_next()	是否有下一页,如果有则返回 True

属性和方法	含 义
has_previous()	是否有上一页，如果有则返回 True
has_other_pages()	是否上一页或者下一页，如果有则返回 True
next_page_number()	返回下一页的页码。如果不存在，则抛出异常
previous_page_number()	返回上一页的页码。如果不存在，则抛出异常

接下来给用户列表增加分页功能。

（1）实现效果。

最终实现效果如图 7-14 所示，在用户列表下方增加了分页的链接。

（2）修改视图函数。

打开本书配套资源中的"users/views.py"，修改视图函数 index()，如以下代码所示。

```
def index(request):
    if request.method=="GET":
        …
        #对查询后的结果做分页处理
        datas=MyUser.objects.filter(**search_dict).order_by("-id")
        page_size=2  #每页显示的行数
        try:
            if not request.GET.get("page"):
                curr_page=1
            curr_page=int(request.GET.get("page"))
        except:
            curr_page=1
        paginator=Paginator(datas,page_size)
        try:
            users=paginator.page(curr_page)
        except PageNotAnInteger:
            users=paginator.page(1)
        except EmptyPage:
            users=paginator.page(1)
        context={
            'level':level,
            'truename':truename,
            'status':status,
            'users':users,
        }
    return render(request,'shop/users/index.html',context=context)
```

在上述代码中，先根据多条件查询得到 QuerySet，然后做分页处理。

（3）改造模板文件。

打开模板文件"templates/shop/users/index.html"，在用户列表代码下方增加分页代码，如以下代码加粗部分所示。

```
...
<nav aria-label="Contacts Page Navigation">
    <ul class="pagination justify-content-center m-2">
        {% if users.has_previous %}
        <li class="page-item">
            <a class="page-link" href="/users/index/?page={{ users.previous_page_number }}&level={{level}}&username={{username}}&status={{status}}">
                <span aria-hidden="true">&laquo;</span>
            </a>
        </li>
        {% endif %}

        {% for pg in users.paginator.page_range %}
        {% if users.number == pg %}
        <li class="page-item active">
            <a class="page-link" href="">{{ pg }}</a>
        </li>
        {% else %}
        <li class="page-item">
            <a class="page-link" href="/users/index/?page={{pg}}&level={{level}}&username={{username}}&status={{status}}">{{ pg }}</a>
        </li>
        {% endif %}
        {% endfor %}

        {% if users.has_next %}
        <li class="page-item">
            <a class="page-link" href="/users/index/?page={{ members.next_page_number }}&level={{level}}&username={{username}}&status={{status}}">
                <span aria-hidden="true">&raquo;</span>
            </a>
        </li>
        {% endif %}
    </ul>
</nav>
...
```

在上述加粗代码中，在每个分页的链接后增加了&level={{level}}&username={{username}}&status={{status}}参数。这样做是为了对查询后的数据进行分页。

7.3.5 开发"商品分类管理"模块

对于"商品分类管理"模块，使用如下技术来开发。

- 使用 Form 表单方式进行数据验证。
- 商品模型继承公共类。
- 使用视图类来处理业务逻辑。

1. 商品分类列表

商品分类处理中的难点是多级分类，商品分类可能有 2 级，也可能有 3 级。可以用一个字段来解决多级分类的问题。

（1）创建商品分类模型。

打开本书配套资源中的"apps/goods/models.py"，增加 GoodsCategory 模型，如以下代码所示。

```
class GoodsCategory(BaseModel):
    id = models.AutoField(primary_key=True)
    name=models.CharField(max_length=50,verbose_name='分类名称',
default='')
    parent=models.ForeignKey("self", null=True,blank=True,verbose_name="父
类",on_delete=models.DO_NOTHING,related_name="sub_cat")
    logo=models.ImageField(verbose_name="分类 logo 图片",
upload_to="uploads/goods_img/")
    is_nav=models.BooleanField(default=False,verbose_name='是否显示在导航栏中')
    sort=models.IntegerField(verbose_name='排序')
    …
```

在上述加粗代码中，parent 字段的"self"参数表示关联模型是其自身，用来解决商品分类中的多级分类问题。

（2）创建抽象类。

在每个模型中都存在创建时间和更新时间字段，可以把这部分抽取出来，单独形成一个抽象类。

新建"myshop-back/common"包，在 common 包下新建 base_model.py 文件，在其中添加如下代码。

```
from django.db import models
class BaseModel(models.Model):
    '''抽象基类'''
    create_time=models.DateTimeField(auto_now_add=True,verbose_name="创建
时间")
    update_time=models.DateTimeField(auto_now=True,verbose_name="更新时间")
    class Meta:
```

```
    #指定抽象基类
    abstract=True
```

在上述代码中,将 BaseModel 类定义为抽象类,在 Meta 类中设置 abstract=True。一旦变成抽象类,则该类就不能被直接实例化了。

(3)使用抽象类改写 GoodsCategory 模型类。

打开本书配套资源中的"apps/goods/models.py",修改 GoodsCategory 模型,如以下代码所示。

```
from common.base_model import BaseModel
class GoodsCategory(BaseModel):
```

因为 GoodsCategory 模型类是从抽象类 BaseModel 继承的,所以可以删除 m GoodsCategory 模型定义的 create_time 和 update_time 字段,这样代码变得简洁。

2. 添加商品分类

"添加商品分类"功能使用如下技术来开发。

- 使用 Form 表单方法进行数据验证。
- 使用模型实现商品分类的层次展现。
- 使用视图类来处理业务逻辑。

具体开发过程如下。

(1)实现效果。

访问地址"http://localhost:8000/goods/goods_category_add/",结果如图 7-16 所示。

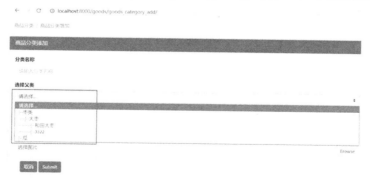

图 7-16

(2)定义表单类。

新建文件"goods/forms.py",在其中添加如下代码。

```python
...
class GoodsCategoryForm(forms.Form):
    name = forms.CharField(label="分类名称", min_length=2,
            widget=forms.widgets.TextInput(
                attrs={'class':'form-control','placeholder':"请输入分类名称"}),
            error_messages={'required': '分类名称不能为空',
                            'min_length': '长度最少2位',})
    parent_id = forms.CharField(label="选择父类", max_length=20,required=True,
                    widget=forms.widgets.Select(
                        attrs={'class': 'form-control custom-select',
'placeholder': "请选择父类"}),error_messages={'required': '请选择父类',})

    ...
    def __init__(self, *args, **kwargs):
        super(GoodsCategoryForm, self).__init__(*args, **kwargs)
        cates_all=GoodsCategory.objects.all()
        self.alist=[('','请选择...')]
        self.fields['parent_id'].widget.choices = self.binddata(cates_all,0,1)

    def binddata(self,datas,id,n):
        if id==0:
            datas=datas.filter(parent__isnull = True)
        else:
            datas=datas.filter(parent_id = id)
        for data in datas:
            #列表中添加元组
            self.alist.append((data.id,self.spacelength(n)+data.name))
            #递归处理
            self.binddata(datas,data.id,n+2)
        return self.alist

    def spacelength(self,i):
        space=''
        for j in range(1,i):
            space+="--"
        return space+"|--"
```

由于商品分类用一个字段来表示多级分类，所以在录入数据时，需要将多级分类按照层次显示，方便用户选择。基于此，对 parent_id 字段的 widget.choices 参数进行自定义处理。注意上述代码中的加粗部分。

在 binddata(self,data,id,n)方法中，参数 data 表示商品的分类数据，参数 id 指当前的分类 id，参数 n 指缩进的数量。该方法返回的格式为列表嵌套元组，如[(1,'枣'),(2,'大枣'),(3,'灰枣')]，这种格式可以被 widget.choices 接受。

（3）使用视图类处理请求。

打开本书配套资源中的"goods/views.py"，增加视图类 GoodsCategoryAddView，如以下代码所示。

```python
class GoodsCategoryAddView(View):
    …
    def get(self,request):
        form_obj=GoodsCategoryForm()
        return render(request,"shop/goods/cate_add.html",{"form_obj":form_obj})
    def post(self,request):
        form_obj=forms.GoodsCategoryForm(request.POST,request.FILES)
        if form_obj.is_valid():
            name=request.POST.get("name",'')
            cates=GoodsCategory.objects.filter(name=name)
            if cates:
                info='分类已经存在'
            else:
                #接收页面传递过来的参数，进行新增
                cate=GoodsCategory.objects.create(**form_obj.cleaned_data)
                #成功后，重定向到商品分类列表页面
                return redirect('cate_index')
            return render(request,'shop/goods/cate_index.html',
{"form_obj":form_obj,"info":info})
        else:
            errors = form_obj.errors
            print(errors)
            return render(request, "shop/goods/cate_add.html", {'form_obj':
form_obj, 'info': errors})
```

（4）建立模板页面，配置路由并运行。

新建模板页面"templates/shop/goods/cate_add.html"。具体代码在本书配套资源包中，这里不再重复。

配置路由如下：

```python
path('cate_add/',views.GoodsCategoryAddView.as_view()),
path('cate_index/',views.GoodsCategoryView.as_view(),name='cate_index'),
```

读者可以试试修改商品分类的页面，这里就不再详细介绍了。

7.3.6 开发"商品信息管理"模块

对于"商品信息管理"模块，使用如下技术来开发。

1. 使用 Bootstrap-tabe 插件完成商品列表

在业务系统开发中，对表格记录的查询、分页、排序等处理是非常常见的。在 Web 开发中，可以采用很多功能强大的插件来满足这些要求，提高开发效率。

Bootstrap-table 是一款非常有名的开源表格插件，在很多项目中被广泛应用。Bootstrap-table 插件提供了非常丰富的属性设置，可以实现查询、分页、排序、复选框、设置显示列、主从表显示、合并列等功能。另外，该插件还提供了一些不错的扩展功能，如移动行、移动列位置等，非常方便。

（1）实现效果。

访问地址"http://localhost:8000/goods/index/"，结果如图 7-17 所示。

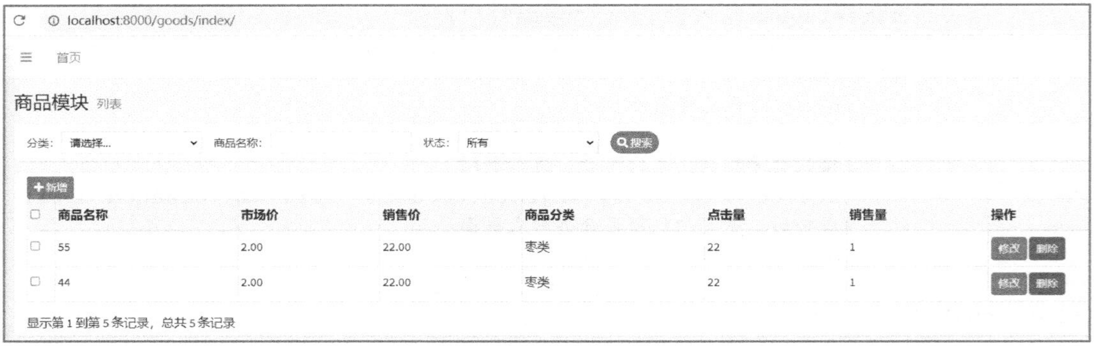

图 7-17

（2）创建模板文件。

新建模板文件"templates/shop/goods/index.html"，在其中添加如下代码。

```
<table id="bootstrap-table"></table>
<script src="{% static 'plugins/bootstrap-table/bootstrap-table.min.js' %}"></script>
<script src="{% static 'plugins/bootstrap-table/bootstrap-table-zh-CN.min.js' %}"></script>
<script src="{% static 'plugins/bootstrap-table/bootstrap-table.min.css' %}"></script>
<script>
    InitMainTable();
    function InitMainTable() {
        $('#bootstrap-table').bootstrapTable({
            url: '/goods/ajax_goods/',        //请求后台的 URL
            method: 'get',                    //请求方式
            toolbar: '#toolbar',              //工具按钮
```

```javascript
        striped: true,                        //是否显示行间隔色
        cache: false,                         //是否使用缓存，默认为true
        pagination: true,                     //是否显示分页
        sortable: false,                      //是否启用排序
        sortOrder: "asc",                     //排序方式
        queryParams: function (params) {
            var temp = {
                page: (params.offset / params.limit) + 1,   //当前页数
                cate_id: $("#cate_id").val(),
                goodname: $("#goodname").val(),
                status: $("#status").val()
            };
            return temp;
        },
        sidePagination:"server",//分页方式：client指客户端分页，server指服务端分页
        pageNumber: 1,                        //初始化默认第1页
        pageSize: 10,                         //每页的记录行数
        pageList: [10, 25, 50, 100],          //可供选择的每页的行数
        showColumns: true,                    //是否显示所有的列
        showRefresh: true,                    //是否显示"刷新"按钮
        uniqueId: "id",                       //每一行的唯一标识，一般为主键列
        columns: [{
            checkbox: true
        }, {
            field: 'name',
            title: '商品名称'
        }, {
            field: 'market_price',
            title: '市场价'
        }, {
            field: 'price',
            title: '销售价'
        }, {
            field: 'category_id',
            title: '商品分类'
        },
        {
            field: 'click_num',
            title: '点击量'
        }
            , {
            field: 'amount',
            title: '销售量'
        },
```

```
                {
                    title: '操作',
                    field: 'id',
                    formatter: operation,//进行操作
                }
            ]
        });
    };
    //删除、编辑操作
    function operation(value, row, index) {
        var htm = "<button class='btn btn-primary btn-edit'>修改</button><button class='btn btn-danger btn-del'>删除</button>"
        return htm;
    }
    //"查询"按钮的事件
    $('#btn_search').click(function () {
        $('#bootstrap-table').bootstrapTable('refresh', {
            url: '/goods/ajax_goods/'
        });
    })
</script>
```

上述代码解释了 Bootstrap-table 插件中各个参数的含义和使用方法，其中最主要的是 url 和 queryParams 参数。

> 在增加、删除、修改操作后，重新加载表格可以使用如下代码：
> $("#bootstrap-table").bootstrapTable('refresh', {url : url});

（3）创建视图函数。

打开本书配套资源中的"goods/views.py"，增加视图函数 ajax_goods()，如以下代码所示。

```
def ajax_goods(request):
    cate_id=request.GET.get("cate_id",'')
    goodname=request.GET.get("goodname",'')
    status=request.GET.get("status")
    search_dict=dict()
    if cate_id:
        search_dict["category"]=cate_id
    if goodname:
        search_dict["name__contains"]=goodname
    if status:
        search_dict["status"]=status
    page_size=2
```

```
    page=int(request.GET["page"])
    #获取总数 count
    total=Goods.objects.filter(**search_dict).count()

    #通过切片获取当前页的数据和下一页的数据
    goods=Goods.objects.filter(**search_dict).order_by("-id")
[(page-1)*page_size : page*page_size]
    rows=[]
    datas={"total":total,"rows":rows}
    for good in goods:
        rows.append({
            "id":good.id,
            "name":good.name,
            "market_price":good.market_price,
            "price":good.price,
            "category_id":good.category.name,
            "click_num":good.click_num,
            "amount":good.amount,
        })
    return JsonResponse(datas,safe=False,json_dumps_params=
{'ensure_ascii':False,"indent":4})
```

在返回的 JSON 格式结果中必须包含 total、rows 这两个参数，否则表格无法正常显示。关于 Bootstrap-table 插件的用法，读者可以参考相关资料，这里不再赘述。

2．使用富文本编辑器美化商品描述信息

商品描述字段内容一般都会图文混排，需要一个富文本编辑器来加强商品描述的显示效果。Django 没有提供官方的富文本编辑器，接下来介绍 ckeditor 这个功能强大的富文本编辑器。

（1）实现效果。

访问地址"http://localhost:8000/goods/add/"，结果如图 7-18 所示。

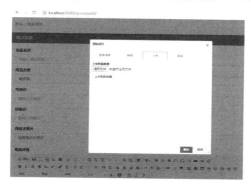

图 7-18

（2）安装富文本编辑器。

```
pip install django-ckeditor
```

（3）配置 settings.py 文件。

打开 settings.py 文件，在 INSTALLED_APPS 中添加编辑器应用，如以下代码所示。

```
INSTALLED_APPS = [
    ...
    'ckeditor',
  'ckeditor_uploader',
]
```

在 settings.py 文件中增加编辑器配置选项，如以下代码所示。

```
CKEDITOR_UPLOAD_PATH='upload/'        #upload 目录默认在 media 目录下
CKEDITOR_IMAGE_BACKEND='pillow'       #需要 pillow 库
#富文本编辑器 ckeditor 的配置
CKEDITOR_CONFIGS = {
    'default': {
        'toolbar': (
         ['div', 'Source', '-', 'Save', 'NewPage', 'Preview'],
         ['Cut', 'Copy', 'Paste', 'PasteText', 'PasteFromWord'],
         ['Undo', 'Redo', '-', 'Find', 'Replace', '-']
         ['Form', 'Checkbox', 'Radio', 'TextField','Textarea'] ,
         ['Bold', 'Italic', 'Underline', 'Strike', '-'],
         ['NumberedList', 'BulletedList', '-', 'Outdent'],
         ['JustifyLeft', 'JustifyCenter', 'JustifyRight'],
         ['Link', 'Unlink', 'Anchor'],
         ['Image', 'Flash', 'Table', 'HorizontalRule'],
         ['Styles', 'Format', 'Font', 'FontSize'],
         ['TextColor', 'BGColor'],
         ['Maximize', 'ShowBlocks', '-', 'About', 'pbckcode'],
         ['Blockquote', 'CodeSnippet'],
        ),
        'width': 'auto',
    },
}
```

（4）配置路由。

打开"myshop/urls.py"文件，在其中添加如下路由配置。

```
path('ckeditor/',include('ckeditor_uploader.urls')),
```

（5）修改商品数据模型。

打开"goods/models.py"文件，在其中进行修改，结果如下所示。

```
from ckeditor_uploader.fields import RichTextUploadingField
  goods_desc=RichTextUploadingField(default='',verbose_name='商品描述')
```

（6）复制 ckeditor 的相关资源文件。

将"你的 Python 路径\site-packages\ckeditor\static\ckeditor"目录复制到"myshop-back\static\plugins\"下。

（7）完善商品模板文件。

打开模板文件"goods/add.html"，在其中添加如下代码。

```
...
<div class="form-group">
    <label for="id_good_desc}}">商品详情</label>
    <textarea name="content">输入商品详情</textarea>
</div>
<div class="card-footer">
    <a href="#" class="btn btn-secondary">取消</a>
    <button type="submit" class="btn btn-primary">Submit</button>
    {{ info }}
</div>
...
<script src="{% static 'plugins/bootstrapValidator/bootstrapValidator.min.js'%}"></script>
<script src="{% static 'plugins/ckeditor/ckeditor-init.js'%}"></script>
<script src="{% static 'plugins/ckeditor/ckeditor/ckeditor.js'%}"></script>
<script>
    CKEDITOR.replace('content', {
        width: '100%', height: '400px',
        filebrowserBrowserUrl: '/ckeditor/browser/',
        filebrowserUploadUrl: '/ckeditor/upload/'
    });
</script>
```

上述加粗代码使用了 HTML 表单中的多行文本标签<textarea name="content">。末尾嵌入一段 JavaScript 代码，用于设置文件浏览和文件上传的路由地址。

第3篇

进 阶

第 8 章

接口的设计与实现

随着移动互联网的发展及智能手机的普及，互联网应用从 PC 端逐步转移至移动端。前后端分离已成为互联网应用开发的标准使用方式。

前端页面在展示、交互体验方面越来越灵活，对响应速度的要求也越来越高。后端服务对高并发、高可用、高性能、高扩展的要求也愈加苛刻。这导致前后端开发人员需要各自在自己的领域深耕细作。因此，作为前后端开发的纽带——接口，就显得尤为重要了。

本章介绍后端接口的设计与实现，并使用 Django Rest Framework 框架来高效实现接口。

8.1 前后端分离

前后端分离开发已经是现今软件开发中的主流方式。前后端分离使得前后端技术在各自的领域迅猛发展。

8.1.1 了解前后端分离

1. 前后端不分离

在第 7 章中，开发了商城系统的后台功能。但存在问题：在前端 HTML 代码中混杂着后端的模板语法，由后端来控制前端的渲染显示，前后两端的耦合度很高。这种开发方式被称为"前后端不分离"，如图 8-1 所示。

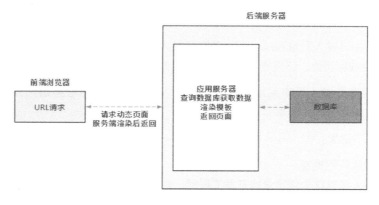

图 8-1

这种方式适合那些仅在 PC 端显示、功能相对简单的系统，比如传统的网站管理系统等。

2. 前后端分离

随着移动互联网的发展，商城系统需要兼顾移动端的用户群体。为此，需要重新开发一套新的接口。后端程序只负责提供接口数据，不再渲染 HTML 页面。至于前端用户看到什么效果、数据如何请求加载，全部由前端自己决定。

前后端通过接口实现完全解耦，各干各的事情。它们的唯一联系纽带就是事先规划好的接口。前后端分离方式如图 8-2 所示。

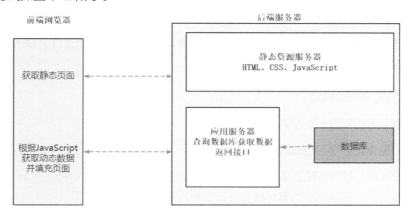

图 8-2

8.1.2 为什么要前后端分离

1. 前后端不分离的痛点

前后端不分离的痛点如下。

（1）前后端开发职责不清晰

如果模板由前端开发人员来完成，那么前端开发人员除需要使用 HTML、CSS、一些简单的 JavaScript 脚本完成网页外，还需要将后端模板语言嵌套进来，完成页面的动态显示。

如果模板由后端开发人员来完成，则后端开发人员除需要熟悉服务端代码外，还需要熟悉 HTML、CSS 和 JavaScript 脚本。

最终会导致以下结果：

- 出现问题后互相推诿。
- 后端开发人员往往变成了全栈开发工程师，能胜任前后端工作。

（2）开发效率低下。

后端开发人员需要等前端开发人员做好页面后，才能开始嵌套模板。如果这些界面中的某些样式需要调整，那只能等待前端开发人员重新进行处理。如果界面样式调整频繁，则后端开发人员需要进行多次修改。

最终会导致以下结果：

- 前端开发人员变成了纯粹的静态页面设计人员，天天和界面打交道，技术能力提升不大。
- 后端开发人员的精力放在了不停地将静态页面转为动态页面的过程上，枯燥无味，技术能力下降严重。

（3）模板和语言高度耦合。

一旦后端开发人员离职或更换了开发语言，则需要重新开发静态模板文件，牵一发而动全身。

因此，需要使用前后端分离技术来解决上述的痛点。

2. 前后端分离带来的问题

前后端分离又可能带来一些新的问题。

（1）技术门槛增加，学习曲线加大。

当前后端分离后，各自都在迅猛发展，前端已经演化为 Angular、React、Vue 三足鼎立之势，各种新工具层出不穷。后端逐步朝着容器化开发部署方向靠拢。

（2）约定文档必须详细。

在前后端分离后，前端开发人员和后端开发人员独立开发，双方依靠开会来确定详细的接口文档。文档是否详细、更新是否及时，都会影响项目的进度。

（3）增加项目成本。

前端开发完全是一个全新的、独立的工作，和后端开发同等重要。在进行项目预算时，必须将前端开发人员的成本考虑进来。

8.1.3 如何实施前后端分离

下面从职责分离和开发流程两个方面来阐述如何实施前后端分离。

1. 职责分离

（1）开发人员解耦。前端开发由前端开发人员负责，包括接收数据，返回数据，处理渲染逻辑。后端开发由后端开发人员负责，包括提供数据，处理业务逻辑。

（2）前后端变得相对独立并松耦合。前后端都各自有自己的开发流程、构建工具等。前后端仅仅通过接口来建立联系。

2. 开发流程

（1）前后端开发人员一起约定接口文档。

（2）后端开发人员根据接口文档进行接口开发，负责编写和维护接口文档，在接口变化时更新接口文档。

（3）前端开发人员根据接口文档进行开发，或者采用 Mock 平台进行数据模拟。

（4）前后端开发人员在开发完成后，一起联调和测试。

8.1.4 前后端分离的技术栈

前后端分离后，各自的技术栈都在蓬勃发展，如图 8-3 所示。

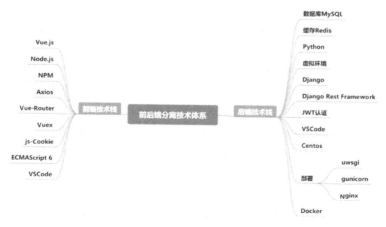

图 8-3

从图 8-3 中可以看到，前后端分离对从业人员的技能要求更高了。

8.2 设计符合标准的 RESTful 接口

在前后端分离后，前端主要通过调用后端的接口来完成不同的功能。因此，后端的接口需要满足某些规范。这样，大家都遵循一定的规范标准，会减少很多不必要的问题。因此引入了 RESTful 接口规范。

对于后端的接口设计，遵循 RESTful 接口规范可以从以下几个方面展开讨论。

（1）域名。

API 的域名应该具有一定的辨识度，如以下示例：

```
https://api.test.com         # 以 api 开头
https://www.test.com/api/    # 以 api 结束
```

（2）协议。

应采用 HTTPS 协议确保数据安全。这只是建议，实际上很多时候都在使用 HTTP 协议。

（3）版本。

建议把版本号放入 API 路径中，一目了然，如以下示例：

```
https://api.test.com/v1/
https://api.test.com/v2/
```

（4）路径。

API 请求路径中只能含有名词，不应该含有动词。而且所用的名词一般与数据库的表名一样，支持复数，如以下示例：

```
https://api.test.com/v1/goods          # 代表全部的商品，推荐使用
https://api.test.com/v1/getAllBooks    # 不应该使用动词，这是错误的形式
```

（5）HTTP 请求动词。

由于 API 中不含有动词，可以根据请求方式对业务处理逻辑进行划分。

- GET（SELECT）：从服务器中获取资源。
- POST（CREATE）：在服务器中新建一个资源。
- PUT（UPDATE）：在服务器中更新资源（客户端提供改变后的完整资源）。
- PATCH（UPDATE）：在服务器中更新部分资源（客户端提供改变的属性）。
- DELETE（DELETE）：从服务器中删除资源。

表 8-1 中列出一些 RESTful 接口的例子。

表 8-1

API 地址	含　义
GET http://www.test.com/api/v1/goods/	列出所有的商品
POST http://www.test.com/api/v1/goods/	新增一个商品
GET http://www.test.com/api/v1/goods/id	获取指定 ID 的商品信息
PUT http://www.test.com/api/v1/goods/id	更新某个 ID 对的商品信息，提供该商品的全部信息
PATCH http://www.test.com/api/v1/goods/id	更新某个 ID 对的商品信息，提供该商品的部分信息
DELETE http://www.test.com/api/v1/goods/id	删除某个 ID 对的商品信息
GET http://www.test.com/api/v1/cates/id/goods/id	获取某个分类下的某个商品

（6）过滤分页参数。

如果记录数量很多，则服务器不可能都将它们都返给用户。API 应该提供查询过滤参数，分页参数并返回结果。

下面是一些常见的参数。

- ?limit=10：指定返回记录的数量。
- ?offset=10：指定返回记录的开始位置。
- ?page=2&per_page=100：指定第几页，以及每页的记录数。
- ?sortby=name&order=asc：指定返回结果按照哪个属性排序，以及排序顺序。
- ?type_id=1：指定筛选条件。

（7）状态码。

服务器向用户返回的常见状态码和提示信息见表 8-2。方括号中是该状态码对应的 HTTP 动词。

表 8-2

状态码	提示信息
200 OK – [GET]	服务器成功返回用户请求的数据，该操作是幂等的
201 CREATED – [POST/PUT/PATCH]	用户新建或修改数据成功
204 NO CONTENT – [DELETE]	用户删除数据成功
400 INVALID REQUEST – POST/PUT/PATCH]	用户发出的请求有错误，服务器没有进行新建或修改数据的操作，该操作是幂等的
401 Unauthorized – [*]	用户没有权限（令牌、用户名、密码错误）
403 Forbidden – [*]	用户得到授权（与 401 错误相对），但是访问是被禁止的
404 NOT FOUND – [*]	用户发出的请求针对的是不存在的记录，服务器没有进行操作，该操作是幂等的
500 INTERNAL SERVER ERROR – [*]	服务器发生错误，用户无法判断发出的请求是否成功

（8）返回消息格式。

API 接口的返回消息格式大概如下所示。

```
{
    "code":"200",
    "msg":"显示的消息",
    "data":{
        "id":1,
        "name":"test",
        "desc":"内容"
    }
}
```

8.3 序列化和反序列化

JSON（JavaScript Object Notation）是一种轻量级的数据交换格式。在 Python 语言中，JSON 格式由列表（list）和字典（dict）组成。可以使用内置 JSON 模块，对 Python 类型和 JSON 类型数据进行序列化和反序列化处理。

8.3.1 认识序列化和反序列化

在 Python 程序运行的过程中，所有的对象都在内存中保存。一旦程序结束，对象所占用的内存会被操作系统全部回收。有时需要保存程序的中间状态或最终状态，如果没有把这些对象保存在磁盘或者数据库中，则在下次程序加载时对象都会被初始化。

- 对象从内存中变成可存储或可传输的过程，被称为"序列化"。
- 对象从文件中的数据恢复到内存中的过程，被称为"反序列化"。

需要新建应用 app8 来完成下面的练习。请读者自行完成应用的注册及其路由的配置。

8.3.2 用 JSON 模块进行数据交互

JSON 模块中的 dumps() 方法用于将 Python 对象序列化为 JSON 字符串，其格式如下。

`json.dumps(obj, ensure_ascii=True, indent=None)`

常用参数如下。

- obj：要编码的 Python 对象。
- ensure_ascii：默认值为 True。json.dumps() 方法在序列化时，对中文默认使用的是 ASCII 编码。如果想输出中文，则需要指定 ensure_ascii=False。

- indent：设置数据格式缩进显示，默认值为 None。indent 的数值代表缩进的位数。

下面使用 JSON 模块进行数据展示。

（1）打开本书配套资源中的"app8\views.py"，增加视图类 GoodsListView，如以下代码所示。

```python
class GoodsListView(View):
    def get(self,request):
        json_list=[]
        goods=Goods.objects.all()[:20]
        for good in goods:
            json_dict={}
            json_dict["name"]=good.name
            json_dict["market_price"]=good.market_price.to_eng_string()
            json_dict["price"]=good.price.to_eng_string()
            …
            json_dict["main_img"]=str(good.main_img)
            json_dict["category_id"]=good.category.name
            json_list.append(json_dict)
        return HttpResponse(json.dumps(json_list,ensure_ascii=False,indent=4),content_type="application/json")
```

（2）配置路由运行，结果如图 8-4 所示。

图 8-4

8.3.3 用 JsonResponse 类进行数据交互

JsonResponse 类是 HttpResponse 的子类，用来输出 JSON 格式的数据。

通过下面的实例来说明在编写接口函数时如何返回 JSON 格式的数据。

打开本书配套资源中的"app8\views.py"，增加视图类 GoodsListView_JsonResponse，

如以下代码所示。

```
class GoodsListView_JsonResponse(View):
  def get(self,request):
    json_list=[]
    goods=Goods.objects.all()[:20]
    for good in goods:
      json_dict={}
      json_dict["name"]=good.name
      json_dict["market_price"]=good.market_price.to_eng_string()
      json_dict["price"]=good.price.to_eng_string()
          …
      json_dict["main_img"]=str(good.main_img)
      json_dict["category_id"]=good.category.name
      json_list.append(json_dict)
    return JsonResponse(json_list,safe=False,json_dumps_params=
{'ensure_ascii':False,"indent":4})
```

这里对 8.3.2 节中的代码进行了一些改动，修改最后一行：用 JsonResponse 类代替 HttpResponse 类，其他保持不变。结果也如图 8-4 所示。

通过查阅 JsonResponse 类的源代码可以知道，在该类内部使用了 json.dumps()方法。所以，还需要给 json_dumps_params 参数传值，以解决中文和代码缩进问题，请注意上述代码中加粗部分。此外，在转换一个非字典的类型时，要将 safe 参数设置为 False，否则会提示以下信息：

```
In order to allow non-dict objects to be serialized set the safe parameter to False
```

上述两种方式都存在一些问题：

- 每个字段都需要输入，如果拼写错误，则会解析报错。
- Decimal 类型字段不能直接序列化，需要使用 to_eng_string()方法进行转换。
- ImgFile 类型字段不能直接序列化，需要使用 str()函数进行转换。
- 接口格式不友好，需要编写接口文档，供前端开发使用。

…

那有没有更好的解决方案？答案是肯定的——使用 Django Rest Framework 框架。使用之后你会对它爱不释手，我们一起来学习。

8.4 接口开发——基于 Django Rest Framework 框架

Django Rest Framework 是一个基于 Django 并遵循 RESTful 接口规范的框架，简称 DRF

框架。DRF 框架用于构建 Web API，功能强大且灵活。

8.4.1 安装 DRF 框架

DRF 框架可以在 Django 的基础上迅速开发接口。

本书中使用的 DRF 框架版本为 3.12.4，可以在以下的 Python 和 Django 版本中使用。

- Python (3.5, 3.6, 3.7, 3.8, 3.9)。
- Django (2.2, 3.0, 3.1)。

使用如下命令安装 DRF 框架。

```
pip install djangorestframework
```

在安装 DRF 框架前，需要先安装对应的 Django 框架。

在安装 DRF 框架后，还需要编辑 settings.py 增加 rest_framework 应用，如以下代码所示。

```
INSTALLED_APPS = [
    …
    'rest_framework',
]
```

8.4.2 用 Serializer 类和 ModelSerializer 类进行序列化操作

接下来介绍如何在 DRF 框架中用 Serializer 类和 ModelSerializer 类进行序列化操作。

1. 用 Serializer 类进行序列化

（1）创建模型类文件。

打开本书配套资源中的"app8/models.py"，增加商品分类模型 GoodsCategory 和商品模型 Goods，如以下代码所示。

```
class GoodsCategory(models.Model):
    id = models.AutoField(primary_key=True)
    name=models.CharField(max_length=50,verbose_name='分类名称',
default='')
    parent=models.ForeignKey("self", null=True,blank=True,verbose_name="父
类",on_delete=models.DO_NOTHING,related_name="sub_cat")
    logo=models.ImageField(default='',verbose_name="分类 logo 图片",
upload_to="uploads/goods_img/")
```

```
        is_nav=models.BooleanField(default=False,verbose_name='是否显示在导航栏
')
        sort=models.IntegerField(verbose_name='排序')
        …

class Goods(models.Model):
    name = models.CharField(max_length=50,verbose_name='商品名称',
default='')
        category=models.ForeignKey(GoodsCategory,blank=True,null=True,
    verbose_name='商品分类',on_delete=models.DO_NOTHING)
        market_price = models.DecimalField(max_digits=8,default=0,
decimal_places=2,verbose_name='市场价格')
        price = models.DecimalField(max_digits=8,
decimal_places=2,default=0,verbose_name='实际价格')
        createDate=models.DateTimeField(default=datetime.now,
    verbose_name='创建时间')
        …
```

在编写完模型后，需要执行数据迁移命令。

（2）创建序列化文件。

新建文件"app8/serializers.py"，新增序列化类 GoodsSerializer，如以下代码所示。

```
class GoodsSerializer(serializers.Serializer):
    name=serializers.CharField(required=True,max_length=100)
    category=serializers.CharField(required=True,max_length=100)
    market_price =serializers.DecimalField(max_digits=8, decimal_places=2)
    price = serializers.DecimalField(max_digits=8, decimal_places=2)
```

序列化类提供了丰富的字段，这些字段的使用方法类似于模型字段的使用方法，这里不再赘述。序列化类的字段通用参数见表 8-3。

表 8-3

通用参数	含 义
read_only	仅用于序列化输出，默认为 False。比如在新增商品信息时，如果 id 字段、商品创建时间字段不需要操作，则可以设置对应字段的 read_only 为 True
write_only	仅用于反序列化输入，默认为 False。比如，将 market_price 字段的 write_only 设置为 True，则意味着在查询商品数据时不显示 market_price 价格，但是新增商品时必须保存 market_price 字段的数据到数据库中
required	在反序列化时必须输入，默认 True
exclude	排除字段。比如，排除商品列表中的 id 字段

（3）创建视图类。

打开本书配套资源中的"app8\views.py"，在其中增加视图类 GoodsView，如以下代码所示。

```python
class GoodsView(APIView):
    def get(self,request,*args,**kwargs):
        #获取queryset
        goods=Goods.objects.all()[:10]
        #开始序列化多条数据，加上many=True
        goods_json=GoodsSerializer(goods,many=True)
        #返回序列化对象。goods_json.data 是序列化后的值
        print(goods_json.data)
        return Response(goods_json.data)
```

对于 GoodsSerializer 类的 many 参数，如果是传入的是 QuerySet 对象，则将其设置为 True；如果传入的是模型类，则将其设置为 False。goods_json.data 指序列化后的数据。

（4）配置路由并运行。

```python
urlpatterns = [
    path('app8/goods/',views.GoodsView.as_view()),
]
```

结果如图 8-5 所示。

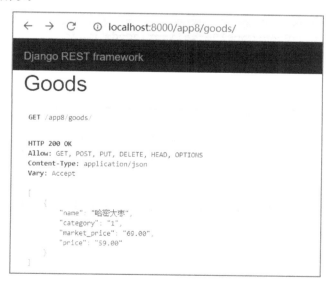

图 8-5

2. 用 ModelSerializer 类进行序列化

在上面的例子中用 Serializer 类序列化数据，操作烦琐，代码量多。有没有简单方法呢？可以

用 DRF 框架提供的 ModelSerializer 类来简化操作。

在 ModelSerializer 类中，内部类 Meta 关联了对应的模型类，这极大地简化我们的开发。接下来继续学习。

（1）创建序列化类。

打开本书配套资源中的"app8/serializers.py"，增加 GoodsModelSerializer 类，如以下代码所示。

```
class GoodsModelSerializer(serializers.ModelSerializer):
    class Meta:
        model=Goods          #关联模型类
        fields="__all__"     #显示所有的字段
```

（2）修改视图类。

打开本书配套资源中的"app8/views.py"，修改视图类 GoodsView 中的 get()方法，如以下代码所示。

```
class GoodsView(APIView):
    def get(self,request,*args,**kwargs):
        #获取 queryset
        goods=Goods.objects.all()[:10]
        #序列化多条数据，加上many=True
        goods_json=GoodsModelSerializer(goods,many=True)
        #返回序列化对象。goods_json.data 是序列化后的值
        print(goods_json.data)
        return Response(goods_json.data)
```

上述代码中的加粗部分，从原来的 GoodsSerializer 类改成了 GoodsModelSerializer 类，其他没有变化。

配置路由并执行"http://localhost:8000/app8/goods/"，结果与图 8-5 一样。

3. 序列化的嵌套

在商品模型中关联着商品分类模型，所以，在商品模型对外提供接口中，需要一次性提供商品数据及其关联的商品分类数据。这就是一个典型的序列化的嵌套问题。接下来详细介绍。

（1）用 Serializer 类进行序列化嵌套。

打开本书配套资源中的"app8/serializers.py"，增加 GoodsCategorySerializer 的序列化类，如以下代码所示。

```
class GoodsCategorySerializer(serializers.Serializer):
    id=serializers.IntegerField(read_only=True)
    name=serializers.CharField()
```

同样，在文件"app8/serializers.py"中修改 Goods 的序列化类，如以下加粗代码所示。

```
class GoodsSerializer(serializers.Serializer):
    name=serializers.CharField(required=True,max_length=100)
    category=GoodsCategorySerializer(required=False,read_only=True)
```

在上述加粗代码中，category 字段使用 GoodsCategorySerializer 类来进行序列化。

其他的代码不需要改动，直接访问"http://localhost:8000/app8/goods/"，结果如图 8-6 所示。

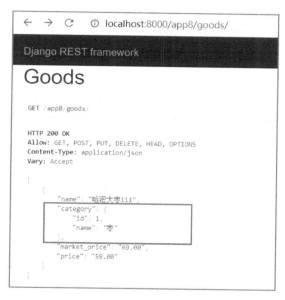

图 8-6

（2）用 ModelSerializer 类进行序列化嵌套。

打开本书配套资源中的"app8/serializers.py"，修改 GoodsModelCategory 类，如以下代码中加粗部分所示。

```
class GoodsModelSerializer(serializers.ModelSerializer):
    category=GoodsCategoryModelSerializer()   #定义字段类型为序列化字段
    class Meta:
        model=Goods
        fields="__all__"
```

> 只需要设置 category 字段为 GoodsCategoryModelSerializer 类即可，其他都不要变。执行结果与图 8-6 一样，请读者动手试试。

8.4.3 请求和响应

DRF 框架中的 Request 类，扩展了 Django 中标准的 HttpRequest 类。

- Request.data 属性用于获取前端传递过来的所有的数据内容，与 Django 中的 request.POST 和 request.FILES 属性类似。
- Request.query_params 属性用于获得查询字符串的参数，返回 QueryDict 类型，与 Django 中的 request.GET 属性类似。

DRF 框架中的 Response 类是 Django 中 SimpleTemplateResponse 类的一个子类，与 Django 中的 HttpResponse 类很相似。Response 类主要用来给前端返回数据，其中，Response.data 属性指 Response 响应返回后的序列化数据。

我们知道，在发送 HTTP 请求时会返回各种各样的状态码，但都是简单的数字，比如 200、404 等。这些纯数字标识符难以记忆，所以，DRF 框架也对此进行了优化，状态码是 HTTP_400_BAD_REQUEST、HTTP_404_NOT_FOUND 这种，极大地提高了可读性。具体状态码见表 8-4。

表 8-4

状态码大类	具体的状态码	
Successful – 2xx 表示客户端的请求已成功接收	HTTP_200_OK	#正常
	HTTP_201_CREATED	#创建成功
	HTTP_202_ACCEPTED	#已经接受
	HTTP_204_NO_CONTENT	#响应执行成功但没有数据返回，浏览器不用刷新
Redirection – 3xx 表示需要采取进一步的操作才能完成请求	HTTP_301_MOVED_PERMANENTLY	#永久移动
	HTTP_307_TEMPORARY_REDIRECT	#临时重定向
	HTTP_308_PERMANENT_REDIRECT	#永久重定向
Client Error – 4xx 客户端出错信息	HTTP_400_BAD_REQUEST	#错误请求
	HTTP_401_UNAUTHORIZED	#未验证
	HTTP_403_FORBIDDEN	#权限拒绝
	HTTP_404_NOT_FOUND	#没有找到
	HTTP_405_METHOD_NOT_ALLOWED	#方法不允许
	HTTP_415_UNSUPPORTED_MEDIA_TYPE	#不支持的媒体类型
	HTTP_429_TOO_MANY_REQUESTS	#请求太多
Server Error – 5xx 服务端出错信息	HTTP_500_INTERNAL_SERVER_ERROR	#服务器内部错误
	HTTP_502_BAD_GATEWAY	#错误网关
	HTTP_503_SERVICE_UNAVAILABLE	#服务不可用

8.4.4 【实战】用装饰器@api-view 实现视图函数

DRF 框架中的视图函数，与第 2 章中介绍的 Django 视图函数相似，都用来处理客户端的请求并生成响应数据。

1. 什么是 DRF 框架中的视图函数

DRF 框架允许使用视图函数，它提供一个简单的包装器来包装视图函数，以确保视图函数可以接收 Request 实例（不是 Django 中的 HttpRequest 实例），并允许视图函数返回 Response 实例（不是 Django 中的 HttpResponse 实例），以及配置视图函数的请求方式。

2. 装饰器@api-view 的原理

视图函数的核心是 api_view 装饰器，它接受参数为视图响应的 HTTP 的方法列表。在默认情况下，该装饰器只接受 GET 方法；如果以其他方法请求，则提示 "405 Methhod Not Allowed" 信息。

api_view 装饰器的语法如下。

```
from rest_framework.decorators import api_view
from rest_framework.response import Response
from rest_framework import status
@api_view(['GET', 'POST'])     #允许以 GET、POST 方式请求视图函数
def 函数名(request):
```

3. 用装饰器@api_view 创建一个 RESTful 接口

（1）修改序列化类，自定义 create()方法和 update()方法。

打开本书配套资源中的 "app8/serializers.py"，修改代码，结果如下所示。

```
class GoodsSerializer(serializers.Serializer):
  name=serializers.CharField(required=True,max_length=100)
category=serializers.CharField(required=False)
  market_price=serializers.DecimalField(max_digits=8,decimal_places=2)
  price =serializers.DecimalField(max_digits=8, decimal_places=2)
  def create(self, validated_data):
    print(type(validated_data),validated_data)
    return Goods.objects.create(**validated_data)
  def update(self, instance,validated_data):
    print(type(validated_data),validated_data)
    instance.name=validated_data.get("name")
    instance.market_price=validated_data.get("market_price")
    instance.price=validated_data.get("price")
    instance.save()
    return instance
```

其中，create()方法对应 POST 请求，相当于新增数据。前端提交的数据全部存储在字典 validated_data 中，之后调用模型的 create()方法即可完成数据的新增。

update()方法对应 PUT 请求，相当于修改数据。instance 代表当前修改的实例对象，将 validated_data 字典中的旧值取出，赋值给要修改的实例对象，之后调用 save()方法即可完成数据修改。

（2）创建视图函数。

新建文件"app8/views_api_view.py"，在其中添加如下代码。

```
@api_view(['GET','POST','PUT','DELETE'])
def GoodsList(request,*args,**kwargs):
    if request.method=="GET":
        #获取queryset
        if kwargs.get("id"):
            id=kwargs.get("id")
            goods=Goods.objects.filter(id=id)
        else:
            goods=Goods.objects.all()[:10]
        #开始序列化多条数据，加上many=True
        goods_json=GoodsSerializer(goods,many=True)
        #返回序列化对象。goods_json.data是序列化后的值
        print(goods_json.data)
        return Response(goods_json.data)
    elif request.method=="POST":
        data=request.data              #接收前端请求的各种数据
        print("1223"+str(request.data))
        ser_data=GoodsSerializer(data=data,many=False)
        if ser_data.is_valid():        #判断数据的合法性
            goods=ser_data.save()      #保存数据，实际上调用create()方法
            return Response(ser_data.data,status=status.HTTP_201_CREATED)
        else:
            return Response(ser_data.errors,
status=status.HTTP_400_BAD_REQUEST)
    elif request.method=="PUT":
        data=request.data              #接收前端请求的各种数据
        try:
            goods=Goods.objects.get(id=kwargs.get("id"))
        except Goods.DoesNotExist:
            raise Http404
        ser_data=GoodsSerializer(goods,data=request.data,
context={'request':request})
        if ser_data.is_valid():        #判断数据的合法性
            goods=ser_data.save()      #保存数据，实际上调用update()方法
```

```
                return Response(ser_data.data)
            else:
                return Response(ser_data.errors,
status=status.HTTP_400_BAD_REQUEST)
        elif request.method=="DELETE":
            goods=Goods.objects.filter(id=kwargs.get("id"))
            goods.delete()
            return Response(status=status.HTTP_204_NO_CONTENT)
```

（3）配置路由并运行。

打开本书配套资源中的"app8/urls.py"，增加两条路由，如以下代码所示。

```
from app8 import views_api_view
urlpatterns = [
    path('app8/goods1/',views_api_view.GoodsList),
    path('app8/goods1/<id>/',views_api_view.GoodsList),
]
```

应用运行后，发起 POST 请求及 PUT 请求，如图 8-7 所示。

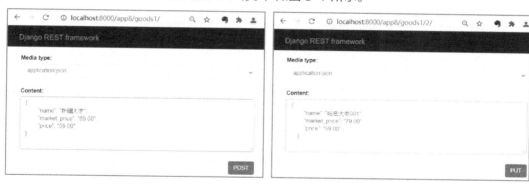

图 8-7

8.4.5 【实战】用 APIView 类实现视图类

DRF 框架还提供了基于视图类的处理方式。

1. 什么是视图类

DRF 框架中的视图类可以更好地处理不同的 HTTP 请求。可以采用面向对象的思维，把每个方法的处理逻辑变成类中的一个单独的方法，这样可以使程序逻辑变得简单、清晰。

在视图类中逻辑处理时，不用通过 if…elif…的代码来判断是 GET 请求还是 POST 请求，而是利用在视图类中定义的 get()方法和 post()方法在各自的方法体内编写逻辑来判断。

2. APIView 类的原理

DRF 框架提供了一个 APIView 类，该类是 Django 中 View 类的子类。因此使用 APIView 类和使用一般的 View 类非常相似。进入的请求会被分发到视图类的 get()方法或者 post()方法中。

APIView 类和 View 类有如下区别：

- 视图类中的请求不是 Django 的 HttpRequest 类实例，而是 DRF 框架中的 Request 类实例。
- 视图类中的返回响应不是 Django 的 HttpResponse 类实例，而是 DRF 框架中的 Response 类实例。

3. 用 APIView 类创建一个 RESTful 接口

（1）创建视图函数。

新建文件"app8/views_apiview.py"，增加 GoodsView 视图类，如以下代码所示。

```python
…
class GoodsView(APIView):
    def get(self,request,*args,**kwargs):
        #获取 queryset
        goods=Goods.objects.all()[:10]
        #开始序列化多条数据，加上 many=True
        goods_json=GoodsSerializer(goods,many=True)
        #返回序列化对象。goods_json.data 是序列化后的值
        print(goods_json.data)
        return Response(goods_json.data)
    def post(self,request):
        data=request.data         #接收前端请求的各种数据
        print("1223"+str(request.data))
        ser_data=GoodsSerializer(data=data,many=False)
        if ser_data.is_valid():        #判断数据的合法性
            goods=ser_data.save()      #保存数据，实际上调用 create()方法
            return Response(ser_data.data)
        else:
            return Response(ser_data.errors)
    def put(self,request,*args,**kwargs):
        data=request.data         #接收前端请求的各种数据
        try:
            goods=Goods.objects.get(id=kwargs.get("id"))
        except Goods.DoesNotExist:
            raise Http404
        ser_data=GoodsSerializer(goods,data=request.data,
context={'request': request})
        if ser_data.is_valid():        #判断数据的合法性
```

```
            goods=ser_data.save()      #保存数据,实际上调用create()方法
            return Response(ser_data.data)
        else:
            return Response(ser_data.errors,status=status.HTTP_400_BAD_REQUEST)
    def delete(self,request,*args,**kwargs):
        goods=Goods.objects.filter(id=kwargs.get("id"))
        goods.delete()
        return Response(status=status.HTTP_204_NO_CONTENT)
```

(2)配置路由并运行。

打开本书配套资源中的"app8/urls.py",增加两条路由,如以下代码所示。

```
urlpatterns = [
    path('app8/goods2/',views_apiview.as_view()),#get, Post
    path('app8/goods2/<id>/',views_apiview.as_view()),#put, delete
]
```

执行结果与图 8-7 一样,这里不再赘述。

基于 APIView 类可以很好地完成接口开发,能够体现出 DRF 框架的特点,但是还不能体现 DRF 框架的优势,我们继续学习。

8.4.6 【实战】用 Mixins 类改进 RESTful 接口

使用@api_view 装饰器和 APIView 类开发接口,只能被称为传统方式,在 DRF 框架中这只是入门。下面来看一下更强大的 Mixins 类。

1. 什么是 Mixin 类

Mixin(混入)由单词 Mix-in 而来。Mix-in 是一种冰激淋,有一些基础口味(香草、巧克力等),还可以在这些基础口味的基础上添加其他食品(坚果、小饼干等)制作出更加美味的冰激淋。

在面向对象编程中,Mixin 类通常指实现了某种功能的类,用于被其他类继承,从而将其功能合并到其他类中去。简单来说,这种类包含其他类要使用的方法,但它不必成为其他类的父类。

根据 Python 的多重继承特性,子类只需要继承不同功能的 Mixin 类,即可自动拥有 Mixin 类的各项功能。下面来看一个简单的实例。

打开本书配套资源中的"app8/mixin_test.py",在其中添加如下代码。

```
class People():                    #定义父类
    def run(self):
        print("run")
    def talk(self):
        print("talk")
```

```python
class DriverMixin(object):          #定义 Mixin 功能类
    def driver(self):
        print("driver")
class Children(DriverMixin,People):  #多继承
    pass
c=Children()
c.run()
c.talk()
c.driver()                #自动拥有 Mixin 类的方法
```

通过继承多个 Mixin 类，Children 类自动拥有除父类功能外的其他功能。执行后的结果如下。

```
run
talk
driver     #这是 Mixin 类中提供的功能
```

2. DRF 框架中 Mixin 类的底层原理

DRF 框架包含 5 类 Mixin，见表 8-5。

表 8-5

类	说　　明	请求方法
ListModelMixin	以列表方式返回一个 QuerySet 列表。提供 list()方法	GET
CreateModelMixin	创建一个实例，提供 create()、perform_create()方法	POST
RetrieveModelMixin	返回一个具体的实例，提供 retrieve()方法	GET
UpdateModelMixin	对某个实例进行更新，提供 update()、perform_update()方法	PUT、PATCH
DestoryModelMixin	删除某个实例，提供 delete()、perform_destory()方法	DELETE

下面对 CreateModelMixin 类的源码进行分析。源代码文件为"python 安装目录\lib\site-packages\rest_framework\mixins.py"，文件内容如下。

```python
class CreateModelMixin(object):
    """
    Create a model instance.
    """
    def create(self, request, *args, **kwargs):
        serializer = self.get_serializer(data=request.data)
        serializer.is_valid(raise_exception=True)
        self.perform_create(serializer)
        headers = self.get_success_headers(serializer.data)
        return Response(serializer.data, status=status.HTTP_201_CREATED, headers=headers)
    def perform_create(self, serializer):
        serializer.save()
    def get_success_headers(self, data):
```

```
        try:
            return {'Location': str(data[api_settings.URL_FIELD_NAME])}
        except (TypeError, KeyError):
            return {}
```

上述代码的大致含义如下：

- 在 create()方法中获取序列化器，并校验请求的数据。如果通过校验，则执行 serializer.save()方法。最后，返回序列化后的数据、响应状态码，以及响应的 headers 信息。
- 在 perform_create()方法中，重写业务逻辑以实现自定义保存处理。比如，在保存商城系统中的购物车数据时，需要对商品的数量进行更新，则可以通过 perform_create()方法来实现。

3. 用 Mixin 类创建一个 RESTful 接口

（1）新建文件"app8/views_mixins.py"文件，在其中添加如下代码。

```
from rest_framework import mixins
…
class GoodsView(mixins.ListModelMixin,mixins.CreateModelMixin,
generics.GenericAPIView):
    queryset = Goods.objects.all()
    serializer_class = GoodsSerializer
    def get(self, request, *args, **kwargs):
        return self.list(request, *args, **kwargs)
    def post(self, request, *args, **kwargs):
        return self.create(request, *args, **kwargs)
class GoodsDetailView(mixins.RetrieveModelMixin,mixins.UpdateModelMixin,
mixins.DestroyModelMixin,generics.GenericAPIView):
    queryset = Goods.objects.all()
    serializer_class = GoodsSerializer
    def get(self, request, *args, **kwargs):
        return self.retrieve(request, *args, **kwargs)
    def put(self, request, *args, **kwargs):
        return self.update(request, *args, **kwargs)
    def delete(self, request, *args, **kwargs):
        return self.destroy(request, *args, **kwargs)
```

在上述代码中，GoodsView 视图类用来完成对 Goods 表进行数据查询及数据新增。GoodsDetailView 视图类用来完成对 Goods 表中单条数据的查询、修改和删除。

其中，queryset 和 serializer_class 都是 GenericAPIView 类中的属性，名称不能改变。ListModelMixin 类和 CreateModelMixin 类往往配合使用，以完成数据显示和数据新增。而 RetrieveModelMixin、UpdateModelMixin 和 DestroyModelMixin 类，都是针对具体的类实例进

行操作的。因此，商品的增加、删除、修改和查询接口，是用 GoodsView 和 GoodsDetailView 这两个视图类来完成的。

（2）路由配置。

打开本书配套资源中的"app8/urls.py"，增加两条路由，如以下代码所示。

```
from app8 import views,views_mixins
urlpatterns = [
    path('app8/goods3/',views_mixins.GoodsView.as_view()),
    path('app8/goods3/<pk>/',views_mixins.GoodsDetailView.as_view()),
]
```

这里的主键是 pk 字段。运行结果与图 8-7 完全一样。

8.4.7 【实战】用 GenericAPIView 类实现视图类

将 Mixin 类和 GenericAPIView 类混配，已经大大减少了代码。但是，DRF 框架提供了一套将 Mixin 类与 GenericAPIView 类已经组合好的视图类，它"开箱即用"，可以进一步简化我们的代码。

1. 什么是 GenericAPIView 类

GenericAPIView 类继承自 APIView 类，完全兼容 APIView，它在 APIView 类的基础上增加了操作序列化器和数据库查询的方法，作用是为 Mixin 扩展类提供方法支持。通常在使用时，可以搭配一个或多个 Mixin 扩展类。

2. GenericAPIView 类的原理

（1）GenericAPIView 类的属性和方法。

通过阅读源码文件"Python 的安装目录\lib\site-packages\rest_framework\generics.py"可以知道，GenericAPIView 类是 APIView 的子类，扩充了表 8-6 中的一些属性和方法。

表 8-6

属性和方法	说 明
queryset	指明使用的数据查询集
serializer_class	指明视图使用的序列化器
loopup_field	指定模型主键
get_queryset	提供方法，以获取 request 请求封装完毕的结果集
get_object	获取单条数据
get_serializer	获取序列化后的数据
get_serializer_class	获取需要序列化的 model 类

续表

属性和方法	说明
get_serializer_context	获取序列化的数据，定义了某种格式的字典
Paginator	分页器

（2）分析 GenericsAPIView 类。

查看 generics.py 源文件，可以发现有一些继承 GenericAPIView 类的子类，如以下代码加粗部分所示。

```
class GenericAPIView(views.APIView):
…
#创建一个模型对象，提供 post()方法
class CreateAPIView(mixins.CreateModelMixin,GenericAPIView):
    """
    Concrete view for creating a model instance.
    """
    def post(self, request, *args, **kwargs):
        return self.create(request, *args, **kwargs)

#显示一个查询集或者创建一个模型对象，提供 get()和 post()方法
class ListCreateAPIView(mixins.ListModelMixin,mixins.CreateModelMixin,
GenericAPIView):
    """
    Concrete view for listing a queryset or creating a model instance.
    """
    def get(self, request, *args, **kwargs):
        return self.list(request, *args, **kwargs)

    def post(self, request, *args, **kwargs):
        return self.create(request, *args, **kwargs)
:
#检索、更新、删除模型对象，提供 get()、put()、patch()和 delete()方法
class RetrieveUpdateDestroyAPIView(mixins.RetrieveModelMixin,
mixins.UpdateModelMixin, mixins.DestroyModelMixin,GenericAPIView):
    """
    Concrete view for retrieving, updating or deleting a model instance.
    """
    def get(self, request, *args, **kwargs):
        return self.retrieve(request, *args, **kwargs)

    def put(self, request, *args, **kwargs):
        return self.update(request, *args, **kwargs)

    def patch(self, request, *args, **kwargs):
```

```
        return self.partial_update(request, *args, **kwargs)

    def delete(self, request, *args, **kwargs):
        return self.destroy(request, *args, **kwargs)
```

从上述加粗代码中可以看到，ListCreateAPIView 类中实现了 get()和 post()方法，并且 get()方法实际调用的是 ListModelMixin 类的 list()方法，post()方法实际调用的是 CreateModelMixin 类的 create()方法。在继承 ListCreateAPIView 类后，就不需要再编写 get()方法和 post()方法了，因此实际编写的代码再一次大大减少。

这就是"继承类 + Mixins 类"混合使用的好处，代码越来越少，完美地体现了 Django 的优雅。其执行结果与之前的结果一样。

3. 使用通用的 GenericAPIView 类创建一个 RESTful 接口

（1）创建视图类。

新建文件"app8/views_generics.py"，在其中添加如下代码。

```
from rest_framework import mixins
from rest_framework import generics
…
class GoodsView(generics.ListCreateAPIView):
    queryset = Goods.objects.all()
    serializer_class = GoodsSerializer
class GoodsDetailView(generics.RetrieveUpdateDestroyAPIView):
    queryset = Goods.objects.all()
    serializer_class = GoodsSerializer
```

（2）配置路由并运行。

```
path('app8/goods4/',views_generics.GoodsView.as_view()),
path('app8/goods4/<pk>/',views_generics.GoodsDetailView.as_view()),
```

代码更少，且运行结果与之前的结果完全一样。

8.4.8 用视图集 ViewSets 改进 RESTful 接口

从 Mixins 类到 GenericAPIView 类，代码在进一步减少，两行代码基本就可以了。但这还没有达到极致，接下来一起学习视图集。

1. 什么是视图集 ViewSets

在 DRF 框架中，允许在一个类中组合一组相关视图的逻辑，这被称 ViewSets。在之前使用 GenericAPIView 类创建的接口中，要完成一个商品的增加、删除、修改和查询接口，则需要定义 GoodsView 视图类和 GoodsDetailView 视图类，代码略显烦琐。通过 ViewSets 视图集可以将多个视图类放在一个类中。

ViewSets 和 APIView 的不同：ViewSets 不提供 get()、post()方法，而提供 list()、create() 方法；ViewSets 对路由配置做了简化。

2. ViewSets 的底层原理

ViewSets 继承自 ViewSetMixin 类。在 ViewSetMixin 中重写了 as_view()方法，可以更方便地绑定动作行为 actions。

Viewsets 的相关类主要有如下 3 个。

（1）GenericViewSet 类。

```
class GenericViewSet(ViewSetMixin, generics.GenericAPIView)
    pass
```

该类继承自 ViewSetMixin 和 GenericAPIView 类，因此该类具有 GenericAPIView 类的所有属性方法。但是该类没有具体的实现方法，需要配合 Mixins 类使用。

比如以下代码。

```
class GoodsViewSet(mixins.ListModelMixin,mixins.RetrieveModelMixin,
viewsets.GenericViewSet):
    queryset = Goods.objects.all()
    serializer_class = GoodsSerializer
```

（2）ModelViewSet 类。

该类继承自 GenericViewSet，并使用 Mixins 类的各种方法来实现各种动作。其源码如下所示。

```
class ModelViewSet(mixins.CreateModelMixin,mixins.RetrieveModelMixin,
mixins.UpdateModelMixin, mixins.DestroyModelMixin, mixins.ListModelMixin,
GenericViewSet):
    """
    A viewset that provides default `create()`, `retrieve()`, `update()`,
    `partial_update()`, `destroy()` and `list()` actions.
    """
    pass
```

其中，ModelViewSet 类把所有的请求动作融合到一个类中了，不管是 GET 请求、POST 请求，还是 PUT 请求、DELETE 请求，都可以一次性将它们映射到不同的 actions。

（3）ReadOnlyModelViewSet 类。

该类继承自 GenericViewSet 类，并根据需要继承不同功能的 Mixin 类。比如，继承 RetrieveModelMixin 类来实现单条数据检索，继承 ListModelMixin 类来实现数据查询。

ReadOnlyModelViewSet 类的源码如下。

```
class ReadOnlyModelViewSet(mixins.RetrieveModelMixin,
mixins.ListModelMixin,GenericViewSet):
    """
    A viewset that provides default `list()` and `retrieve()` actions.
    """
    pass
```

3. 路由配置

（1）使用默认路由。

```
goods_list=views_viewset.GoodsViewSet.as_view({
    'get':'list',
})
goods_detail=views_viewset.GoodsViewSet.as_view({
    'get': 'retrieve',
})
urlpatterns = [
    path('app8/goods5/',goods_list),          # 获取或创建
    path('app8/goods5/<pk>',goods_detail),    # 查找、更新、删除
]
```

此外，还可以按照如下方式改进——直接写在一行内，更加简洁紧凑。

```
#GenericViewSet
path('app8/goods5/',views_viewset.GoodsViewSet.as_view({
    'get':'list', })),
path('app8/goods5/<pk>',views_viewset.GoodsViewSet.as_view({
    'get': 'retrieve', })),
```

（2）使用 DefaultRouter 类。

如果使用默认路由，则代码量较多，可以使用 DefaultRouter 类自动生成路由。

打开本书配套资源中的"app8/urls.py"，在其中添加如下代码。

```
# 创建路由器并注册视图
from rest_framework.routers import DefaultRouter
router=DefaultRouter()
router.register('goods5',views_viewset.GoodsViewSet)
urlpatterns = [
    path("app8/",include(router.urls))
]
```

4. 实例：使用 ModelViewSets 创建一个 RESTful 接口

（1）新建文件"app8/views_viewset.py"，在其中添加如下代码。

```
…
class GoodsView(viewsets.ModelViewSet):
    queryset = Goods.objects.all()
    serializer_class = GoodsSerializer
```

（2）打开本书配套资源中的"app8/urls.py"，增加以下路由规则。

```
from app8 import views, views_viewset
from rest_framework.routers import DefaultRouter
router=DefaultRouter()
router.register('goods_all',views_viewset.GoodsView)
urlpatterns = [
    path("app8/",include(router.urls))
]
```

上述代码说明如下。

首先，从 rest_framework.routers 导入 DefaultRouter 类并实例化。

其次，注册一个路由规则，名称为"goods_all"，指向 views_viewset.GoodsView 视图类。

运行后，可以对地址"http://localhost:8000/app8/goods_all/"发起 GET 请求和 POST 请求，还可以对地址"http://localhost:8000/app8/goods_all/1/"发起 GET 请求、PUT 请求、PATCH 请求和 DELETE 请求。

在 urlpatterns 列表中没有配置"app8/goods_all/<id>/"这样的路由地址，但是该路由地址可以访问，默认由 router 对象生成。

这就是 DRF 框架中基于视图类编写接口的 4 种方法。各位读者根据自己的业务场景适当选用。

APIView 类、Mixin 类、GenericAPIView 类及 ModelViewSets 类的关系如图 8-8 所示。

上面介绍了用多种方式来实现一个 RESTful 接口。接下来介绍 DRF 框架中的分页、过滤、搜索和排序。

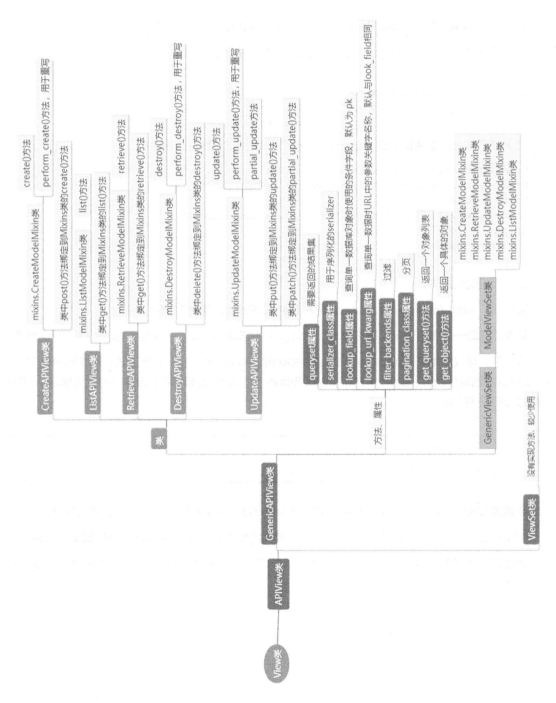

图 8-8

8.4.9 分页

当数据量较大时,不可能将数据一次性显示给用户,这样做既浪费资源也没有意义。此时需要采用分页来处理。

在 DRF 框架中有多种分页方式。这里介绍普通分页。普通分页是指,将要显示的内容分为 n 页,每一页显示 m 条数据。

(1)新建一个自定义分页类。

新建文件"app8/mypage.py",增加视图类 MyPage,如以下代码所示。

```
from rest_framework.pagination import PageNumberPagination
class MyPage(PageNumberPagination):
    page_size = 1             #每页显示的数量
    max_page_size = 5         #最多能设置的每页显示数量
    page_size_query_param = 'size'    #每页显示数量的参数名称
    page_query_param = 'page'         #页码的参数名称
```

(2)改造视图类。

打开本书配套资源中的"app8/views_viewset.py",修改后如下所示。

```
from app8.mypage import *
class GoodsView(viewsets.ModelViewSet):
    queryset = Goods.objects.all()
    serializer_class = GoodsSerializer
    pagination_class=MyPage
```

访问"http://localhost:8000/app8/goods_all/?page=2",结果如图 8-9 所示。

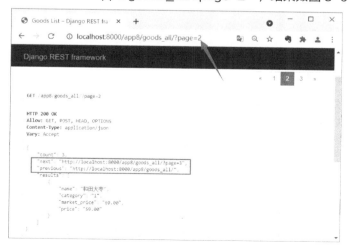

图 8-9

此时返回的数据有所变化,增加了 count、next、previous 和 results 节点。

(3)全局配置分页选项。

打开本书配套资源中的"myshop/settings.py",在其中添加如下代码。

```
REST_FRAMEWORK = {
    'DEFAULT_PAGINATION_CLASS':
'rest_framework.pagination.PageNumberPagination',
    'PAGE_SIZE': 2,
}
```

其中,分页类 rest_framework.pagination.PageNumberPagination 由 DRF 框架提供,读者可以将其更换为自己定义的分页类。

在增加了全局配置分页选项后,在每一个视图类中就不需要再设置 pagination_class 类了。

8.4.10 过滤、搜索和排序

在实际项目开发中,过滤、搜索和排序功能使用得非常多,DRF 框架提供了强大的功能支持。

1. 过滤

django-filter 库包括一个 DjangoFilterBackend 类,该类支持自定义过滤字段,并对字段指定过滤方法(比如模糊查询和精确查询)。

(1)安装及配置。

```
pip install django-filter
```

打开 settings.py 文件,在其中添加如下代码。

```
INSTALLED_APPS = [
    ...
    'django_filters',
]

REST_FRAMEWORK = {
    # 过滤器的默认配置
    'DEFAULT_FILTER_BACKENDS': (
        'django_filters.rest_framework.DjangoFilterBackend',
    ),
}
```

(2)修改视图类。

打开本书配套资源中的"app8/views_viewset.py",修改 GoodsView 类如以下代码所示。

```
from rest_framework import filters
from django_filters.rest_framework import DjangoFilterBackend
class GoodsView(viewsets.ModelViewSet):
    queryset = Goods.objects.all()
    serializer_class = GoodsSerializer
    pagination_class=MyPage
    filter_backends = (DjangoFilterBackend,)#指定过滤器的配置类
    filter_fields = ('name', 'price')          #过滤字段为商品名称和价格
```

执行结果如图 8-10 所示。

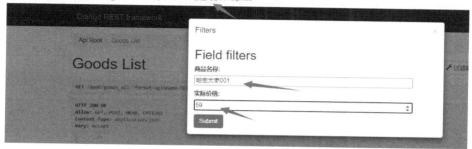

图 8-10

测试发现，字段过滤只能进行完全匹配，无法进行模糊匹配和区间匹配。接下来使用自定义过滤器来解决这个问题。

（3）创建自定义过滤器。

新建文件"app8/myfilter.py"，增加 GoodsFilter 类，如以下代码所示。

```
from django_filters import rest_framework as filters
from .models import *
class GoodsFilter(filters.FilterSet):
    #根据名称进行模糊匹配
  name=filters.CharFilter(field_name='name',lookup_expr='icontains')
    #价格区间
  max_price=filters.NumberFilter(field_name='price',lookup_expr='lte')
  min_price=filters.NumberFilter(field_name='price',lookup_expr='gte')
    class Meta:
       model=Goods
       fields=('name','min_price','max_price')
```

常用的过滤器字段及类型见表 8-7。

表 8-7

字 段	类 型
CharFilter	字符串类型
BooleanFilter	布尔类型
DateTimeFilter	日期时间类型
DateFilter	日期类型
DateRangeFilter	日期范围
TimeFilter	时间类型
NumberFilter	数值类型，对应于模型中的 IntegerField、FloatField 和 DecimalField

字段的参数说明如下。

- field_name：过滤的字段名称，对应于模型中的字段名。
- lookup_expr：查询时所要进行的动作，如包含、大于和小于等，与 ORM 中的运算符保持一致。

（4）修改视图类。

打开本书配套资源中的"app8/views_viewset.py"，修改代码如下所示。

```
from app8.myfilter import *
class GoodsView(viewsets.ModelViewSet):
    queryset = Goods.objects.all()
    serializer_class = GoodsSerializer
    pagination_class=MyPage
    filter_backends = (DjangoFilterBackend,)
    #filter_fields = ('name', 'price')
    filterset_class=GoodsFilter
```

在上述加粗代码中，设置了 filterset_class 类为自定义过滤类 GoodsFilter。这意味着，数据过滤由更加灵活的自定义过滤类 GoodsFilter 来完成，浏览结果如图 8-11 所示。

图 8-11

2. 搜索

要实现查找，则需要配置 filters.SearchFilter 项和 search_fields 搜索字段。其中，search_fields 搜索字段等于要查找的字段元组。在查询时，统一使用格式"url/?search=要查询的值"。

打开本书配套资源中的"app8/views_viewset.py"，修改代码如下所示。

```
class GoodsView(viewsets.ModelViewSet):
    queryset = Goods.objects.all()
    serializer_class = GoodsSerializer
    pagination_class=MyPage
    filter_backends = (DjangoFilterBackend,)
    #filter_fields = ('name', 'price')
    filterset_class=GoodsFilter
       #搜索
    filter_backends = (DjangoFilterBackend,filters.SearchFilter)
    search_fields=('name','price')
```

执行结果如图 8-12 所示。

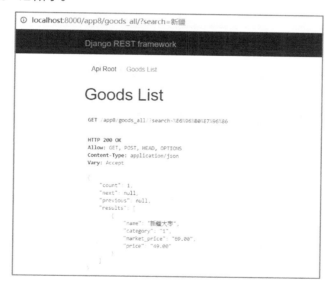

图 8-12

3. 排序

要实现排序，则需要配置 filters.OrderingFilter 项和 ordering_fields 排序字段。其中，ordering_fields 排序字段等于要排序的字段元组。在排序时，统一使用格式"url/?ordering=要排序的字段"。

打开本书配套资源中的 "app8/views_viewset.py"，修改代码如下所示。

```
class GoodsView(viewsets.ModelViewSet):
    #排序
    filter_backends = (DjangoFilterBackend,filters.SearchFilter,filters.OrderingFilter)
    ordering_fields=('id','name','price')
```

使用如下方式进行测试。

```
#按照 id 升序排列
http://localhost:8000/app8/goods_all/?ordering=id
#按照价格降序排列
http://localhost:8000/app8/goods_all/?ordering=-price
```

8.4.11　自定义消息格式

在前面的章节中实现了若干接口，细心的读者可能已经发现，APIView 类和视图集返回的消息格式不一样，在视图集中分页和不分页返回的消息格式也不一样。

为了更好地进行数据交互，可以对接口的返回消息格式进行自定义，以确保消息格式中的每一项内容含义明确。

我们约定消息返回格式如下。

```
{
    "code": 200,#消息编码
    "msg": "success",#消息含义
    "data": [#消息体，包含多个数据项
        {
            "id": 1,
            "name": "和田大枣",
            "price": 59
        },
        {
            "id": 2,
            "name": "哈密大枣",
            "status": 59
        }
    ],
    "count": 5,
    "next": "http://localhost:8000/app8/goods6/?page=3",
    "previous": "http://localhost:8000/app8/goods6/",
}
```

接下来自定义一个消息返回格式。

1. 继承 rest_framework.response 的 Response 类

新建文件 "app8/customresponse.py"，增加 CustomResponse 类，如以下代码所示。

```python
from rest_framework.response import Response
from rest_framework.serializers import Serializer
class CustomResponse(Response):
    def __init__(self,self,data=None,code=None,msg=None,
                 status=None,
                 template_name=None, headers=None,
                 exception=False, content_type=None,**kwargs):
        super().__init__(None, status=status)
        if isinstance(data, Serializer):
            msg = (
                'You passed a Serializer instance as data, but '
                'probably meant to pass serialized `.data` or '
                '`.error`. representation.'
            )
            raise AssertionError(msg)
        self.data={'code':code,'msg':msg,'data':data}
        self.data.update(kwargs)
        self.template_name=template_name
        self.exception=exception
        self.content_type=content_type
        if headers:
            for name, value in headers.items():
                self[name] = value
```

在上述加粗代码中，对 self.data 进行了修改，增加了 code 和 msg 参数。

2. 改造 ModelViewSet 视图集

（1）梳理 ModelViewSet 视图集。

通过源码查看 ModelViewSet 视图集的继承关系，如下所示。

```python
class ModelViewSet(mixins.CreateModelMixin,
mixins.RetrieveModelMixin,mixins.UpdateModelMixin,
mixins.DestroyModelMixin,mixins.ListModelMixin,GenericViewSet):
    """
    A viewset that provides default `create()`, `retrieve()`, `update()`,
    `partial_update()`, `destroy()` and `list()` actions.
    """
    pass
```

在上述代码中，每一个 Mixins 类完成一个独立的功能。下面以 mixins.CreateModelMixin 类的源代码为例：

```
from rest_framework.response import Response
class CreateModelMixin:
    """
    Create a model instance.
    """
    def create(self, request, *args, **kwargs):
        serializer = self.get_serializer(data=request.data)
        serializer.is_valid(raise_exception=True)
        self.perform_create(serializer)
        headers = self.get_success_headers(serializer.data)
        return Response(serializer.data, status=status.HTTP_201_CREATED, headers=headers)
```

从上述加粗部分代码可以知道，在 create()方法中调用了 rest_framework.response 的 Response 类来返回消息，因此需要重写 create()方法。

另外，需要重写 ListModelMixin 类中的 list()方法、RetrieveModelMixin 类中的 retrieve()方法、UpdateModelMixin 类中的 update()方法、DestroyModelMixin 类中的 destroy()方法。

（2）自定义 ModelViewSet 类。

新建文件"app8/custommodelviewset.py"，创建 CustomModelViewSet 类，如以下代码所示。

```
from rest_framework import status
from rest_framework import viewsets
from app8.customresponse import CustomResponse
class CustomModelViewSet(viewsets.ModelViewSet):
    #重写 CreateModelMixin 类中的 create()方法
    def create(self, request, *args, **kwargs):
        serializer = self.get_serializer(data=request.data)
        serializer.is_valid(raise_exception=True)
        self.perform_create(serializer)
        headers = self.get_success_headers(serializer.data)
        return CustomResponse(data=serializer.data, code=201,msg="OK", status=status.HTTP_201_CREATED,headers=headers)
    #重写 ListModelMixin 类中的 list()方法
    def list(self, request, *args, **kwargs):
        queryset = self.filter_queryset(self.get_queryset())
        page = self.paginate_queryset(queryset)
        if page is not None:
            serializer = self.get_serializer(page, many=True)
            return self.get_paginated_response(serializer.data)
        serializer = self.get_serializer(queryset, many=True)
        return CustomResponse(data=serializer.data, code=200, msg="OK", status=status.HTTP_200_OK)
```

```python
    #重写RetrieveModelMixin类中的retrieve()方法
    def retrieve(self, request, *args, **kwargs):
        instance = self.get_object()
        serializer = self.get_serializer(instance)
        return CustomResponse(data=serializer.data, code=200, msg="OK",
status=status.HTTP_200_OK)
    #重写UpdateModelMixin类中的update()方法
    def update(self, request, *args, **kwargs):
        partial = kwargs.pop('partial', False)
        instance = self.get_object()
        serializer = self.get_serializer(instance, data=request.data,
partial=partial)
        serializer.is_valid(raise_exception=True)
        self.perform_update(serializer)
        if getattr(instance, '_prefetched_objects_cache', None):

            instance._prefetched_objects_cache = {}
        return CustomResponse(data=serializer.data, code=200, msg="OK",
status=status.HTTP_200_OK)
    #重写DestroyModelMixin类中的destroy()方法
    def destroy(self, request, *args, **kwargs):
        instance = self.get_object()
        self.perform_destroy(instance)
        return CustomResponse(data=[], code=204, msg="OK",
status=status.HTTP_204_NO_CONTENT)
```

在上述代码中，继承了 viewsets.ModelViewSet 类，并重写 Mixins 类中的方法。现在即可使用 CustomResponse 类替代原有 Mixins 类中方法里返回的 Response 类了。

3. 测试自定义消息

打开本书配套资源中的"app8/views_viewset.py"，增加视图函数 GoodsView_Custom()，如以下代码所示。

```python
class GoodsView_Custom(CustomModelViewSet):
    queryset = Goods.objects.all()
    serializer_class = GoodsSerializer
    ...
```

在 urls.py 文件中配置路由如下。

```
router.register('goods_custom',views_viewset.GoodsView_Custom,basename="goods_custom")
```

访问"http://localhost:8000/app8/goods_custom/"，结果如图 8-13 所示。

图 8-13

4. 改造分页类

在视图类 class GoodsView_Custom 中增加分页功能时,发现返回的消息还是采用的之前格式,究其原因,是因为 GoodsView_Custom 类继承自 CustomModelViewSet 类。在 CustomModelViewSet 类中的 list()方法中可以看到如下的分页代码:

```
page = self.paginate_queryset(queryset)
if page is not None:
    serializer = self.get_serializer(page, many=True)
    return self.get_paginated_response(serializer.data)
```

上述代码表示,如果分页,则调用 get_paginated_response()方法返回消息。因此,还要对这个方法进行处理。

由于我们的分页类从 PageNumberPagination 类继承而来,所以,从父类 PageNumberPagination 类中找到 get_paginated_response()方法,代码如下。

```
class PageNumberPagination(BasePagination):
...
def get_paginated_response(self, data):
        return Response(OrderedDict([
            ('count', self.page.paginator.count),
            ('next', self.get_next_link()),
            ('previous', self.get_previous_link()),
            ('results', data)
    ]))
```

打开本书配套资源中的"app8/mypage.py",进行如下代码改造,见加粗部分。

```python
from rest_framework import status
from rest_framework.pagination import PageNumberPagination
from app8.customresponse import CustomResponse
class MyPage(PageNumberPagination):
    page_size = 12           #每页显示数量
    max_page_size = 50       #每页最多显示数量
    page_size_query_param = 'size' #每页显示数量的参数名称
    page_query_param = 'page'  #页码的参数名称
    def get_paginated_response(self, data):
        return CustomResponse(data=data,code=200,msg="OK",status=status.HTTP_200_OK,count=self.page.paginator.count,next=self.get_next_link(),previous=self.get_previous_link())
```

再次访问"http://localhost:8000/app8/goods_custom/",结果如图 8-14 所示。

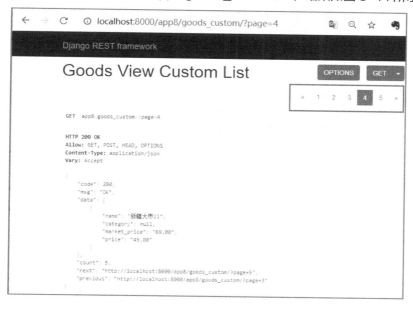

图 8-14

对于 GenericAPIView 类和 Mixins 类的改造大同小异，这里不再赘述。

8.4.12 自定义异常格式

DRF 框架的错误信息提示大致如下。

```
{
    "detail": "身份认证信息未提供。"
}
```

我们打算返回如下的错误信息格式。

```
{
    "code": 401,
    "msg": "身份认证信息未提供。",
    "data": []
}
```

因此，需要一个转换。在 DRF 框架中，可以通过定义一个全局异常处理程序来返回指定格式的消息。

1. 创建自定义异常类

新建文件"app8/customexception.py"，创建视图函数 custom_exception_handler()，如以下代码所示。

```python
from rest_framework.views import exception_handler
def custom_exception_handler(exc, context):
    response = exception_handler(exc, context)
    if response is not None:
        response.data.clear()
        #组装 code、msg 和 data
        response.data['code'] = response.status_code
        if response.status_code == 405:
            response.data["msg"]="请求不允许"
        elif response.status_code == 401:
            response.data["msg"] = "认证未通过"
        elif response.status_code == 403:
            response.data["msg"] = "禁止访问"
        elif response.status_code == 404:
            response.data["msg"] = "未找到文件"
        elif response.status_code >= 500:
            response.data["msg"]="服务器异常"
        else:
            response.data["msg"] = "其他未知错误"
        response.data['data'] = []
    return response
```

2. 全局配置

打开文件"myshop/settings.py"，配置如下。

```
REST_FRAMEWORK = {
    …
    'EXCEPTION_HANDLER': 'app8.customexception.custom_exception_handler'
}
```

3. 测试执行

访问一个不存在的地址，如"http://localhost:8000/app8/goods_custom/10/"，浏览时会提示"未找到文件"错误，如图 8-15 所示。

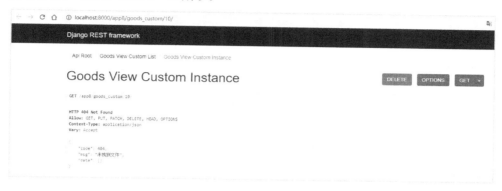

图 8-15

```
{
    "code": 404,
    "msg": "未找到文件",
    "data": []
}
```

8.5 接口安全机制

在前几节中编写的各种接口，可以不经过用户授权而直接访问。在前后端分离项目中，在通过 RESTful 接口进行数据交互时，必须考虑用户认证和权限的问题。

DRF 框架中提供了以下几种认证方案。

- BasicAuthentication：基本的用户密码认证。
- SessionAuthentication：Session 会话认证。比如，Django 的 Admin 后台管理系统就使用的这种认证方式。
- TokenAuthentication：使用 Token 令牌的 HTTP 身份认证。Token 认证适用于前后端分离的项目。

接下来介绍基于 DRF 框架的 Token 认证（TokenAuthentication）。

8.5.1 基于 DRF 框架实现 Token 认证

基于 DRF 框架实现 Token 认证分为以下几个步骤。

1. 配置应用

打开本书配套资源中的 settings.py，在 INSTALLED_APPS 项进行如下配置。

```
INSTALLED_APPS = [
    …
    'rest_framework.authtoken',
]
```

在 REST_FRAMEWORK 项进行如下配置。

```
REST_FRAMEWORK = {
    'DEFAULT_AUTHENTICATION_CLASSES': (
        'rest_framework.authentication.TokenAuthentication',
    ),
}
```

然后进行数据库迁移，命令如下。

```
E:\python_project\myshop-test>python manage.py migrate
```

在数据库表中会生成 authtoken_token 表，用于保存应用生成的用户 Token。

2. 配置路由并获取 Token

（1）在"myshop/urls.py"文件中增加一条路由，如以下代码所示。

```
…
from rest_framework.authtoken.views import obtain_auth_token
urlpatterns = [
    …
    path('api-token-auth/', obtain_auth_token),
]
```

（2）访问接口文档地址"http://localhost:8000/docs/"，找到 api-token-auth 接口，在接口测试页面中输入用户名和密码，在发送 POST 请求后得到 Token，如图 8-16 所示。提示，如果接口文档地址"http://localhost:8000/docs"不能被访问，请参考 8.7 节生成接口文档。

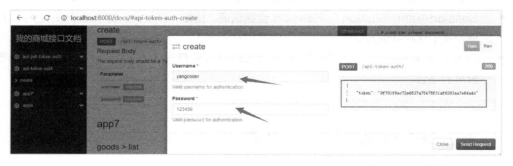

图 8-16

（3）打开数据表 authtoken_token，可以看到新增的数据。这里的 key 就是 Token，如图 8-17 所示。在每个用户登录应用后就会生成一个 Token，而且是永久不变的。

图 8-17

3. 使用 Token

拿到 Token 后该如何使用呢？

查阅 class TokenAuthentication(BaseAuthentication)类的源码发现如下代码。

`Authorization: Token 401f7ac837da42b97f613d789819ff93537bee6a`

格式为：Token + 两个空格 + 具体的 Token。

打开本书配套资源中的"app8/views_viewset.py"，修改 GoodsViewSet 视图类，如以下代码所示。

```
from rest_framework import permissions
from rest_framework.authentication import TokenAuthentication
from common.permissions import IsOwnerOrReadOnly
class GoodsViewSet(mixins.ListModelMixin,mixins.RetrieveModelMixin,
viewsets.GenericViewSet):
    queryset = Goods.objects.all()
    serializer_class = GoodsSerializer
    permission_classes=(permissions.IsAuthenticated,IsOwnerOrReadOnly)
```

以上粗体部分代码指明了需要权限才能访问。

在 Postman 工具中访问 "http://localhost:8000/app8/goods5/"，提示需要权限。在 headers 部分增加 Authorization，值为 "Token 9f701f8ec72e6537a75475f31af6203aa7e84a4c"，这个 Token 在每个人的主机上是不一样的。再次发起请求，发现接口能够正常返回数据，如图 8-18 所示。

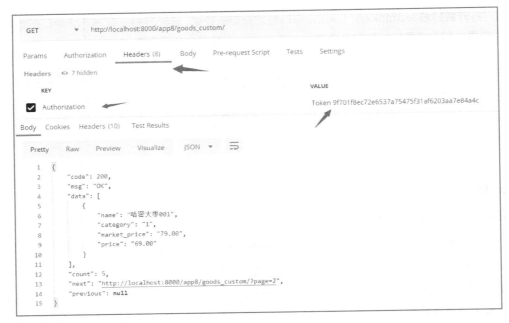

图 8-18

8.5.2　基于 DRF 框架实现 JWT 认证

在前后端分离项目中，更多是使用 JWT 认证。接下来详细介绍。

1．认识 JWT

JWT（Json Web Token）是一种为了在网络应用环境间传递声明而执行的、基于 JSON 的开放标准。它由头部（Header）、负载（Payload）、签名（Signature）这 3 部分构成，其中每一部分都使用 Base64 编码处理。

- Header：头部信息。主要包含两部分信息：①类型，通常为"JWT"，②算法名称，比如 HSHA256、RSA 等。
- Payload：具体用户的信息。需要注意的是，该部分内容只经过了 Base64 编码（相当于明文存储），所以不要在其中放置敏感信息。
- Signature：签名信息。签名用于验证消息在传递过程中是否被更改。

JWT 信息由 3 段构成，它们之间用圆点"."连接，格式如下。

```
aaaaa.bbbbb.ccccc
```

如图 8-19 所示，左边区域显示的是一段 JWT 信息。可以看到它被圆点分为了 3 段。右边是对每一段内容进行解密后的内容。

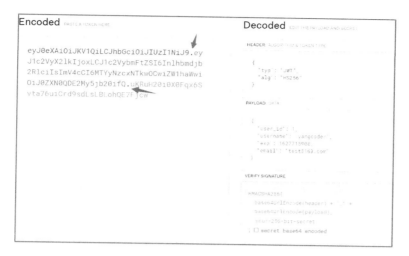

图 8-19

2. 使用 JWT——基于 djangorestframework-jwt 库

可以基于 djangorestframework-jwt 库来使用 JWT 进行身份验证。

（1）安装。

```
pip install djangorestframework-jwt
```

（2）配置应用。

打开本书配套资源中的 settings.py，将 INSTALLED_APPS 项配置如下。

```
INSTALLED_APPS = [
    ...
    'rest_framework.authtoken',
]
```

继续配置如下内容。

```
REST_FRAMEWORK = {
'DEFAULT_AUTHENTICATION_CLASSES': (
    'rest_framework_jwt.authentication.JSONWebTokenAuthentication',#配置
验证方式为 JWT 验证
    ),
}
JWT_AUTH = {
    'JWT_EXPIRATION_DELTA': datetime.timedelta(days=3),  #过期时间为 3 天
    'JWT_AUTH_HEADER_PREFIX':'JWT',#Token 的头为：JWT xxxxxxxxxxxxxxx
    'JWT_ALLOW_REFRESH': False,      #不允许刷新
}
```

（3）配置路由。

打开本书配套资源中的"myshop/urls.py"，添加如下代码。

```
from rest_framework_jwt.views import obtain_jwt_token
urlpatterns = [
    path('api-jwt-token-auth/', obtain_jwt_token),
]
```

执行结果如图 8-20 所示。

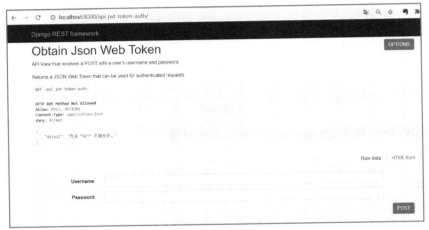

图 8-20

在图 8-20 中输入用户名和密码，之后单击"POST"按钮，输出结果如下所示。

```
{"token":
"eyJ0eXAiOiJKV1QiLCJhbGciOiJIUzI1NiJ9.eyJ1c2VyX2lkIjoxLCJ1c2VybmFtZSI6Inlhbm
djb2RlciIsImV4cCI6MTYyNzcxNTMwMiwiZW1haWwiOiIifQ.TK1OZrZpysAOwXglvd5S9INE1--
ct3ia_YMC5eSp160"
}
```

3．自定义返回认证信息

请求"api-jwt-token-auth/"路由，在默认的返回信息中只包含 Token。可以自定义认证消息，以返回用户 ID 和用户名称等信息。

新建文件"app8/jwt_utils.py"，在其中添加如下代码。

```
def jwt_response_payload_handler(token, user=None, request=None):
    return {
        "token": token,
        'id': user.id,
        'username': user.username,
```

```
    'email':user.email,
    'is_active':user.is_active,
}
```

打开本书配套资源中的 settings.py，在其中自定义返回认证信息。

```
JWT_AUTH = {
    ...
    #自定义返回认证信息
'JWT_RESPONSE_PAYLOAD_HANDLER':'app8.jwt_utils.jwt_response_payload_handler'
}
```

再次请求路由"http://localhost:8000/api-jwt-token-auth/"，结果如下所示。

```
{
    "token": "eyJ0eXAiOiJKV1QiLCJhbGciOiJIUzI1NiJ9.eyJ1c2VyX2lkIjoxLCJ1c2VybmFtZSI6Inlhbmdjb2RlciIsImV4cCI6MTYyNzcxNTkwOCwiZW1haWwiOiJ0ZXN0QDE2My5jb20ifQ.uKRuH20iOX0Fqx6Svta76uiCrd9sdLsLBLohQE7Fjcw",
    "id": 1,
    "username": "yangcoder",
    "email": "test@163.com",
    "is_active": true
}
```

客户端在收到服务器返回的 JWT 信息后，会将其存储在 Cookie 或 localStorage 中。当客户端与服务器再次交互时，会将 JWT 信息放入 HTTP 请求的 Header Authorization 字段中进行发送。

4. 权限认证

有些接口不需要登录验证，可以直接访问，比如商品列表、商品明细接口；而有些接口则必须通过登录验证，而且只能是自己操作自己的数据，比如用户信息修改接口等。

DRF 框架内置的权限组件的配置信息有以下 4 种。

- rest_framework.permissions.AllowAny：默认用户对所有的接口都有操作权限，即不做权限限制。
- rest_framework.permissions.IsAuthenticated：通过认证的用户才可以访问接口。
- rest_framework.permissions.IsAdminUser：仅管理员用户可以访问。
- rest_framework.permissions.IsAuthenticatedOrReadOnly：未认证的用户只有查询的权限，经过认证的用户有增加、删除、修改、查询的权限。

（1）全局配置。

可以在 settings.py 文件中进行全局配置，以使得访问所有的接口都需要登录验证。

```
REST_FRAMEWORK = {
    ...
    'DEFAULT_AUTHENTICATION_CLASSES': (
    'rest_framework_jwt.authentication.JSONWebTokenAuthentication',
    ),
    'DEFAULT_PERMISSION_CLASSES': (
        'rest_framework.permissions.IsAuthenticated',  #是否登录
    )
}
```

配置后，访问任何一个接口，在浏览器中会显示如下信息。

```
{
    "detail": "身份认证信息未提供。"
}
```

（2）局部配置。

还可以进行局部配置：在指定的视图类中，通过 permission_classes 属性配置权限管理类。

打开本书配套资源中的"app8/views_viewset.py"，修改 GoodsViewSet 类，如以下粗体部分所示。

```
from rest_framework import permissions
class GoodsViewSet(mixins.ListModelMixin,mixins.RetrieveModelMixin,
viewsets.GenericViewSet):
    queryset = Goods.objects.all()
    serializer_class = GoodsSerializer
    permission_classes=(permissions.IsAuthenticated,)
```

在配置完成后访问对应的接口，在浏览器中会显示如下信息。

```
{
    "detail": "身份认证信息未提供。"
}
```

5. 自定义权限

除默认权限外，DRF 框架还支持自定义权限，只需要继承 rest_framework.permissions.BasePermission 类并实现以下两个方法。

- has_permission(self, request, view)方法：是否可以访问视图。view 表示当前视图对象。
- has_object_permission(self, request, view, obj)方法：是否可以访问数据对象。view 表示当前视图对象，obj 为数据对象。该方法在发起 PUT 请求进行修改数据时触发。

新建文件"common/permissions.py"，在其中添加如下代码。

```python
from rest_framework import permissions
from rest_framework_jwt.authentication import jwt_decode_handler
class IsOwnerOrReadOnly(permissions.BasePermission):
    def has_permission(self, request, view):
        if request.user.username=="admin":
            return True
    def has_object_permission(self, request, view, obj):
        token = request.META['HTTP_AUTHORIZATION'][5:]
        token_user = jwt_decode_handler(token) #解析 Token
        if token_user:
            return obj.user.id == token_user['user_id'] #如果相同则返回True
        return False
```

如果要让 has_object_permission()方法正常执行,则需要对其进行 PUT 操作,同时在 Goods 模型中需要添加用户表的外键。

打开本书配套资源中的"app8/models.py",增加 Goods 类中的 user 字段,如以下代码所示。

```
from app6.models import MyUser
class Goods(models.Model):
    ...
    user=models.ForeignKey(MyUser,verbose_name='用户',on_delete=models.DO_NOTHING,blank = True,null=True)
```

在执行 has_object_permission()方法时,会判断当前 JWT 解析 Token 生成的用户信息是否与 Goods 模型中的 user 字段一样,如果一样则进行修改,否则提示"403"(禁止访问)错误。

6. 使用 JWT

拿到 JWT 后,该如何使用呢?

JWT 的格式为:JWT + 两个空格 + 具体的 Token。

`Authorization: JWT eyJhbGciOiAiSFMyNTYiLCAidHlwIj…`

在 Postman 中直接访问地址"http://localhost:8000/app8/goods5/",提示需要权限。在 headers 部分增加 Authorization,值为"JWT eyJ0eXAiOiJKV1QiLCJhbGciOiJIUz…",再次请求该地址,发现接口已经正常返回信息,如图 8-21 所示。

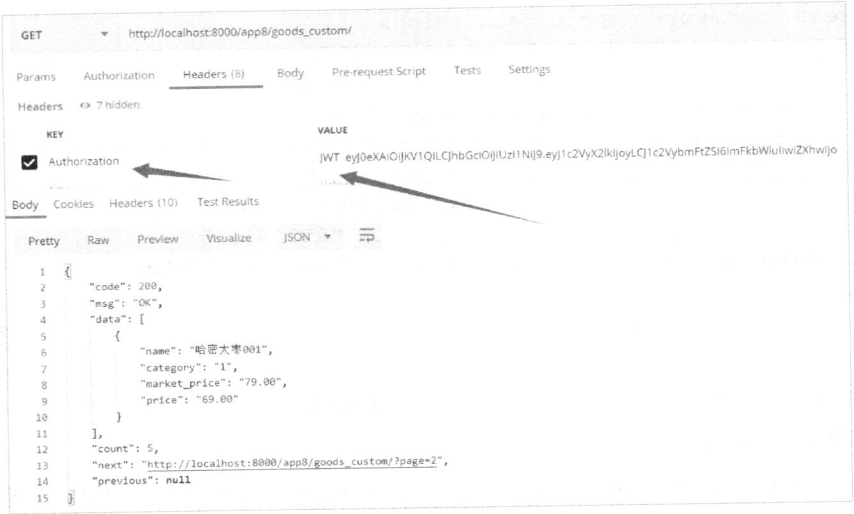

图 8-21

7. Token 认证和 JWT 认证的区别

Token 认证将用户名和密码发送到服务端，由服务端进行校验，校验成功后会生成 Token，将该 Token 保存到数据库中，并把该 Token 发送给客户端。客户端保存自己的 Token，当客户端再次发起请求时，需要在 HTTP 协议的请求头中带上 Token。服务端收到客户端请求的 Token 后，会将其和自己保存的 Token 做对比校验。

Token 认证依靠数据库进行存储和查询，因此在大用户、高并发情况下性能较差。

JWT 验证客户端发来的 Token，不用进行数据库的查询，直接在服务端使用密钥进行校验。

JWT 本身包含了认证信息，因此，一旦信息泄露，则任何人都可以获得令牌的所有权限。为了提高 JWT 的安全性，不宜将 JWT 的有限期设置得过长。对于重要的操作，应该每次都进行身份认证。为了提高 JWT 的安全性，不建议使用 HTTP 协议，而是使用安全性更高的 HTTPS 协议。

JWT 最大的缺点：服务器只负责签发 JWT，不负责保存。一旦 JWT 签发，则在有效期内它一直有效，无法中途废弃。因此 JWT 是一次性的，要修改其中的信息，则必须重新签发一个新的 JWT。

8.5.3 基于后端技术的跨域解决方案

在浏览器中，只要发送请求的 URL 的协议、域名、端口号这三者中的任意一者与当前页面地址不同，则称之为跨域。在了解跨域之前，先来了解浏览器的同源策略。

1. 浏览器的同源策略

同源策略（Same Origin Policy）是一种安全约定，是所有主流浏览器最核心，也是最基本的安全功能之一。同源策略规定：在没有明确授权的情况下，不同域的客户端脚本不能请求对方的资源。"同源"指：协议、域名、端口号都要相同。只要有一个不相同，则是非同源。

浏览器在执行所有脚本时，都会检查该脚本属于哪个页面（即检查是否同源）：只有同源的脚本才会被执行；如果是非同源的脚本，则浏览器会报异常并拒绝访问。

- 比如"http://localhost:8000/goods"访问"http://localhost:8000/users"，协议、域名、端口号均相同，属于同源。
- 比如"http://localhost:8080/#index"访问"http://localhost:8000/users"，端口号不同，属于非同源。

如果采用前后端分离方式开发，则由于前后端应用基本上不会使用同一个协议、域名和端口，所以，浏览器的同源策略会导致在前端应用访问后端接口时出现跨域错误。

2. Django 中的跨域解决方法

（1）安装 django-cors-headers。

执行如下命令进行安装。

```
pip install django-cors-headers
```

（2）设置全局文件。

打开本书配套资源中的"myshop/settings.py"，在 INSTALLED_APPS 列表项中注册应用，如以下代码所示。

```
INSTALLED_APPS = [
    …
    'corsheaders',
]
```

中间件 MIDDLEWARE 的设置如下所示。

```
MIDDLEWARE = [
    'corsheaders.middleware.CorsMiddleware',
    'django.middleware.common.CommonMiddleware',
    …
]
```

其中，corsheaders.middleware.CorsMiddleware 中间件需要添加在中间件的首位。

继续配置如下：

```
CORS_ALLOW_CREDENTIALS = True    #允许跨域时携带 Cookie，默认为 False
CORS_ORIGIN_ALLOW_ALL = True     #指定所有域名都可以访问后端接口，默认为 False
```

此外，还可以配置白名单，以及允许哪些方法访问等信息。在完成设置后，从前端访问后端接口,就不再有跨域提示了。

还可以使用 Nginx 反向代理解决跨域问题,在第 12 章中将具体讲解。

8.6 【实战】实现商城系统的接口

新建 myshop-api 项目,作为商城系统的接口。接下来的操作都在该项目中进行。

8.6.1 用户相关接口

用户接口包含"获取 Token"接口、"用户注册"接口、"用户登录"接口、"用户信息查询、"用户信息删除"接口、"用户信息查询"接口。接下来一一进行介绍。

1. "获取 Token"接口

在 8.5.2 节中,我们通过访问地址"http://localhost:8000/login/"来获取 Token 信息,具体过程这里不再赘述。访问地址返回的 Token 如下所示:

```
{
    "token": "eyJ0eXAiOiJKV1QiLCJhbGciOiJIUzI1NiJ9.eyJ1c2VyX2lkIjoxLCJ1c2VybmFtZSI6Inlhbmdjb2RlciIsImV4cCI6MTYyNzcxNTkwOCwiZW1haWwiOiJ0ZXN0QDE2My5jb20ifQ.uKRuH20i0X0Fqx6Svta76uiCrd9sdLsLBLohQE7Fjcw",
    "id": 1,
    "username": "yangcoder",
    "email": "test@163.com",
    "is_active": true
}
```

2. "用户注册"接口

在用户注册接口中,接口的入参为用户名、密码、手机号码和邮箱这 4 个字段。此外,需要对这几个字段进行验证,比如用户名是否能够注册、手机号码是否合法等。

(1) 用户注册的序列化处理。

打开本书配套资源中的"users/serializer.py",增加 MyUserRegSerializer 类,如以下代码所示。

```
#用户注册序列化类
class MyUserRegSerializer(serializers.ModelSerializer):
```

```
    class Meta:
        model=MyUser
        fields=("username","password","email","mobile")
    def validate_username(self,username):
        #判断用户名是否已注册
        if MyUser.objects.filter(username=username).count():
            raise serializers.ValidationError("用户名已经存在,请查询")
        return username
    def validate_mobile(self,mobile):
        #判断手机号码是否已注册
        if MyUser.objects.filter(mobile=mobile).count():
            raise serializers.ValidationError("手机号码已经存在,请查询")
        #手机号码的正则表达式
        REGEX_MOBILE = "^1[358]\d{9}$|^147\d{8}$|^176\d{8}$"
        #验证手机号码是否合法
        if not re.match(REGEX_MOBILE, mobile):
            raise serializers.ValidationError("手机号码非法")
        return mobile
    #重写create()函数,为了给密码加密
    def create(self, validated_data):
        user=super().create(validated_data)
        user.set_password(validated_data['password'])
        user.save()
        return user
```

在上述加粗代码中,判断手机号码是否已注册的方法 def validate_mobile(self,mobile)使用了"validate_字段名称"的命名方式来验证某个字段的合法性。此外,还重写了 create()函数,是为了给密码加密。

(2)新建视图类。

打开本书配套资源中的"users/views.py",增加 MyUserViewSet 类,如以下代码所示。

```
class MyUserViewSet(CustomModelViewSet):
    queryset = MyUser.objects.all()
    serializer_class = MyUserRegSerializer
```

在上述代码中,MyUserViewSet 类继承自 CustomModelViewSet 类,自动拥有了 get()、post()等方法。

(3)配置路由并执行。

打开本书配套资源中的"users/urls.py",在其中添加如下代码。

```
user_list=views.MyUserViewSet.as_view({
    'get': 'retrieve',
    'post':'create',
```

```
})
urlpatterns = [
    path('users/',user_list),
]
```

浏览结果如图 8-22 所示。

图 8-22

3. "用户登录"接口

如果希望"用户登录"接口既可以通过用户名（username）登录，也可以通过手机号码（mobile）登录，则可以通过编写自定义验证类的方式来实现。

（1）增加自定义验证类。

打开本书配套资源中的"users/views.py"，增加自定义验证类 CustomBackend，如以下代码所示。

```
from django.contrib.auth.backends import ModelBackend
from django.db.models import Q
from notebook.auth.security import set_password
from django.contrib.auth import authenticate,get_user_model,login,logout
myuser=get_user_model()
class CustomBackend(ModelBackend):
    def authenticate(self, request, username=None, password=None, **kwargs):
        try:
            myuser = MyUser.objects.get(Q(username=username)|Q(mobile=username))
            if myuser.check_password(password):
                return myuser
        except Exception as e:
            return None
```

在上述加粗代码中，用 Q()函数判断当前的验证用户名。用户名既可以是 username 也可以是 mobile。

（2）设置全局配置文件。

打开本书配套资源中的"settings.py"，在其中添加如下代码。

```
AUTHENTICATION_BACKENDS = (
    'apps.users.views.CustomBackend',
)
```

（3）测试。

访问"http://localhost:8000/login/"，输入用户名或者手机号码都可以正常获取 Token，请读者测试一下。

4. "用户信息查询、修改和删除"接口

用户注册和用户修改界面中的字段是不一样的，因此需要定义一个用户修改的序列化类。

（1）创建用户修改序列化类。

打开本书配套资源中的"users/serializers.py"，增加 MyUserUpdateSerializer 类，如以下代码所示。

```
#用户修改页序列化类
class MyUserUpdateSerializer(serializers.ModelSerializer):

    username=serializers.CharField(read_only=True,error_messages={
        "required":"请输入用户名",
        "blank":"用户名不允许为空",
        "min_length":"用户名长度至少为6位"
    })
```

```
            mobile=serializers.CharField(read_only=True)
        class Meta:
            model=MyUser
    fields=("username","truename","user_img","sex","email","mobile","level",
"status")
```

在上述代码中定义了 username 和 mobile 字段，它们的 read_only 属性都被设置为 True，最终这两个字段不会显示在修改页面上。

（2）完善视图类。

打开本书配套资源中的"users/views.py"，修改内容如下加粗代码所示。

```
class MyUserViewSet(CacheResponseMixin,CustomModelViewSet):
    queryset = MyUser.objects.all()
    serializer_class = MyUserRegSerializer
    authentication_classes = (JSONWebTokenAuthentication,
SessionAuthentication)
    def get_serializer_class(self):
        if self.action=="create":
            return MyUserRegSerializer
        elif self.action=="retrieve":
            return MyUserUpdateSerializer
        elif self.action=="update":
            return MyUserUpdateSerializer
        return MyUserUpdateSerializer
```

在上述代码中，用户信息的增加、删除和修改接口共用了一个视图类 MyUserViewSet。由于用户注册、用户修改、用户查询后显示的字段各不相同，因此需要创建多个序列化类。

在视图类中，用 get_serializer_class()方法通过 action 动作来判断当前的请求操作。如果是 create，则使用 MyUserRegSerializer 类；如果是 retrieve 或 update，则使用 MyUserUpdateSerializer 类。这样就做到了"在一个视图类中，根据不同 action 灵活定制多个序列化类"。

不同的请求需要的权限也不一样，比如，任何人都可以注册和登录，但是有权限的人才可以修改用户信息。

在文件"users/views.py"中的 MyUserViewSet 类中，添加如下权限代码。

```
    def get_permissions(self):
        if self.action=="retrieve":
            print("retrieve")
            return [permissions.IsAuthenticated()]
        elif self.action=="update":
            return [permissions.IsAuthenticated()]
```

```
            print("update")
    else:
        return []
```

上述代码重写了 get_permissions()方法：根据不同的 action 请求进行权限验证。

（3）配置路由并访问接口。

打开本书配套资源中的"users/urls.py"，在其中添加如下代码。

```
...
user_list=views.MyUserViewSet.as_view({
    'get': 'retrieve',
    'post':'create',
})
user_detail=views.MyUserViewSet.as_view({
    'get': 'retrieve',
    'put': 'update',
    'patch': 'partial_update',
    'delete':'destroy',
})
urlpatterns = [
    path('users/',user_list),              # 获取、创建
    path('users/<pk>/',user_detail),  # 查找、更新、删除
]
```

访问接口"http://localhost:8000/users/1/"，结果如图 8-23 所示。

图 8-23

8.6.2 商品相关接口

商品相关接口包含"商品分类"接口、"商品"接口、"商品轮播"接口、"分类下的商品"接口。

1. "商品分类"接口

"商品分类"接口一次性将所有的多级分类数据嵌套返回，方便前端查询使用。

（1）商品分类模型。

打开本书配套资源中的"apps/goods/models.py"，新建模型类 GoodsCategory，如以下代码所示。

```python
…
class GoodsCategory(BaseModel):
    id = models.AutoField(primary_key=True)
    name=models.CharField(max_length=50,verbose_name='分类名称',default='')
    parent=models.ForeignKey("self", null=True,blank=True,verbose_name="父类",on_delete=models.DO_NOTHING,related_name="sub_cat")
    logo=models.ImageField(verbose_name="分类logo图片",upload_to="uploads/goods_img/")
    is_nav=models.BooleanField(default=False,verbose_name='是否显示在导航栏')
    sort=models.IntegerField(verbose_name='排序')
```

（2）商品分类序列化。

打开本书配套资源中的"apps/goods/serializers.py"，在其中添加如下代码。

```python
class CategorySerializerSub(serializers.ModelSerializer):
    class Meta:
        model = GoodsCategory       #关联模型
        fields = "__all__"
class GoodsCategoryModelSerializer(serializers.ModelSerializer):
    sub_cat=CategorySerializerSub(many=True)
    class Meta:
        model=GoodsCategory         #关联模型
        fields="__all__"
```

对于同一个模型的多级嵌套处理可以"需要几级，就定义几个同类型的模型，进行嵌套使用"，如上述代码中的加粗部分。

（3）商品分类视图类。

打开本书配套资源中的"goods/views.py",增加 GoodsCategoryViewset 类,如以下代码所示。

```
class GoodsCategoryViewset(CustomListModelMixin,CustomRetrieveModelMixin,
viewsets.GenericViewSet):
    queryset = GoodsCategory.objects.filter(parent__isnull=True)
    serializer_class = GoodsCategoryModelSerializer
```

在上述代码中。GoodsCategoryViewset 类继承自自定义的 CustomListModelMixin 类和 CustomRetrieveModelMixin 类,实现了"数据的全部显示"和"某一条数据的显示"。

(4)配置路由。

打开本书配套资源中的"goods/urls.py",在其中添加如下代码。

```
goods_list=views.GoodsCategoryViewset.as_view({'get':'list',})
goods_detail=views.GoodsCategoryViewset.as_view({ 'get': 'retrieve',})
urlpatterns = [
    path('goodscategory/',goods_list),
    path('goodscategory/<pk>/',goods_detail),
]
```

(5)访问接口。

访问"http://localhost:8000/goodscategory/",结果如图 8-24 所示

图 8-24

2. "商品"接口

（1）增加商品模型类。

打开本书配套资源中的"apps/goods/models.py"，增加模型类 Goods，如以下代码所示。

```python
class Goods(models.Model):
    STATUS=(
        (0,'正常'),
        (1,'下架'),
    )
    name = models.CharField(max_length=50,verbose_name='商品名称',default='')
    category=models.ForeignKey(GoodsCategory,blank=True,null=True,verbose_name='商品分类',on_delete=models.DO_NOTHING)
    market_price = models.DecimalField(max_digits=8,default=0,decimal_places=2,verbose_name='市场价格')
    price = models.DecimalField(max_digits=8,decimal_places=2,default=0,verbose_name='实际价格')
    unit=models.CharField(max_length=10,verbose_name='计量单位',blank=True,null=True)
    click_num = models.IntegerField(default=0, verbose_name="点击数")
    amount = models.IntegerField(default=0, verbose_name="销售量")
    stock_num = models.IntegerField(default=0, verbose_name="库存数")
    fav_num = models.IntegerField(default=0, verbose_name="收藏数")
    goods_desc=RichTextUploadingField(default='', verbose_name='商品详情')
    status=models.IntegerField(default=0,choices=STATUS)
    main_img=models.ImageField(verbose_name='商品主图',blank=True,null=True,upload_to='goods/images/')
    is_recommend=models.BooleanField(default=False,verbose_name="是否推荐")
    user = models.ForeignKey(MyUser,blank=True,null=True,verbose_name="用户",on_delete=models.DO_NOTHING)
    …
```

在上述加粗代码中，category 和 user 字段均为外键，分别关联 GoodsCategory 和 MyUser 模型。

（2）增加商品序列化类。

打开本书配套资源中的"apps/goods/serializers.py"文件，增加 GoodsModelSerializer 类，如以下代码所示。

```python
class GoodsModelSerializer(serializers.ModelSerializer):
    class Meta:
        model=Goods   #关联商品模型
        fields="__all__"
```

（3）增加商品视图类。

打开本书配套资源中的"apps/goods/views.py"，增加视图类 GoodsView，，如以下代码所示。

```python
class GoodsView(CacheResponseMixin,CustomModelViewSet):
    queryset = Goods.objects.all()
    serializer_class = GoodsModelSerializer
    pagination_class=MyPage
    filter_backends = (DjangoFilterBackend,filters.SearchFilter,filters.OrderingFilter)
    filterset_class=GoodsFilter
    #搜索
    search_fields=('name','goods_desc')
    ordering_fields=('amount','price')
    def retrieve(self,request,*args, **kwargs):
        instance=self.get_object()
        instance.click_num+=1
        instance.save()
        serializer=self.get_serializer(instance)
        return Response(serializer.data)
```

在上述代码中，增加了搜索、分页、过滤和排序功能。其中，搜索字段为商品名称（name）和商品描述（goods_desc）；排序字段为商品销量（amount）和价格（price）；过滤字段使用了自定义类 GoodsFilter，包含最大价格和最小价格的区间。此外，重写了 retrieve()方法，目的是在每次打开一个商品详情时让点击量自动加 1。

（4）配置路由。

打开本书配套资源中的"apps/goods/urls.py"，在其中添加如下代码。

```python
router=DefaultRouter()
router.register('goods',views.GoodsView)
urlpatterns = [
    path("",include(router.urls))
]
```

（5）访问接口。

访问"http://localhost:8000/goods/"，结果如图 8-25 所示。

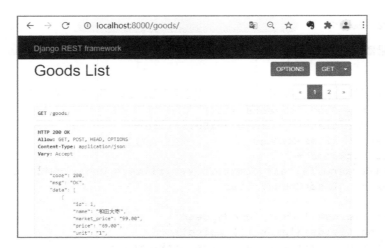

图 8-25

3. "商品轮播"接口

商品轮播接口用于在首页以轮播方式展示商品,单击某个图片可以进入商品详情。

(1)创建模型类。

打开本书配套资源中的"apps/goods/models.py",增加模型类 Slide,如以下代码所示。

```
…
class Slide(models.Model):
    goods=models.ForeignKey(Goods,verbose_name='商品',on_delete=models.DO_NOTHING)
    images=models.ImageField(upload_to='slide',verbose_name='轮播图片')
    sort=models.IntegerField(default=0,verbose_name='排列顺序')
    create_date=models.DateTimeField(default=datetime.now,verbose_name='添加时间')
…
```

(2)创建序列化类。

打开本书配套资源中的"apps/goods/serializers.py",增加 SlideModelSerializer 类,如以下代码所示。

```
class SlideModelSerializer(serializers.ModelSerializer):
    class Meta:
        model=Slide          #关联模型
        fields="__all__"
```

(3)创建视图类。

打开本书配套资源中的"apps/goods/views.py",增加 SlideViewset 类,如以下代码所示。

该类从 CustomModelViewSet 类继承。

```
class SlideViewset(CustomModelViewSet):
    queryset = Slide.objects.all().order_by("sort")
    serializer_class = SlideModelSerializer
```

（4）配置路由。

打开本书配套资源中的"goods/urls.py"，在其中添加如下代码。

```
router=DefaultRouter()
router.register('slide',views.SlideViewset)
urlpatterns = [
    …
    path("",include(router.urls))
]
```

访问"http://localhost:8000/slide/"，结果如图 8-26 所示。

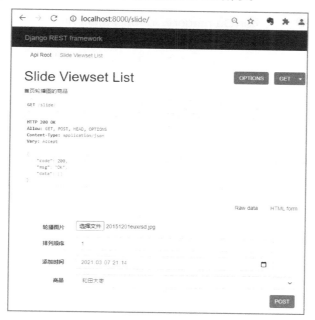

图 8-26

4．"分类下的商品"接口

在首页中一般会展示商品分类，每个分类下展示 4～8 个推荐商品。比如，在首页中展示了枣类、瓜类、果脯类下的商品。

（1）创建序列化类。

打开本书配套资源中的"apps/goods/serializers.py",增加 IndexCategoryGoodsSerializer 类,如以下代码所示。

```python
class IndexCategoryGoodsSerializer(serializers.ModelSerializer):
    sub_cat=CategorySerializerSub(many=True)
    goods = serializers.SerializerMethodField()
    def get_goods(self,obj):
        goods=Goods.objects.filter(Q(category_id=obj.id)|Q(category__parent_id=obj.id))
        serializer=GoodsModelSerializer(goods,many=True,context={'request':self.context['request']})
        return serializer.data
```

由于需要在每个分类下显示商品,因此,在 IndexGoodsCategorySerializer 类中增加一个 goods 字段,其类型为 SerializerMethodField;然后,通过"get_字段"取出与这个 goods 对象关联的一系列内容。

"goods=Goods.objects.filter(Q(category_id=obj.id)|Q(category__parent_id=obj.id))"这段代码用来过滤商品,条件是"当前商品的分类(category_id)或者当前商品的父级分类(category__parent_id)等于指定分类",需要注意写法。

(2)创建视图类。

打开本书配套资源中的"apps/goods/views.py",增加 IndexCategoryGoodsViewSet 类,如以下代码所示。

```python
class IndexCategoryGoodsViewSet(CustomListModelMixin,viewsets.GenericViewSet):
    queryset = GoodsCategory.objects.filter(parent__isnull=True)
    serializer_class = IndexCategoryGoodsSerializer
```

(3)配置路由并访问。

打开本书配套资源中的"apps/goods/urls.py",在其中添加如下路由规则。

```python
indexgoods=views.IndexCategoryGoodsViewSet.as_view({ 'get':'list',})
urlpatterns = [
    …
    path('indexgoods/',indexgoods),
    path("",include(router.urls))
]
```

访问接口"http://localhost:8000/indexgoods/",结果如图 8-27 所示。

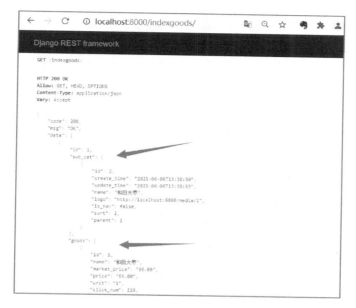

图 8-27

"分类下的商品"接口既返回了分类的嵌套,又返回了每个分类下的商品。通过该接口可以一步解决商城系统首页面中的"分类商品"需求。

8.6.3 订单相关接口

订单相关接口主要包含"购物车"接口、"生成订单"接口、"查询我的订单"接口。

1. "购物车"接口

(1)创建模型类。

打开本书配套资源中的"order/models.py",增加模型类 Cart,如以下代码所示。。

```
class Cart(models.Model):
    user = models.ForeignKey(MyUser, null=True, blank=True, verbose_name='用户', on_delete=models.DO_NOTHING)
    goods = models.ForeignKey(Goods, null=True, blank=True, verbose_name='商品', on_delete=models.DO_NOTHING)
    goods_num =models.IntegerField(default=1, verbose_name='购物车中商品数量')
    ...
```

购物车模型相对简单,包含"用户""商品"和"购物车中商品数量"这 3 个字段。其中,"用户"和"商品"均为外键关联。

（2）创建序列化类。

打开本书配套资源中的"order/serializers.py"，增加序列化类 CartModelSerializer，，如以下代码所示。

```python
class CartModelSerializer(serializers.ModelSerializer):
    user = serializers.HiddenField(
        default=serializers.CurrentUserDefault()
    )
    class Meta:
        model=Cart
        fields="__all__"
    #重写create()方法
    #判断当新增了同一个商品，直接做update操作
    def create(self, validated_data):
        user=self.context["request"].user
        goods=validated_data["goods"]
        goods_num=validated_data["goods_num"]
        objs=Cart.objects.filter(user=user, goods=goods).first()
        print(objs)
        if objs:
            objs.goods_num+=goods_num
            objs.save()
        #如果不满足，则执行新增操作
        else:
            print("else")
            objs=Cart.objects.create(**validated_data)
        return objs
    #处理put、patch操作
    def update(self, instance, validated_data):
        instance.goods_num=validated_data["goods_num"]
        instance.save()
        return instance
```

上述代码涉及的知识比较多，下面分别介绍。

- 在 CartModelSerializer 类中，定义了一个 serializers.HiddenField 字段，默认值为 CurrentUserDefault()。在该类序列化后，可以获取当前登录的用户，如以下代码所示。

```
user = serializers.HiddenField(default=serializers.CurrentUserDefault())
```

- 本例中的购物车操作都是在用户登录成功后进行的，因此，需要在后台获取已经登录的用户。

> 为什么要重写create()和update()方法呢?
> 　　购物车有业务逻辑限制：同一用户的同一个商品，在数据表中只能存在一条记录。如果再新增同样一个商品，实际上做的是更新操作，即将数量增加。
> 　　默认的create()方法直接进行新增操作，并没有额外的逻辑处理，因此这里对create()方法进行了重写，增加了业务逻辑的判断。

- 对update()方法进行了重写：将购物车中的商品数量取出保存到数据库。

（3）创建视图类。

打开本书配套资源中的"order/views.py"，增加视图类CartViewset，如以下代码所示。

```python
class CartViewset(CustomModelViewSet):
    permission_classes = (IsAuthenticated, IsOwnerOrReadOnly)
    authentication_classes = (JSONWebTokenAuthentication, SessionAuthentication)
    serializer_class = CartModelSerializer
    lookup_field = "goods_id"
    def get_serializer_class(self):
        if self.action=="list":
            return CartDetailModelSerializer
        else:
            return CartModelSerializer
    def get_queryset(self):
        return Cart.objects.filter(user=self.request.user) #只显示当前登录用户的购物车信息
    def perform_create(self, serializer):
        shop_cart = serializer.save()
        print(shop_cart)
        goods = shop_cart.goods        #获取购物车中的商品实例
        goods.stock_num -= shop_cart.goods_num #商品库存减少
        goods.save()
    def perform_destroy(self, instance):
        goods = instance.goods         #获取购物车中的商品实例
        goods.stock_num += instance.goods_num    #商品库存增加
        goods.save()
        instance.delete()
    def perform_update(self, serializer):
        #获取购物车表中的数据
        shop_cart_db = Cart.objects.get(id=serializer.instance.id)
        #获取购物车表中的商品数量
        db_nums = shop_cart_db.goods_num
        #保存购物车数据
        shop_cart = serializer.save()
```

```python
        #当前购物车中的商品数量 - 购物车表中的商品数量
        nums = shop_cart.goods_num-db_nums
        #获取购物车中的商品实例
        goods = shop_cart.goods
        if nums>0:#如果当前购物车中的商品数量 - 购物车表中的商品数量 > 0，则说明商品
数量增加，因此商品库存做减少操作
            goods.stock_num -= nums
        else:
            goods.stock_num += nums          #商品库存做新增操作
        goods.save()
```

在上述代码中，重写了 get_queryset()方法：只显示当前用户的购物车商品数据。

此外，在购物车完成商品新增后，还需要一些额外的处理，比如购物车商品新增、商品库存减少。当购物车商品减少时，商品库存需要增加，所以我们需要对 perform_create()方法进行重写。

通过查阅源码可以知道，视图类先调用 create()方法，然后在 create()方法中调用 perform_create()方法进行保存。因此，具体的重写内容在 perform_create()方法中，如以下代码所示。

```python
def perform_create(self, serializer):
    shop_cart = serializer.save()       #在购物车保存后返回实例对象
    print(shop_cart)
    goods = shop_cart.goods             #获取实例中的商品实例
    goods.stock_num -= shop_cart.goods_num #商品库存减去购物车中的购买数量
    goods.save()                        #商品实例的保存
```

可以用同样的方式处理购物车中其他的业务逻辑，比如，要在购物车中删除商品，则通过 perform_destroy()方法处理商品库存；要让购物车中商品数量的增加或者减少，则通过 perform_update()方法处理商品库存。

（3）创建路由。

打开本书配套资源中的"apps/order/urls.py"，在其中添加如下路由。

```
router.register('cart',views.CartViewset,basename="cart")
```

路由配置完成后，访问"http://localhost:8000/cart/"接口即可。由于该接口增加了权限认证，所以直接在页面上是无法进行调试的，将在 11.8.8 节中进行调试。

2. "生成订单"接口

订单模块作为整个商城的核心模块，贯穿商城的全部流程。订单模块涉及用户、商品、库存、订单、结算、支付等，所以在设计"生成订单"接口时，需要仔细考虑相关的问题。

在设计"购物车"接口时存在一个问题：当购物车商品数量增加或者减少时，需要对商品的库存进行处理；但是，在将商品加入购物车时，不会因为商品库存不足而进行告警；而在生成订单时，则必须要对商品的库存数量进行判断，这必然涉及多表操作，一旦进行多表操作，则需要用到事务处理。

在"生成订单"接口中，使用基于 APIView 的视图类来灵活设计。

打开本书配套资源中的"order/views.py"，增加 OrderView 类以处理订单提交，如以下代码所示。

```
class OrderView(APIView):
    authentication_classes = (JSONWebTokenAuthentication,
SessionAuthentication)
    @transaction.atomic
    def post(self,request):
        #订单编号
        order_sn=self.build_order_sn()
        print(order_sn)
        #联系人的相关信息
        contact_name=request.data['contact_name']
        contact_mobile = request.data['contact_mobile']
        memo = request.data['memo']
        pay_method=request.data['pay_method']
        address=request.data['address']
        order_total=0
        order_price=0
        #创建保存点
        save_id=transaction.savepoint()
        print(request.data)
        orderinfo=Order.objects.create(
            order_sn=order_sn,
            address=address,
            contact_name=contact_name,
            contact_mobile=contact_mobile,
            memo=memo,
            pay_method=pay_method,
            user=self.request.user,
        )
        #从购物车找到商品id，然后在商品表中判断库存是否够，如果不够则回滚并提示
        carts=Cart.objects.filter(user=request.user)
        for cart in carts:
            try:
                #悲观锁处理——啥都不干先加锁
```

```python
            goods=Goods.objects.select_for_update().get(id=cart.goods.id)
        except Goods.DoesNoExist:
            transaction.savepoint_rollback((save_id))
            return Response({'code':'1001','msg':'没有找到编号为'+cart.goods.id+'的商品,无法购买,估计你下手慢了,卖空了','data':[]})
        #如果购物车中的数量大于商品的库存量,则无法购买
        if cart.goods_num>goods.stock_num:
            transaction.savepoint_rollback((save_id))
            return Response(
                {'code': '1002', 'msg': '编号为' + str(cart.goods.id) + '的商品库存不够,无法购买,请过段时间再试', 'data': []})
        #商品库存减少
        goods.stock_num-=cart.goods_num
        #商品销量增加
        goods.amount+=cart.goods_num
        goods.save()
        #创建子表
        OrderGoods.objects.create(
            order=orderinfo,
            goods=goods,
            goods_num=cart.goods_num,
            price=goods.price
        )
        order_total+=cart.goods_num
        order_price+=cart.goods.price*cart.goods_num
    #订单主表中有一个"订单总金额"字段,会实时计算
    orderinfo.order_total=order_total
    orderinfo.order_price=order_price
    orderinfo.save()
    #删除购物车中的数据
    aa=Cart.objects.filter(user=request.user).delete()
    print(aa)
    #提交事务
    transaction.savepoint_commit(save_id)
    return Response(
        {'code': '200', 'msg': '订单生成成功', 'data': []})
def build_order_sn(self):
    order_sn = datetime.now().strftime('%Y%m%d%H%M%S') + str(self.request.user.id)
    return order_sn
```

上述代码的业务逻辑比较复杂,实际上做了以下工作。

(1) 生成订单编号。

这里采用简单地用"时间 + 用户 ID"生成订单编号,也可以用雪花算法实现。

（2）生成订单过程。

首先用 Order.objects.create()方法创建订单主表；然后根据购物车中的商品数据，在商品表中判断商品库存是否满足；之后，创建订单子表；最后，计算订单总价格和总数量。

在生成订单过程中，环节众多，很容易出错，遵循接口的幂等性设计可以避免一些问题。

（3）接口的幂等性设计。

先来看这样一个场景：小李在某个电商平台购物，在付款时不小心连续点击了多次支付（假设可以多次点击）。如果服务器不做任何处理，则小李的账户的钱会被扣多次。这显然是不合适的。幂等性设计就用来防止接口的重复无效请求。

简单来说，幂等就是一个操作多次执行产生的结果和一次执行产生的结果是一样的。对于接口来说，无论执行多少次，最终的结果都是一样的。

有些操作天生就是幂等性的，比如，数据库中的查询 select 语句和 delete 语句；在创建业务订单时，一次业务请求只能创建一个订单，不能创建多个订单。

接口的幂等性设计很重要，有多种实现方案。这里使用数据库的悲观锁和乐观锁来实现。

- 悲观锁。

悲观锁指，为了避免冲突，在每次去获取数据时都认为别人会修改，于是会上锁。如果别人需要操作数据，只能等待拿到锁才可以。简单来说，悲观锁在获取数据时先加锁再获取。悲观锁一般会伴随事务一起使用。

比如，在插入一条数据时，需要判断表中是否存在相应的数据。大致的代码如下。

```
#悲观锁处理——啥都不干先加锁
goods=Goods.objects.select_for_update().get(id=cart.goods.id)
```

- 乐观锁。

乐观锁指，在查询时不锁数据，在提交更改时进行判断。比如，在查询数据库中商品的库存 stock_num 时不锁数据，在更新数据库中商品库存时，会将原先查询到的库存数量和商品 ID 一起作为更新的条件：

> 如果返回的受影响行数为 0，则说明没有修改成功，即别的进程修改了该数据，则你回滚到之前没有进行数据库操作时的状态。

➢ 如果执行了这个过程多次，超过设置的次数还是不能修改成功，则直接返回错误信息。

大概的代码如下。

```
update d_goods set stock_num=0, amount=1 where id=3 and stock_num=1;
```

（4）事务处理。

在 Django 中，可以通过 django.db.transaction 模块提供的 atomic()方法来定义一个事务，如以下代码所示。

```
from django.db import transaction
@transaction.atomic #装饰器
def post(self,request):
    #创建保存点
    save_id=transaction.savepoint()
    #你的 SQL 语句
    transaction.savepoint_rollback((save_id))
    #提交事务
    transaction.savepoint_commit(save_id)
```

上述代码可以结合"生成订单"接口中的 OrderView 类进行分析。

3. "查询我的订单"接口

"查询我的订单"接口，主要使用 OrderView 视图类中的 get()方法来实现。

（1）增加视图类中的 get()方法。

打开本书配套资源中的"order/views.py"，增加 get()方法，如以下代码所示。

```
class OrderView(APIView):
    authentication_classes = (JSONWebTokenAuthentication, SessionAuthentication)
    def get(self,request):
        # 判断用户是否登录
        user = self.request.user
        print(user)
        if not user.is_authenticated:
        # 用户未登录
            return CustomResponse(code=401, msg="401-UNAUTHORIZED", status=status.HTTP_401_UNAUTHORIZED)
        orders = Order.objects.filter(user=request.user)
        order_json = OrderModelSerializer(orders, many=True)
        return CustomResponse(data=order_json.data, code=200, msg="OK", status=status.HTTP_200_OK)
```

（2）配置路由并访问。

打开本书配套资源中的"apps/order/urls.py"，在其中添加如下代码。

```
…
urlpatterns = [
    path('order/',views.OrderView.as_view()),
    path("",include(router.urls))
]
```

在配置完成后，可以访问接口"http://localhost:8000/order/"。由于这个接口增加了权限认证，所以在页面上无法直接调试，将在 11.7.10 节中进行调试。

8.6.4 基础接口——"地址信息"接口

"地址信息"接口主要用来提供用户的配送地址，包含省、市、区域、详细地址、联系人、联系人电话，以及是否为默认配送地址等信息。

1. 创建模型类

打开本书配套资源中的"basic/models.py"，增加 Address 类，如以下代码所示。

```
class Address(models.Model):
    province=models.CharField(max_length=50, default="",verbose_name="省份")
    city = models.CharField(max_length=50, default="", verbose_name="城市")
    district=models.CharField(max_length=50,default="", verbose_name="区域")
    address=models.CharField(max_length=100,default="",verbose_name="详细地址")
    contact_name=models.CharField(max_length=20,default="",verbose_name="联系人")
    contact_mobile =models.CharField(max_length=11, default="",verbose_name="联系电话")
    user=models.ForeignKey(MyUser, verbose_name="用户",on_delete=models.DO_NOTHING)
    is_default=models.IntegerField(default=0,verbose_name="是否为默认配送地址")
    create_date = models.DateTimeField(default=datetime.now, verbose_name="创建时间")
```

2. 创建序列化类

打开本书配套资源中的"apps/basic/serializers.py"文件，新增序列化类 AddressModelSerializer，如以下代码所示。

```python
class AddressModelSerializer(serializers.ModelSerializer):
    user = serializers.HiddenField(default=serializers.
CurrentUserDefault())
    class Meta:
        model=Address
        fields="__all__"
    def create(self, validated_data):
        is_default=validated_data["is_default"]
        print(is_default)
        if is_default==1:
            #取消其他的默认，批量更新为1
            Address.objects.filter(is_default=1).update(is_default=0)
        return Address.objects.create(**validated_data)
    def update(self, instance, validated_data):
        is_default = validated_data["is_default"]
        print(is_default)
        if is_default== 1:
            # 取消其他的默认，批量更新为1
            Address.objects.filter(is_default=1).update(is_default=0)
        print(instance)
        instance.is_default=is_default
        instance.save()
        return  instance
```

在上述代码中，重写了 create()方法，以实现"在配送地址中只能有一个默认地址"；重写了 update()方法，以实现"修改已有信息的默认地址"的功能。

3. "地址信息"接口的增加、删除、修改和查询

打开本书配套资源中的"basic/views.py"，新建视图类 AddressViewset，如以下代码所示。

```python
class AddressViewset(CustomModelViewSet):
    permission_classes = (IsAuthenticated, IsOwnerOrReadOnly)
    authentication_classes = (JSONWebTokenAuthentication,
SessionAuthentication)
    serializer_class = AddressModelSerializer #设置序列化类
    filter_backends = (DjangoFilterBackend,)
    filter_fields = ('is_default',)
    def get_queryset(self):
        return Address.objects.filter(user=self.request.user)
```

在上述代码中，增加了验证类和权限，重写了 get_queryset()方法，获取了当前用户的默认配送地址。"地址信息"接口需要实现增加、删除、修改和查询功能，可以直接继承 CustomModelViewSet 类来实现。

4. 路由配置及其测试

打开本书配套资源中的"apps/basic/urls.py",在其中添加如下路由。

```
router.register('address',views.AddressViewset,basename="address")
```

在配置完成后,可以访问接口"http://localhost:8000/address/"。由于该接口增加了权限认证,所以在页面上无法直接调试,将在 11.8.10 节中进行调试。

8.7 【实战】利用 DRF 生成接口文档

在开发完商城系统的接口后,需要对外发布一个标准的、具备调试功能的接口文档。DRF 框架已经帮我们做好了这一切,只需要简单设置即可。

8.7.1 安装依赖

DRF 框架生成接口文档需要 coreapi 库的支持,使用如下命令安装。

```
pip install coreapi
```

8.7.2 配置文件

打开本书配套资源中的"myshop/urls.py",在其中添加如下代码。

```
from rest_framework.documentation import include_docs_urls
path('docs/', include_docs_urls(title='我的商城接口文档'))
```

打开本书配套资源中的"settings.py",在其中添加如下代码。

```
REST_FRAMEWORK = {
    …
    #否则会提示 'AutoSchema' object has no attribute 'get_link'
    'DEFAULT_SCHEMA_CLASS':'rest_framework.schemas.coreapi.AutoSchema'
}
```

8.7.3 测试

访问"http://localhost:8000/docs/",结果如图 8-28 所示。单击"Interact"按钮即可进入调用界面。

图 8-28

8.8 【实战】利用 Swagger 服务让接口文档更专业

Swagger 是一个用于生成、描述和调用 RESTful 接口的 Web 服务。通俗来讲，Swagger 服务就是将项目中所有对外提供的接口展现在页面上，并且可以在线进行接口的调用和测试。

在使用 DRF 框架进行接口开发时，可以使用 django-rest-swagger 库实现 Swagger 服务，从而自动生成接口文档。

8.8.1 安装配置 django-rest-swagger

使用如下命令安装 django-rest-swagger 库。

```
pip install django-rest-swagger
```

安装成功后显示如下。

```
Successfully installed django-rest-swagger-2.2.0 openapi-codec-1.3.2
```

打开本书配套资源中的"settings.py"，在 INSTALLED_APPS 中增加如下配置项。

```
INSTALLED_APPS = [
    …
    'rest_framework_swagger'
]
```

8.8.2 配置视图类

如果要对接口文档中的方法进行注释说明，则直接在该类下添加注释即可，如以下代码所示。注释中的方法名称要和该类所包含的方法名称一样。

```python
class GoodsView_Custom(CacheResponseMixin,CustomModelViewSet):
    """
    list:
        返回所有数据
    retrieve:
        返回单条数据实例
    create:
        新增数据
    update:
        修改数据
    partial_update:
        修改部分数据
    delete:
        删除数据
    """
```

8.8.3 配置路由

打开本书配套资源中的"myshop/urls.py",在其中添加如下代码。

```python
from rest_framework.schemas import get_schema_view
from rest_framework_swagger.renderers import SwaggerUIRenderer, OpenAPICodec
schema_view=get_schema_view(title='我的商城接口文档', renderer_classes=[SwaggerUIRenderer, OpenAPICodec])
urlpatterns = [
    …
    path('docs2/', schema_view, name='docs')
]
```

8.8.4 运行效果

访问"http://localhost:8000/docs2/",结果如图 8-29 所示。

图 8-29

具体过程请读者动手试试。

第 9 章
分层的自动化测试

众所周知,自动化测试已经成为软件项目中不可或缺的测试方法。自动化测试可以降低人力和时间的投入,提高测试效率。自动化测试,是把"以人为驱动的测试行为"转化为"机器执行代码的测试行为"的一种过程。

一般来说,在设计并确定测试用例之后,由测试人员根据测试用例一步一步地执行测试,进行实际结果与期望结果的比较。

传统的自动化测试,更关注用户界面层的测试。

分层的自动化测试,倡导产品的不同阶段(层次)都需要进行自动化测试。

9.1 分层的自动化测试

分层的自动化测试分为单元自动化测试、接口自动化测试和用户界面自动化测试。

在分层测试策略中,各层工作有明确的测试重心,测试工作逐层螺旋上升。这样,一方面促使开发和测试一体化,提高测试效率;另一方面也可以尽早发现程序缺陷,降低缺陷修复成本。

图 9-1 为测试分层金字塔模型图。在金字塔中模型中,三种测试的比例要根据实际的项目需求来划分。

在《Google 测试之道》一书中说，对于 Google 产品，70%的投入为单元自动化测试，20%为接口自动化测试，10%为用户界面自动化测试。

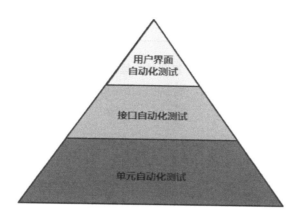

图 9-1

三层中每一层对应着测试的收益大小。从图 9-1 可以看出：单元自动化测试的收益是最大的，其次是接口自动化测试，最后是用户界面自动化测试。

- 单元自动化测试：颗粒度最小，主要以类和方法为主，测试用例比较容易编写，在出现问题后容易快速定位问题。
- 接口自动化测试：颗粒度粗一些，以模块之间的数据交互为主，定位问题相对复杂。
- 用户界面自动化测试：主要在用户界面中进行，由于用户界面经常发生变化，导致测试脚本频繁改动，维护成本较高。

9.1.1　单元自动化测试

单元自动化测试是指，对软件中的最小可测试单元进行检查和验证。

最小可测试单元要根据实际情况去判断。在 Python 中，它指一个函数或者方法。可以使用 Python 中的 unittest 框架进行单元自动化测试。

9.1.2　接口自动化测试

在接口编写完成之后交付使用之前，必须经过一系列的测试。

接口测试的工作原理：接口测试工具模拟客户端向服务器发送报文请求；服务器接收请求并做出响应，然后向客户端返回应答信息；接口测试工具对响应消息进行解析。

在分层测试的"金字塔"模型中,接口自动化测试属于第 2 层测试范畴。

相比用户界面自动化测试,接口自动化测试更容易实现,维护成本更低,有着更高的投入产出比。再加上现在开发大多采用前后端分离模式,所以,接口自动化测试是很多公司开展自动化测试的首选。

目前我们的接口大都使用 HTTP 协议,其测试的基本原理:模拟前端(客户端)向服务器发送数据,得到相应的响应数据,从而判断接口是否可以正常地进行数据交换。

测试过程中有两种方式:

- 利用 Postman 工具模拟客户端发起 HTTP 请求。
- 使用 Python 脚本直接编写程序模拟客户端发起 HTTP 请求。

9.1.3 用户界面自动化测试

用户界面是用户使用产品的入口,所有的功能都是通过用户界面提供给用户的。因此,用户界面的测试工作占据着重要的部分。

进行用户界面测试的一个简单方法:让一个测试人员在待测试应用上执行一系列用户操作,以验证结果是否正确。这种人工的方法是耗时的、烦琐的,且容易出错的。

更有效的方法:编写用户界面测试用例,以自动化的方式执行用户操作。

自动化的方式可以使用重复的方式快速可靠地运行测试用例。目前主流的测试工具为 Selenium、Robot FrameWork 等框架。

9.2 单元自动化测试

一般使用 unittest 框架来完成 Python 项目的单元自动化测试。

9.2.1 认识单元测试框架 unittest

unittest 是 Python 自带的一个单元测试框架,无须安装,使用简单方便。它支持自动化测试、测试用例之间共享 SetUp(测试前的初始化工作)和 TearDown(测试后的清理工作)的代码部分、将测试用例合并为套件执行,以及将测试结果展示在报告中。

unittest 框架中包含 4 个重要的概念。

（1）测试用例（Test Case）。

测试用例是 unittest 中执行测试的最小单元。unittest 提供了一个名为 TestCase 的基础类，可以通过继承该类来创建测试用例。TestCase 类中常用方法见表 9-1。

表 9-1

方 法	含 义
SetUp()	在测试方法运行前执行，进行测试前的初始化工作
TearDown()	在测试方法运行结束后执行，进行测试后的清理工作
setUpClass()	必须使用@classmethod 装饰器，在所有用例运行之前只运行一次
tearDownClass()	必须使用@classmethod 装饰器，在所有用例运行完之后只运行一次

（2）测试套件（Test Suite）。

测试套件是指一组测试用例，它将测试用例集合在一起。执行一个测试套件，相当于执行当前组内所有的测试用例。

（3）测试运行（Test Runner）。

测试运行是指执行测试用例，并将测试结果保存。在结果中包括运行了多少测试用例、成功了多少、失败了多少等信息。

（4）测试固件（Test Fixture）。

测试固件可以被简单理解为，在测试之前或者测试之后固定要做的一些动作。比如，在测试前的连接数据库、打开浏览器等操作；在测试后，关闭数据库、清理文件等操作。

9.2.2 【实战】用 unittest 进行单元测试

下面开发一个最简单的测试用例来进行单元测试。

（1）创建测试类。

新建文件"myshop-test/unittest_test/calc.py"，在其中添加如下代码。

```
class Calc:
    def __init__(self, a,b):
        self.a=a
        self.b=b
    def add(self):
        return self.a+self.b
    def sub(self):
        return self.a-self.b
```

（2）创建测试类。

在编写单元测试用例时，需要从 unittest.TestCase 类继承。unittest.TestCase 类提供了很多断言（assert）方法，通过这些断言方法可以验证一组特定的操作的响应结果。最常用的断言是 assertEqual()方法。

新建文件 "myshop-test/unittest_test/calc_testcase.py"，在其中添加如下代码。

```python
import unittest
from calc import Calc
class TestCalcMethod(unittest.TestCase):
    def setUp(self):
        self.filename="TestCase.log"
        self.file=open(self.filename,mode='a',encoding='utf-8')
        self.file.writelines("在每个测试用例执行之前都会调用"+'\n')
    #测试函数必须以 test 开头
    def test_add(self):
        result=Calc(2,3).add()
        try:
            self.assertEqual(result,4)
        except AssertionError as e:
            self.file.writelines(f'测试异常为{e}'+'\n')
            raise e
        else:
            self.file.writelines(f'测试通过'+'\n')
    #测试函数必须以 test 开头
    def test_sub(self):
        result=Calc(2,3).sub()
        try:
            self.assertEqual(result,-1)
        except AssertionError as e:
            self.file.writelines(f'测试异常为{e}'+'\n')
            raise e
        else:
            self.file.writelines(f'测试通过'+'\n')
    def tearDown(self):
        self.file.writelines("测试用例执行结束"+'\n')
        self.file.close()
if __name__=='__main__':
    unittest.main()
```

在上述代码中，加粗部分使用了断言方法 assertEqual()来判断测试结果是否达到预期。

执行后，输出 TestCase.log 文件，内容如下。

在每个测试用例执行之前都会调用

```
测试异常为 5 != 4
测试用例执行结束
在每个测试用例执行之前都会调用
测试通过
测试用例执行结果
```

（3）unittest 断言。

在 unittest 框架中提供了很多断言方法，目的是检查测试的结果是否达到预期，并在断言失败后抛出失败的原因。

常用的断言方法见表 9-2。

表 9-2

断言方法	断言描述
assertEqual(a, b)	a == b 为 True，断言 a 和 b 是否相等，如果相等则测试用例通过
assertNotEqual(a, b)	a != b 为 True，断言 a 和 b 是否相等，如果不相等则测试用例通过
assertTrue(x)	bool(x) is True，断言 x 是否为 True，如果为 True 则测试用例通过
assertFalse(x)	bool(x) is False，断言 x 是否为 False，如果为 False 则测试用例通过
assertIs(a, b)	a is b 为 True，断言 a 是否是 b，如果是则测试用例通过
assertIsNot(a, b)	a is not b 为 True，断言 a 是否是 b，如果不是则测试用例通过

9.2.3 【实战】用 HTMLTestRunner 生成 HTML 报告

一般都将测试结果生成 HTML 报告。

（1）创建 TestSuite。

新建文件"myshop-test/unittest_test/calc_testsuits.py"，在其中添加如下代码。

```
import unittest
from calc import Calc
from calc_testcase import TestCalcMethod
#创建测试套件
suit=unittest.TestSuite()
#加载所有的测试类
suit.addTest(unittest.TestLoader().loadTestsFromTestCase(TestCalcMethod)
)
```

（2）使用 HTML 方式输出。

在本书配套代码中提供了 HTMLTestRunnerNew.py 文件，需要将该文件放置到"myshop-test/unittest_test"目录下。之后，通过 VS Code 终端命令行执行如下 pip 命令。

```
pip install html-testRunner
```

新建文件"myshop-test/unittest_test/calc_testsuits_html.py"，在其中添加如下代码。

```
import unittest
import HTMLTestRunnerNew
from calc import Calc
from calc_testcase import TestCalcMethod
import calc_testsuits as suit1
with open('report.html','wb')as fb:
    test_run = HTMLTestRunnerNew.HTMLTestRunner(stream=fb,verbosity=2,
title = '测试报告',description='...', tester='yang')
    test_run.run(suit1.suit)
```

执行后输出 report.html 文件，结果如图 9-2 所示。

图 9-2

9.2.4 【实战】用 Pytest 进行单元测试

Pytest 是一个非常成熟的、全功能的 Python 测试框架，主要特点如下：

- 简单灵活，文档丰富。
- 支持参数化。
- 支持简单的单元测试和复杂的功能测试，如接口自动化测试和用户界面自动化测试。
- 支持众多第三方插件，如 pytest-html（支持生成 HTML 格式测试报告）等，还可以自定义功能扩展。
- 可以与持续集成工具 Jenkins 完美结合。

1. 测试用例编写规则

需要遵循以下几个规则：

- 测试文件以"test"开头或者"test"结尾。
- 测试类以"Test"开头，且不能带有 init() 方法。
- 在测试类中可以包含一个或者多个以"test"开头的方法。
- 断言使用基本的 assert() 方法即可。

2. 安装

安装以下两个包。

```
pip install pytest
pip install pytest-html            #将测试结果生成 HTML 文件
```

3. 编写类文件

新建文件"myshop_test/pytest_test/calc.py"，在其中添加如下代码。

```
class Calc:
    def add(self,a,b):
        c=a+b
        return c
    def sub(self,a,b):
        c=a-b
        return c
```

4. 编写测试类

新建文件"myshop_test/pytest_test/calc_test.py"，在其中添加如下代码。

```
import pytest
from calc import Calc
class TestCalc():                    #类名需要以"test"开头，否则找不到
    def setup_class(self):
        print("在每个类之前执行一次"+'\n')
    def teardown_class(self):
        print("在每个类之后执行一次"+'\n')
    def setup_method(self):
        print("在每个方法之前执行")
    def teardown_method(self):
        print("在每个方法之后执行")
    #测试函数必须以"test"开头
    def test_add(self):
        c=Calc()
        result=c.add(2,3)
        assert result==5
```

```python
#测试函数必须以"test"开头
    def test_sub(self):
        c=Calc()
        result=c.sub(2,3)
        assert result==-2
if __name__=='__main__':
    pytest.main(["-s","-v","--html=pytest_test/report/report.html",
"pytest_test/calc_test.py"])
```

在上述代码中，setup_class()方法、teardown_class()方法分别在类开始、结束时执行；setup_method()方法、teardown_method()方法分别在类中的方法开始和结束处执行。若测试用例没有执行或失败，则不会执行teardown()方法。

其中，参数-s 用于显示打印信息，参数-v 用于输出详细信息。

5. 执行结果

代码执行结果如图 9-3 所示。可以看出当前有两个测试用例：一个测试用例断言成功；另一个测试用例断言失败，并在断言失败后抛出了失败信息。

```
PS E:\python_project\myshop-test> & D:/Python/Python38/python.exe e:/python_project/myshop-test/pytest_test/calc_test.py
============================= test session starts =============================
platform win32 -- Python 3.8.2, pytest-6.0.1, py-1.9.0, pluggy-0.13.1 -- D:\Python\Python38\python.exe
cachedir: .pytest_cache
metadata: {'Python': '3.8.2', 'Platform': 'Windows-10-10.0.19041-SP0', 'Packages': {'pytest': '6.0.1', 'py': '1.9.0', 'pluggy': '0.13.1'}, 'Plugins': {'Faker': '4.1.
HOME': 'D:\\Java\\jdk1.8.0_261'}
rootdir: E:\python_project\myshop-test
plugins: Faker-4.1.2, html-3.1.1, metadata-1.11.0
collected 2 items         ← 两个测试用例

pytest_test/calc_test.py::TestCalc::test_add 每个类之前执行一次
在每个方法之前执行        测试用例断言成功
PASSED在每个方法之后执行
pytest_test/calc_test.py::TestCalc::test_sub 在每个方法之前执行
FAILED在每个方法之后执行
每个类之后执行一次         测试用例断言失败

================================== FAILURES ===================================
_____ TestCalc.test_sub _____

self = <pytest_test.calc_test.TestCalc object at 0x0000017F61D1C610>

    def test_sub(self):
        c=Calc()
        result=c.sub(2,3)
>       assert result==-2         断言失败的信息
E       assert -1 == -2
E        +-1
E        --2

pytest_test\calc_test.py:28: AssertionError
-------- generated html file: file://E:\python_project\myshop-test\pytest_test\report\report.html --------
========================== short test summary info ===========================
FAILED pytest_test/calc_test.py::TestCalc::test_sub - assert -1 == -2
                                                   1 failed, 1 passed in 0.29s      统计信息
```

图 9-3

并生成了 HTML 格式的测试报告，美观大方，如图 9-4 所示。

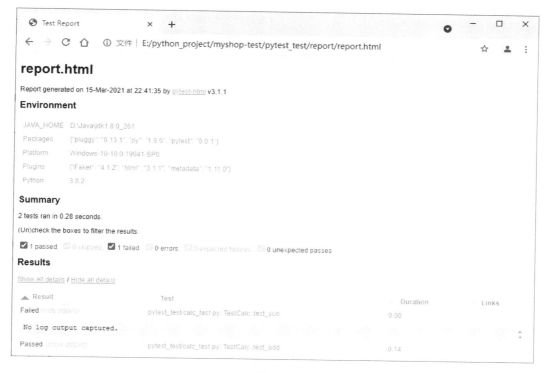

图 9-4

9.2.5 【实战】在 Django 中编写和运行测试用例

Django 项目的所有应用中都有一个 tests.py 文件。可以在该文件中编写测试用例。

1. 编写测试用例

打开本书配套资源中的"app9/tests.py",在其中添加如下代码。

```
from django.test import TestCase
from app9.models import Goods
class TestGoodModel(TestCase):
    def setUp(self):
        self.good=Goods.objects.create(name='大枣',market_price=99,price=89,category_id=1)
    def test_goodmodel(self):
        good=Goods.objects.get(id=self.good.id)
        self.assertEqual(good.price,89)
```

2. 执行测试用例

在 Django 中,通过 test 命令可以查找并运行所有的测试用例。

```
python manage.py test            #运行所有的测试用例
python manage.py test app9       #运行 app9 下的测试用例
```

执行结果如下。

```
PS E:\python_project\myshop-test> python .\manage.py test
Creating test database for alias 'default'...
System check identified no issues (0 silenced).
.
----------------------------------------------------------------------
Ran 1 test in 0.016s

OK
Destroying test database for alias 'default'...
```

从执行结果中可以看到，有一个测试用例执行完成，结果为 OK。

3. 解决在 MySQL 中字符集不支持中文的错误

执行 test 命令时，可能会提示如下错误。

```
django.db.utils.OperationalError: (1366, "Incorrect string value: '\\xE7\\x94\\xA8\\xE6\\x88\\xB7...' for column 'name' at row 1")
```

原因是，MySQL 的默认字符集不支持中文。可以修改 MySQL 的默认字符集为 UTF-8。

修改 MySQL 路径下的 my.ini 文件：

```
[mysql]
# 设置 MySQL 客户端的默认字符集
default-character-set=utf8
…
[mysqld]
# 服务端使用的字符集
character-set-server=utf8
init_connect='SET NAMES utf8'
…
[client]
default-character-set=utf8
…
```

重启 MySQL 服务后再次执行 test 命令即可。

9.3 接口自动化测试

接口自动化测试主要使用 Postman 工具，以及"Python + unittest"编程方式。

9.3.1 【实战】进行 Postman 测试

Postman 是一款功能强大的网页调试、HTTP 请求发送及接口测试的工具。它能够模拟各种 HTTP Request 请求，如 GET、POST、PUT、DELETE 等。

它软件功能强大，界面简洁明晰、操作方便快捷、设计人性化，常用于 Web 开发、接口测试。

1. 发起 GET 请求

打开 Postman 工具，选择"GET"动作，在文本框中输入接口 URL，将地址设为 "http://localhost:8000/users/"（用来获取用户信息），如图 9-5 所示。之后单击"Send"按钮，发起一次请求并返回响应。

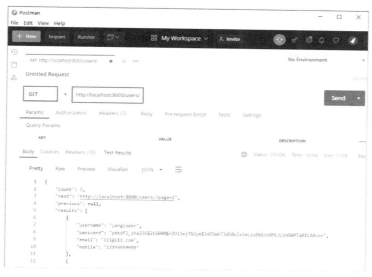

图 9-5

2. 发起 POST 请求

在发起 POST 请求时，需要在 Body 区域中设置 POST 请求的参数。各个参数的含义如下。

- form-data：HTTP 请求中的"multipart/form-data"。它会将表单数据处理为一条消息，以标签为单元，用分隔符分开。
- x-www-form-urlencode：HTTP 请求中的"application/x-www-from-urlencoded"。它会将表单数据转换为键值对，比如"username=yang&password=123"。
- raw：可以发送任意格式的接口数据，可以 Text、JSON、XML、HTML 等格式。
- binary：HTTP 请求中的"Content-Type:application/octet-stream"。它允许用户发送图像、音视频等文件，但一次只能发送一个文件。

以用户登录接口为例，URL 为 "http://localhost:8000/login/"，POST 参数为 username 和 password。单击 "Send" 按钮发起请求，返回结果如图 9-6 所示。

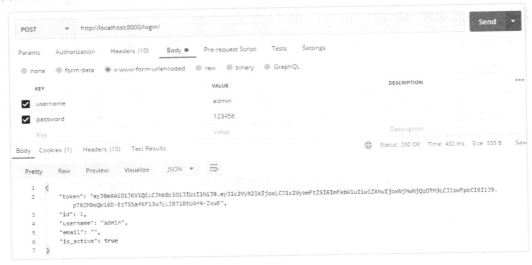

图 9-6

Postman 工具还有很多功能，感兴趣的读者可以深入研究一下。

9.3.2 【实战】用 "Requests + Pytest" 实现接口自动化测试

接下来用 "Requests + Pytest" 实现接口自动化测试。

1. 使用 Requests 库请求接口

Requests 库是一个使用 Python 语言基于 urllib 库编写的第三方库，采用的是 Apache2 Licensed 开源协议的 HTTP 库。Requests 库比 urllib 库更加方便，可以节约大量的工作。

Requests 库支持 HTTP 连接保持和连接池，支持使用 Cookie 保持会话、文件上传、自动确定响应内容的编码、国际化的 URL 和 POST 数据自动编码。

Requests 库是第三方库，使用 pip 方式进行安装：

```
pip install requests
```

Requests 库中 get()方法用于获取网页信息。用该方法请求目标网站，返回一个 response 对象。response 对象的常用属性和方法如图 9-7 所示。

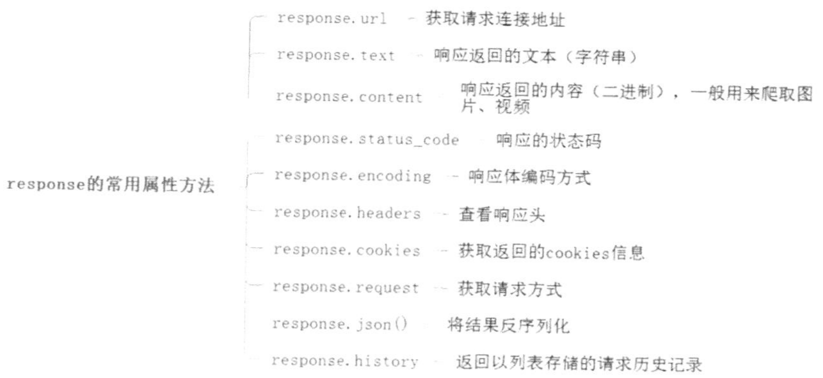

```
response的常用属性方法 ┬ response.url        - 获取请求连接地址
                    ├ response.text       - 响应返回的文本（字符串）
                    ├ response.content    - 响应返回的内容（二进制），一般用来爬取图
                    │                      片、视频
                    ├ response.status_code - 响应的状态码
                    ├ response.encoding   - 响应体编码方式
                    ├ response.headers    - 查看响应头
                    ├ response.cookies    - 获取返回的cookies信息
                    ├ response.request    - 获取请求方式
                    ├ response.json()     - 将结果反序列化
                    └ response.history    - 返回以列表存储的请求历史记录
```

图 9-7

可以使用 Requests 库中的 post() 方法向网页提交信息。该方法通过表单这种更为安全的方式向服务器传递查询数据。可以通过浏览器的 F12 键（开发者工具）查看获取的表单数据。

2. 编写接口测试用例

新建文件"pytest_test/test_api.py"文件，在其中添加如下代码。

```python
import requests
import pytest
host = "http://localhost:8000"
class IndexTestCase():
    def testIndexCategoryList(self):
        url = host + "/goods/goodscategory"
        response = requests.get(url)
        assert response.status_code==200, "分类接口状态正常"
        assert len(response.content) > 0, "分类列表不为空"
        cates = response.json().get('results')
        for cate in cates:
            assert len(cate['name']) > 0, "分类 id=" + str(cate['id'])
    def testIndexGoods(self):
        url = host + "/goods/goods"
        response = requests.get(url)
        assert response.status_code==200, "商品接口状态正常"
        assert len(response.content) > 0, "商品列表不为空"
        cates = response.json().get('results')
        for cate in cates:
            assert len(cate['name']) > 0, "商品 id=" + str(cate['id'])
if __name__ == '__main__':
    pytest.main(["-s","-v","pytest_test/test_api.py"])
```

在上述代码运行之前，请启动 myshop-api 接口项目，以确保接口能正常运行。

9.4 用户界面自动化测试

用户界面自动化测试主要使用 Selunium 库。

9.4.1 认识自动化测试 Selenium 库

Selenium 库是一个免费的分布式的自动化测试工具,支持多平台(如 Windows、Linux、MAC),支持多浏览器(如 Internet Explorer、Firefox、Safari、Opera、Google Chrome),支持多语言(如 Java、Ruby、Python、C#)。

Selenium 库包含操纵浏览器进行各种操作动作,如打开新窗口、单击、双击、浏览器前进和后退、寻找下拉列表等。简单来说,Selenium 库就是一个通过代码驱动,从而实现各种动作的浏览器。在遇到一些复杂的网页,各种方式都无法获取数据时,不妨尝试一下 Selenium 库。

9.4.2 安装 Selenium 库

使用 pip 命令安装 Selenium 库,如以下代码所示。

```
pip install selenium
```

Selenium 库在安装后,还没法被直接使用。Selenium 库调用浏览器,必须有一个 webdriver 驱动文件。本书中使用的是 Google Chrome 浏览器,版本号为 92.0.4515.107,如图 9-8 所示。

图 9-8

因此,需要下载一个 Google Chrome 版本的驱动文件。通过国内淘宝镜像下载,速度很快,如图 9-9 所示。

这里有很多驱动文件,到底选择哪个呢?笔者的 Google Chrome 浏览器版本号是 92.0.4515.107,首先选择同版本号的,如果找不到则选择一个接近的版本。单击进入下载页面,如图 9-10 所示。

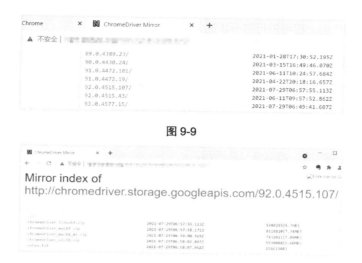

图 9-9

图 9-10

Chrome 驱动文件分为 Windows、Linux 和 Mac 版本，读者可以根据自己的情况选择合适的版本。本书的测试环境是 Windows 平台，下载 Windows 版本即可。下载后，解压缩到本实例下，如：E:\python_project\myshop-test\selenium_test\chromedriver.exe。

9.4.3 基本使用

打开本书配套资源中的"selenium_test\selenium_1.py"，在其中添加如下代码。

```
from selenium import webdriver
import os
cur_path=os.path.dirname(__file__)
filename=os.path.join(cur_path,"chromedriver.exe")
browser = webdriver.Chrome(filename)      #声明浏览器
url = 'https://www.baidu.com'
browser.get(url)                          #打开浏览器预设网址
print(browser.page_source)                #打印网页源代码
#browser.close()                          #关闭浏览器
```

代码执行后，会打开 Google Chrome 浏览器，界面中显示 Chrome 正受自动测试软件的控制，如图 9-11 所示。同时，在 VS Code 控制台中会显示首页的源代码。

图 9-11

得到了页面的源代码,即可进行进一步的分析。

9.4.4 页面元素定位的方法

一般来说,在获取页面源代码后即可进行页面元素定位了。页面元素定位的常用方法有 find_element_by_id()、find_element_by_name()、find_elements_by_id()、find_elements_by_name()等。

接下来介绍这 8 种方法,如图 9-12 所示。

图 9-12

下面以京东商城首页为例,介绍页面元素的定位方法。

打开京东首页,查看网页源代码,找到分类导航链接,如图 9-13 所示。

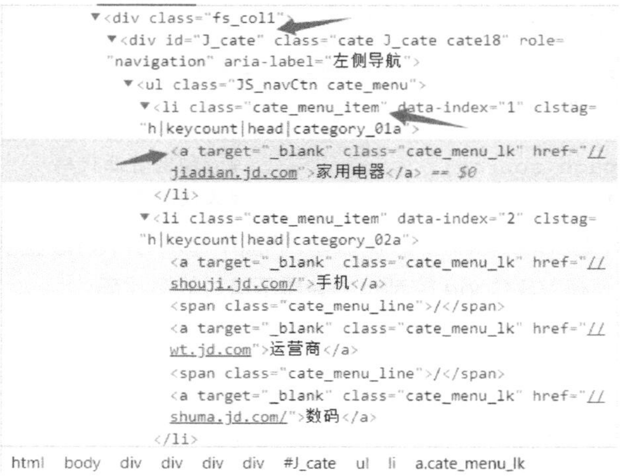

图 9-13

在图 9-13 中，箭头处既有页面元素的 id，又也页面元素的 class 名称。下面通过代码演示 find_element_by_id()方法和 find_elements_by_class_name()方法对页面元素的定位。

新建文件 "myshop-test\selenium_test\selenium_find_id.py"，在其中添加如下代码。

```
...
filename= os.path.join(cur_path,"chromedriver.exe")
browser = webdriver.Chrome(filename)     #声明浏览器
url = 'https://www.jd.com/'
browser.get(url)      #打开浏览器预设网址
cata_text=browser.find_element_by_id("J_cate")
print(cata_text.text)
print('*********')
cata_names=browser.find_elements_by_class_name("cate_menu_item")
for x in cata_names:
    print(x.text)
browser.close()#关闭浏览器
```

代码执行结果如下，其中，find_element_by_id()和 find_elements_by_class_name()方法结果一样。

```
家用电器
手机 / 运营商 / 数码
电脑 / 办公
家居 / 家具 / 家装 / 厨具
男装 / 女装 / 童装 / 内衣
安装 / 维修 / 清洗 / 二手
工业品
...
*********
家用电器
手机 / 运营商 / 数码
电脑 / 办公
家居 / 家具 / 家装 / 厨具
男装 / 女装 / 童装 / 内衣
安装 / 维修 / 清洗 / 二手
工业品
...
```

9.4.5 Selenium 库的高级用法

Selenium 库还有一些高级用法，下面介绍部分用法。

1. 模拟单击事件

利用 Selenium 库，可以模拟文本框输入、鼠标的左键单击操作。比如，现在有这样一个需求：

自动打开百度首页，输入"python"关键字，并单击"百度一下"按钮，打开搜索结果页面。可以这么来实现：

（1）找到百度首页文本框的页面元素 id：在文本框里点击鼠标右键，在弹出菜单中选择"检查"，可以看到页面元素文本框的 id，如图 9-14 所示。

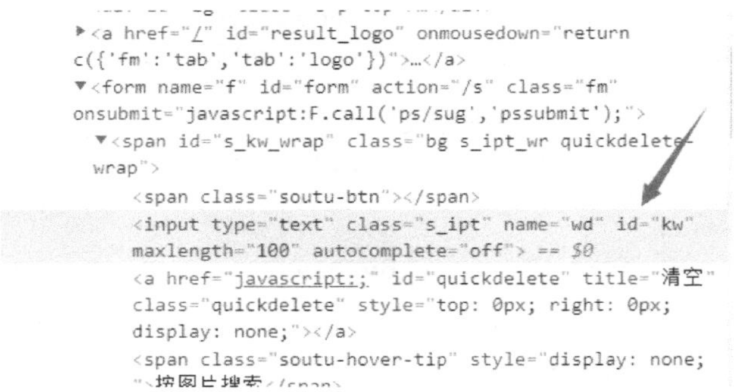

图 9-14

（2）模拟单击事件：新建文件"selenium_test\selenium_click.py"，在其中添加如下代码。

```python
…
filename= os.path.join(cur_path,"chromedriver.exe")
browser = webdriver.Chrome(filename)    #声明浏览器
url = 'https://www.baidu.com'
browser.get(url)       #打开浏览器预设网址
#获取页面的文本框 id
input_tag = browser.find_element_by_id('kw')
input_tag.send_keys('python')
# 按键盘上的 Enter 键
input_tag.send_keys(Keys.ENTER)
#休息 2s
time.sleep(2)
print(browser.page_source)   #打印网页源代码
browser.close()      #关闭浏览器
```

（3）执行上述代码后会自动打开浏览器，自动导航到百度网站，自动在搜索框中输入"python"，并按键盘上的 Enter 键，打开搜索页面。请读者进行测试。

2. 隐藏浏览器

如果不想看到弹出浏览器，则可以使用 headless 模式（即无界面模式）。

无界面模式拥有完整的浏览器内核（包括 JavaScript 解析引擎、渲染引擎、请求处理等），但不显示和用户交互的页面。

Chrome 的无界面模式只有在 Chrome 59 以上版本中才可以使用。

使用无界面模式分为以下 3 个步骤：

（1）创建一个 ChromeOptions 对象。

（2）添加 headless 参数。

（3）在声明浏览器对象时传递 ChromeOptions 对象。

通过以下代码演示浏览器无界面模式。新建文件 "selenium_test\selenium_noview.py"，在其中添加如下代码。

```
…
filename= os.path.join(cur_path,"chromedriver.exe")
chrome_options = webdriver.ChromeOptions()
chrome_options.add_argument('--headless')
driver=webdriver.Chrome(filename,chrome_options=chrome_options)#声明浏览器
url = 'https://www.baidu.com'
driver.get(url)        #打开浏览器预设网址
print(driver.page_source)      #打印网页源代码
driver.close()   #关闭浏览器
```

3. 等待元素被加载

在使用 Selenium 库模拟浏览器操作时，浏览器解析页面是需要时间的。比如，在执行大量的 CSS 样式、复杂的 JavaScript 脚本等时，一些元素可能需要一段时间才能被加载出来。为了保证代码中的所有元素都能正常执行，页面必须等待。等待有两种方式——隐式等待和显式等待。

（1）隐式等待。

隐式等待是指，Selenium 库在数据爬取或者自动化测试过程中，为了等待页面显示完成或者查找某个元素，而设置了一个最长等待时间。如果在指定的时间内显示完成或找到了该页面元素，则执行下一步操作，否则继续等待直至达到最长等待时间。

通过 browser 对象的 implicitly_wait()方法来设置隐式等待时间，最长等待 10s。该方法在 browser.get()方法前设置，针对所有元素有效。

通过以下代码演示隐式等待。

新建文件 "selenium_test\selenium_waiting_1.py"，在其中添加如下代码。

```
…
filename= os.path.join(cur_path,"chromedriver.exe")
```

```
browser = webdriver.Chrome(filename)    #声明浏览器
browser.get('https://www.baidu.com')
#隐式等待:为了等待页面显示完成设置一个最长等待时间,这里设置为10s
browser.implicitly_wait(10)
input_tag=browser.find_element_by_id('kw')
input_tag.send_keys('python')
input_tag.send_keys(Keys.ENTER)
#content_left元素在具体的搜索结果页面中。如果没有打开搜索结果页面而直接查找该元素,则
会出现找不到该元素的错误
contents=browser.find_element_by_id('content_left')
print(contents.text)
browser.close()
```

代码执行后,等页面全部加载后才会正常显示数据。

(2)显式等待。

相比隐式等待,显式等待显得更加智能。WebDriverWait 类提供了 until()方法,该方法用于定义显式等待的条件,从而根据判断条件进行灵活等待。

推荐使用显式等待,它会让自动化测试和数据爬取更加智能化。

通过 WebDriverWait 类的 until()方法进行显式等待,其语法格式如下。

```
wait=WebDriverWait(browser,10)
wait.until(method, message='')
```

上述代码中的 until()方法是指,在规定等待的时间内,每隔一段时间调用一下 method()方法,直到该方法返回值为 True,如果超时,则抛出带有 message 的异常消息。该方法在 browser.get(url)方法之后设置。

通过以下代码演示显式等待。

新建文件 "selenium_test\selunium_waiting_2.py",在其中添加如下代码。

```
…
filename= os.path.join(cur_path,"chromedriver.exe")
browser = webdriver.Chrome(filename)    #声明浏览器
browser.get('https://www.baidu.com')
input_tag=browser.find_element_by_id('kw')
input_tag.send_keys('python')
input_tag.send_keys(Keys.ENTER)
#显式等待:定义一个显示等待的条件,直到条件满足才执行下一条语句
wait=WebDriverWait(browser,10)
```

```
wait.until(EC.presence_of_element_located((By.ID,'content_left')))
```
#content_left 元素在具体的搜索结果页面中。如果没有打开搜索结果页面而直接查找该元素，则会出现找不到该元素的错误
```
contents=browser.find_element(By.ID,'content_left')
print(contents.text)
browser.close()
```

4．当前浏览器窗口进行截屏

使用 save_screenshot() 方法可以将当前网页窗口保存成 png 文件，该方法只能保存当前窗口而不是网页长图。

通过以下代码只能将当前窗口进行截屏。

新建文件 "selenium_test\selenium_screen1.py"，在其中添加如下代码。

```
…
filename= os.path.join(cur_path,"chromedriver.exe")
savefilename=os.path.join(cur_path,'screen01.png')
browser = webdriver.Chrome(filename)      #声明浏览器
browser.get("https://www.phei.com.cn/")
# 将当前网页窗口保存为 screen01.png 文件，保存在当前目录下
browser.save_screenshot(savefilename)
browser.quit()
```

代码执行后生成网站截屏图片，但是该图片只显示当前窗口的内容。

如果要保存成网页长图，则需要以下 4 个步骤。

（1）隐藏窗口界面。

（2）调用 JavaScript 函数获取当前浏览器的带滚动条的宽和高。

（3）调整浏览器的实际窗口大小。

（4）延迟几秒，因为有些网页使用了图片延迟加载技术。否则保存下来的部分图片是空白的。

通过以下代码演示保存成网页长图。

新建文件 "selenium_test\selenium_screen.py"，在其中添加如下代码。

```
…
chrome_options = webdriver.ChromeOptions()
chrome_options.add_argument('--headless')   #没有图形界面
filename=os.path.join(cur_path,"chromedriver.exe")
browser = webdriver.Chrome(filename,chrome_options=chrome_options)
browser.get("https://www.phei.com.cn/")
width=browser.execute_script("return document.body.scrollWidth")
height=browser.execute_script("return document.body.scrollHeight")
```

```
browser.set_window_size(width,height)
time.sleep(5)
#将当前网页窗口保存为 screen01.png 文件,保存在当前目录下
browser.save_screenshot(os.path.join(cur_path,"screen01.png"))
browser.quit()
```

执行结果会将电子工业出版社网站首页完整地截图。

9.4.6 【实战】自动化测试商城后台管理系统的登录页面

下面以商城系统后台为例,进行自动化测试。在过程中会编写用户登录和增加商品分类的测试用例。涉及的知识点有:表单元素的 XPath 获取、自动选择下拉框内容、自动上传文件、出错自动截图等。在代码中使用 unittest 和 Selenium 库进行组合测试。

新建文件"selenium_myshop.py",在其中添加如下代码。

```
...
class TestPage(unittest.TestCase):
    def setUp(self):          #执行一次,设置浏览器
        self.cur_path=os.path.dirname(__file__)
        self.filename=os.path.join(self.cur_path,"chromedriver.exe")
        self.driver = webdriver.Chrome(self.filename)#声明浏览器
        #self.driver.implicitly_wait(2)
    def test_goodscategory_add(self):
        #访问商城后台
        self.driver.get('http://localhost:8000/admin')
        time.sleep(5)  #暂停 5s,使得登录页面加载完成。
        try:
            #获取用户名输入框
            username=self.driver.find_element_by_name("username").send_keys("yangcoder")
            #获取密码输入框
            password=self.driver.find_element_by_name("password").send_keys("123456")
            #获取"登录"按钮
            login=self.driver.find_element_by_xpath('//input[@value="登录"]')
            login.click()#单击"登录"按钮
            time.sleep(2)
            assert "站点管理" in self.driver.page_source
            time.sleep(2)
            #单击商品分类中增加的链接
            add=self.driver.find_element_by_xpath('//*[@id="content-main"]/div[1]/table/tbody/tr[2]/td[1]/a')
            add.click()
            time.sleep(2)
            assert "增加 商品分类" in self.driver.page_source
```

```python
            #输入分类名称
            self.driver.find_element_by_name("name").send_keys('新疆特级大枣')
            #选择父类
            select_element=Select(self.driver.find_element_by_xpath('//select'))
            select_element.select_by_visible_text("大枣")
            print(select_element.all_selected_options[0].text)
            self.assertEqual(select_element.all_selected_options[0].text,"大枣1")
            #上传文件
            file=self.driver.find_element_by_id("id_logo")
            file.send_keys("d:\\test.jpg")
            #输入排序
            sort=self.driver.find_element_by_name("sort").send_keys('5')
            time.sleep(2)
            #单击"保存"按钮
            self.driver.find_element_by_name("_save").send_keys(Keys.ENTER)
        except AssertionError as e:
            print(f'测试异常为{e}'+'\n')
            savescreen(self.driver)
            raise e
        except Exception as e:
            savescreen(self.driver)
            print(e)

    def tearDown(self):
        self.driver.quit()
def savescreen(driver):
    cur_path=os.path.dirname(__file__)
    filename=os.path.join(cur_path,str(random.randint(0,1000000))+".png")
    try:
        driver.get_screenshot_as_file(filename)
    except Exception as e:
        print(e)
if __name__=='__main__':
    unittest.main()
```

上述代码实现了自动登录，在登录后会自动进行商品分类的维护，如果有断言失败，则自动截图保存到当前目录下以便定位错误。

第 10 章
基于 Redis 的缓存技术

在商城系统上线后,随着数据量及用户量的快速增长,商城系统性能开始出现瓶颈,访问速度逐渐变慢。这时需要使用缓存来提升系统性能、缓解数据库的压力。

10.1 为什么需要缓存

在项目开发的过程中,存在着很多较少发生改变且经常被查询的数据,比如地址信息、商品信息等。

为了避免多次查询这些数据带给数据库的压力,可以将这些较少发生改变且经常被查询的数据,在第 1 次查询后存放在缓存中;在第 2 次查询时,直接从缓存中获取。这样就不需要再从数据库中查询,极大地缓解了数据库的压力。

10.2 用 Django 内置模块实现缓存

Django 框架本身提供了完整的缓存系统,支持不同粒度的缓存,如缓存某个具体的视图函数或者视图类。

Django 框架默认支持多种缓存方式。

- 基于本地内存方式:Django 默认的缓存保存方式,即将缓存数据存放在计算机的内存中,只适合于项目的开发和测试,并且项目的部署为单服务器节点。在实际开发中其意义不大。

- 基于数据库方式：将数据保存至数据库中。使用这种方式需要在数据库中创建表。如果数据库资源相对丰富，则可以使用这种方式。
- 基于文件方式：相较数据库而言其更慢，因此较少使用。
- 基于 Memcached 方式：Memcached 是一套分布式的高速缓存系统。由于其存在一些问题（如宕机后数据不可恢复、支持的数据类型简单等），现在已经较少使用。

接下来介绍基于数据库方式实现缓存。

10.2.1 基于数据库方式实现缓存

基于数据库方式实现缓存对数据库服务器性能要求较高，所有的数据都需要保存在数据库中。在使用前需要在"settings.py"文件中进行配置，配置代码如下。

```
CACHES={
    'default':{
        'BACKEND':'django.core.cache.backends.db.DatabaseCache',
        'LOCATION':'my_cache_table',
    }
}
```

在上述代码中，LOCATION 指数据库中使用的缓存数据表的名称。

在配置后，需要使用如下命令创建缓存数据表。

```
python .\manage.py  createcachetable
```

在创建完成后，在 MySQL 数据库的 shop 表中会出现 my_cache_table 表，之后即可在项目中使用数据库缓存了。

10.2.1 缓存视图函数和视图类

本节实例在 app6 应用基础上展开。

1. 缓存视图函数

打开本书配套资源中的"myshop-test/app6/views.py"，增加视图函数 index()，如以下代码所示。

```
from django.views.decorators.cache import cache_page
@cache_page(60*1)  #缓存1分钟
def index(request):
    users=MyUser.objects.all()
    return render(request,'6/user_index.html',{"users":users})
```

在上述代码中，增加了装饰器@cache_page(过期时间)，这样就可以对视图函数 index()进行缓存了。

配置路由并访问"http://localhost:8000/app6/index",通过控制台窗口输出语句可以看出,第 1 次访问会执行数据库查询操作,在之后 1 分钟内页面访问直接从缓存中提取数据,不会再次查询数据库。

数据库中表的信息如图 10-1 所示。

图 10-1

2. 缓存视图类

装饰器@cache_page 不能直接装饰到视图类上,因此,需要使用@method_decorator 装饰器对@cache_page 进行装饰。装饰器@method_decorator 的第 2 个参数是视图类中具体的方法。此外,还可以直接对视图类中的具体方法进行缓存处理。

接下来我们演示缓存视图类,以及缓存视图类中的方法。

(1)打开本书配套资源中的"myshop-test/app6/views.py",增加视图类 CachePage,如以下代码所示。

```
from django.utils.decorators import method_decorator
from django.views import View
@method_decorator(cache_page(60*1),name="get")  #使用@method_decorator 装饰器把@cache_page 装饰一下,name 指视图类中的方法名称
class CachePage(View):
    @method_decorator(cache_page(60*1))  #直接对视图类中的 get()方法进行缓存
    def get(self,request):
        users=MyUser.objects.all()
        return render(request,'6/user_index.html',{"users":users})
```

上述代码中粗体部分中的"@method_decorator(cache_page(60*1))"直接对视图类中的 get()方法进行缓存处理。缓存视图类或缓存视图类中的某个方法都是可行的,具体看读者的使用场景和使用习惯。

(2)配置路由如下。

```
path("cbv_cache/",views.CachePage.as_view()),
```

(3)访问"http://localhost:8000/app6/cbv_cache/",结果与视图函数的缓存结果一样,请读者根据通过控制台窗口输出的语句进行分析。

10.3 用 DRF 框架实现缓存

用 DRF 框架实现缓存，可以通过 drf-extensions 包来实现。

使用如下命令安装 drf-extensions 包。

```
pip install drf-extensions
```

10.3.1 用装饰器完成缓存

使用 rest_framework_extensions.cache.decorators 中的 cache_response 装饰器来装饰返回数据的视图类中的方法。

本节的实例在 app8 应用基础上展开。

打开本书配套资源中的"app8/views_apiview.py"，修改视图类，如以下代码所示。

```
from rest_framework_extensions.cache.decorators import cache_response
class GoodsView(APIView):
    @cache_response(timeout=60*1, cache='default')
    def get(self,request,*args,**kwargs):
…
```

通过访问"http://localhost:8000/app8/goods2/"查看缓存效果。

其中，装饰器@cache_response 的说明如下。

- timeout：缓存时间，单位为秒。
- cache：缓存使用的配置，即 settings.py 文件中 CACHES 配置中的键名称。

如果在装饰器@cache_response 中未设置 timeout 或 cache 参数，则使用文件 settings.py 中的默认配置。

打开本书配套资源中的"settings.py"，在其中添加如下默认配置。

```
#DRF 扩展缓存配置
REST_FRAMEWORK_EXTENSIONS = {
    #缓存时间，单位为秒
    'DEFAULT_CACHE_RESPONSE_TIMEOUT': 60,
    #缓存存储，与配置文件中的 CACHES 的键对应
    'DEFAULT_USE_CACHE': 'default',
}
```

10.3.2 用 CacheResponseMixin 类完成缓存

drf-extensions 包为缓存提供了 3 个扩展类，可以通过源代码进行了解。源代码文件为"Python 安装目录\lib\site-packages\rest_framework_extensions\cache\mixins.py"。

```python
from rest_framework_extensions.cache.decorators import cache_response
from rest_framework_extensions.settings import extensions_api_settings
class BaseCacheResponseMixin:
    object_cache_key_func = extensions_api_settings.DEFAULT_OBJECT_CACHE_KEY_FUNC
    list_cache_key_func = extensions_api_settings.DEFAULT_LIST_CACHE_KEY_FUNC
    object_cache_timeout = extensions_api_settings.DEFAULT_CACHE_RESPONSE_TIMEOUT
    list_cache_timeout = extensions_api_settings.DEFAULT_CACHE_RESPONSE_TIMEOUT
class ListCacheResponseMixin(BaseCacheResponseMixin):
    @cache_response(key_func='list_cache_key_func', timeout='list_cache_timeout')
    def list(self, request, *args, **kwargs):
        return super().list(request, *args, **kwargs)
class RetrieveCacheResponseMixin(BaseCacheResponseMixin):
    @cache_response(key_func='object_cache_key_func', timeout='object_cache_timeout')
    def retrieve(self, request, *args, **kwargs):
        return super().retrieve(request, *args, **kwargs)
class CacheResponseMixin(RetrieveCacheResponseMixin, ListCacheResponseMixin):
    pass
```

其中各个类的说明如下。

- ListCacheResponseMixin 类用于缓存列表数据，与 ListModelMixin 类配合使用。它重写了 list()方法，并添加了@cache_response 装饰器。
- RetrieveCacheResponseMixin 类用于缓存返回单个数据，与 RetrieveModelMixin 类配合使用。它重写了 retrieve()方法，并添加了@cache_response 装饰器。
- CacheResponseMixin 类同时增加 List 和 Retrieve 两种缓存，与 ListModelMixin 类和 RetrieveModelMixin 类一起配合使用。

CacheResponseMixin 类本质上是使用@Cache_response 装饰器来实现的，在其基础上进行了进一步封装，使用起来更加便捷。

打开本书配套资源中的"app8/views_viewset.py"，修改视图类 GoodsView 的继承关系：在原有的单一继承 viewsets.ModelViewSet 类上增加 CacheResponseMixin 类，并将

CacheResponseMixin 类作为第 1 个参数，如以下代码所示。

```
from rest_framework_extensions.cache.mixins import CacheResponseMixin
class GoodsView(CacheResponseMixin,viewsets.ModelViewSet):
```

访问"http://localhost:8000/app8/goods_all/"及"http://localhost:8000/app8/goods_all/3/"，对缓存进行测试。

10.4 用 Redis 实现缓存

在实际项目中，常使用 Redis 实现缓存来提升系统性能、缓解数据库的压力。

Redis 是一个完全开源免费的、遵守 BSD 协议、基于内存的、高性能的 key-value 的存储系统。它支持存储的类型很多，包括 string（字符串）、list（列表）、set（集合）、zset（有序集合）和 hash（哈希类型），并提供各种方法对这些类型进行操作。

Redis 支持数据的持久化，可以把内存中的数据保存到磁盘中，重启时可以再次加载使用这些数据。Redis 的所有操作都是原子性的，即操作要么全部成功执行要么全部失败。可以充分利用这个特性来实现商品"秒杀"等功能。

10.4.1 搭建 Redis 环境

Redis 官网上的稳定版本为 6.2.5，我们在 CentOS 7.9 环境中进行安装。

本书提供了配套资源文件"redis-6.2.5.tar.gz"，将该文件上传到 192.168.77.101 主机的"/opt/tools/"目录下。如果 tools 目录不存在，请进行创建。接下来通过以下命令进行安装。

（1）安装依赖。

```
yum install -y cpp binutils glibc glibc-kernheaders glibc-common glibc-devel gcc make tcl
```

（2）安装 Redis。

进入"/opt/tools/"目录下，执行如下命令。

```
tar -zxvf redis-6.2.5.tar.gz
```

解压缩后，进入 redis-6.2.5 目录下执行如下命令。

```
make && make install
```

编译安装后的文件在"/usr/local/bin"目录下。

创建"/etc/redis"目录，从"/opt/tools/redis-6.2.5"目录下复制一份 redis.conf 配置文件

到"/etc/redis"目录下。

```
[root@hdp-01 redis-6.2.5]# mkdir /etc/redis
[root@hdp-01 redis-6.2.5]# cp redis.conf /etc/redis/
```

使用 vim 命令编辑"/etc/redis"目录下的 redis.conf 文件,修改如下。

```
bind 0.0.0.0                #绑定IP地址
port 6379                   #端口
daemonize yes               #是否以守护进程运行
requirepass 123456          #设置密码
logfile "/var/log/redis/redis.log"    #日志文件
```

(3)启动服务端。

进入"/usr/local/bin"目录下,执行如下命令。

```
[root@hdp-01 bin]# ./redis-server /etc/redis/redis.conf
```

执行成功后,屏幕无任何输出,可以通过客户端命令进行测试。

(4)测试。

redis-cli 为 Redis 的客户端工具,在其中输入以下命令进行测试。

```
[root@hdp-01 bin]# ./redis-cli -h 127.0.0.1 -p 6379 -a "123456" 2>/dev/null
```

其中,-h 指服务器 IP 地址,-p 指端口,-a 指连接密码,"2>/dev/null"指将 shell 命令的标准错误("Warning: Using a password with '-a' option on the command line interface may not be safe.")丢弃。

使用 set、get 命令简单进行测试,如图 10-2 所示。

```
127.0.0.1:6379> set a "hello redis"
OK
127.0.0.1:6379> get a
"hello redis"
127.0.0.1:6379>
```

图 10-2

在实际项目中使用 Redis 要复杂一些,比如集群、消息持久化保存等。

10.4.2 用 Django 操作 Redis

用 Django 操作 Redis 非常简单,需要以下几步。

1. 安装 django-redis

```
pip install django-redis
```

安装成功后，显示如下版本信息。

```
Successfully installed django-redis-5.0.0
```

2. 配置 settings.py 文件

打开本书配套资源中的"settings.py"，在其中添加如下代码。

```
CACHES = {
    "default": {
        "BACKEND": "django_redis.cache.RedisCache",
        "LOCATION": "redis://192.168.77.101:6379",
        "OPTIONS": {
            "CLIENT_CLASS": "django_redis.client.DefaultClient",
"PASSWORD": "123456",
        }
    }
}
```

3. 使用

在 Django 中，只需要将配置文件中的 CACHES 选项修改为 Redis 的缓存配置，其他地方不需要更改。

此外，还可以调用 Django 提供的缓存模块进行各项操作。

接下来通过 Django 的 shell 命令进行缓存操作。

```
PS E:\python_project\myshop-test> python .\manage.py shell
```

之后，在 shell 模式下输入如下命令：

```
In [2]: from django.core.cache import cache    #引入缓存模块
In [3]: cache.set("mykey","Hello Redis",30)    #有效期30s
Out[3]: True
In [4]: cache.has_key("mykey")       #判断key是否存在
Out[4]: True
In [5]: cache.get("mykey")           #获取key为mykey的缓存
Out[5]: 'Hello Redis'
```

在上述代码中，cache.set("mykey","Hello Redis",30)中的 30 指有效时间为 30s。还可以进行如下设置。

- timeout=0：立即过期。
- timeout=None：永不超时。

通过 Redis 客户端工具 RDM 进行观察，结果如图 10-3 所示。

图 10-3

10.4.3 【实战】用 Redis 存储 session 信息

假设有一个网站，在运营初期它被部署在一台主机上，访问请求都在这台主机上完成，此时用户认证、请求会话是没有问题的。但是，某一天该网站访问量突然增大了，需要增加负载均衡软件（比如 Nginx）把请求分发到不同主机上。

这时出现了问题：Nginx 将第 1 次登录请求转发给了 A 机器，在 A 服务器上给用户创建一个 session；Nginx 将第 2 次查询请求转发给了 B 机器，但是，B 机器上并不存在该 session 数据。这会导致要求该用户再次登录的尴尬局面，因此需要引入 session 共享的处理机制。

Django 中的 session 共享，采用数据库或 Redis 来完成。在默认情况下，Django 中的 session 信息是存储在数据库中的。在生成表结构时，会生成一张 django_session 表。

读者可以做一个测试：使用第 7 章中 Django 自带的 Admin 后台管理系统进行登录，登录成功后，在 django_session 表中会插入一条数据。这样，在过期时间内不用再次登录，可以直接进入 Admin 后台管理系统。

Django 默认将 session 数据持久化到数据库中，其优缺点如下。

- 优点：当服务器宕机时，只要数据库没有损坏，则 session 就不会丢失。
- 缺点：如果网站有大量用户，每个用户登录都会保存一条数据，则在海量访问下会对数据库造成很大的压力。

相比从数据库中取信息，从内存取数据的速度要快很多，而且在多个服务器需要共用 session 时会比较方便。接下来介绍使用 Redis 来存储 session 信息。

1. 安装 django-reids-sessions

使用如下命令安装。

```
pip install django-redis-sessions
```

安装成功后提示如下信息：

```
Successfully installed django-redis-sessions-0.6.2 redis-3.5.3
```

2. 修改配置文件

打开本书配套资源中的"settings.py",增加以下配置项。

```
CACHES = {
    "default": {
        "BACKEND": "django_redis.cache.RedisCache",
        "LOCATION": "redis://192.168.77.101:6379",
        "OPTIONS": {
            "CLIENT_CLASS": "django_redis.client.DefaultClient",
            "PASSWORD": "123456",
        }
    }
}
```

3. 测试

浏览访问"http://localhost:8000/admin/",成功登录后,打开 Redis 的客户端可视化工具 RDM 观察缓存数据,结果如图 10-4 所示。

图 10-4

此时打开数据表 django_session,发现表中并没有新增数据。这说明 session 数据已经被保存到了 Redis 中了。

第 4 篇
前台项目实战

第 11 章
开发商城系统的前台
（接第 7 章实战）

第 7 章完成了商城系统的后台，第 8 章完成了商城系统的接口，本章用当下主流的前后端分离技术来完成商城系统的前台。限于篇幅，本章实现的是一个简化版的商城前台。

11.1 商城系统前台的设计分析

本书中的商城系统前台实现了商品首页、商品列表、商品详情、购物车管理、订单管理、个人中心和用户管理等功能。

11.1.1 需求分析

商城系统前台的功能需求分析如图 11-1 所示。

第 11 章 开发商城系统的前台（接第 7 章实战） | 283

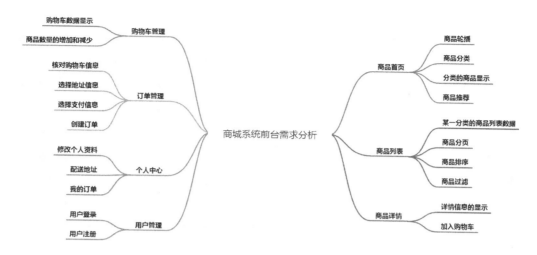

图 11-1

商城系统前台的功能结构如图 11-2 所示。

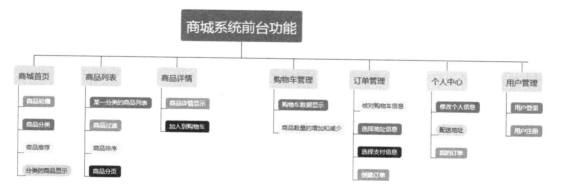

图 11-2

11.1.2 架构设计

商城系统采用前后端分离架构，前端框架使用 Vue.js，后端框架使用"Django + DRF 框架的 RESTful 接口"，数据库采用 MySQL，缓存采用 Redis，如图 11-3 所示。

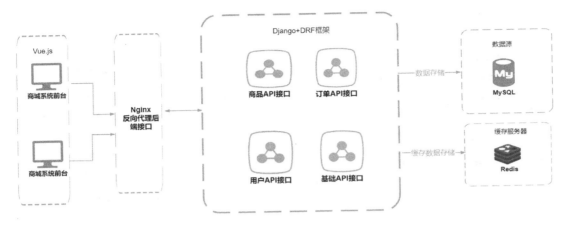

图 11-3

11.2 前端开发利器——Vue.js 框架

Vue.js 拥有诸多优点，如语法优雅、简洁精炼、代码可读性高、组件的模块化等。这些优点让 Vue.js 能够与 React、Angular 等老牌前端开发框架并驾齐驱。在国内开发者中，Vue.js 占据的位置越来越重要，逐渐有成为三个前端框架之首的趋势。

11.2.1 认识 Vue.js

Vue.js 是一套主流的、用于构建用户界面的渐进式 JavaScript 框架。

什么是渐进式框架呢？就是说开发者不需要一开始就使用 Vue.js 的全部功能，可以根据场景有选择地进行使用。比如，可以和传统的网站开发架构融合在一起，把 Vue.js 当作一个类似 jQuery 库来使用；可以使用 Vue.js 的组件技术、路由技术来开发大型的、复杂的单页面应用程序（SPA 应用）。

11.2.2 用 Vue-CLI 脚手架快速搭建项目骨架

Vue-CLI 是一个官方发布 Vue.js 项目脚手架。使用 Vue-CLI 可以快速创建 Vue.js 项目。利用它可以生成目录结构，方便本地调试、单元测试、热加载和代码部署等。

（1）安装。

```
npm install -g vue-cli
```

在安装完成后，可以输入 "vue -V" 命令查看 Vue-CLI 的版本信息。

（2）基本使用。

在安装 Vue-CLI 成功后，通过 cd 命令进入"E:\python_project"目录下，在此目录下创建一个基于 Webpack 模板的新项目，具体命令如下。

```
vue init webpack myshop-vue
```

如果上述命令创建新项目不成功，则可以采用离线方式创建。从 GitHub 网站下载 Webpack。将 Webpack 解压缩后放入如图 11-4 所示目录下。

图 11-4

再次执行命令。

```
vue init webpack myshop-vue --offline
```

执行完成后，可以看到在"E:\python_project"目录下增加了一个脚手架创建的项目文件夹 myshop-vue。

（3）了解目录结构。

脚手架生成的目录结构如下所示。

```
E:\python_project\myshop-vue
│  .babelrc              #ES6 语法编译配置，用来将 ES6 代码转换为浏览器能识别的代码
│  .editorconfig         #定义代码格式
│  .gitignore            #上传 Git 时应忽略的文件
│  .postcssrc.js         #转换 CSS 工具
│  index.html            #页面入口文件
│  package.json          #项目的基本信息，如项目所需模块、项目名称、版本等
│  README.md             #项目说明
├──build                 #该目录下是 Webpack 的相关配置
```

```
├─config              #该目录下是Vue.js的基本配置文件
├─src                 #该目录下是整个项目的主文件夹
│  │  App.vue         #整个项目的入口文件
│  │  main.js         #项目的主要JavaScript文件
│  ├─assets           #该目录放置一些资源文件,如JavaScript、CSS文件
│  ├─components       #该目录下放置Vue.js的组件
│  └─router           #该目录下是整个Vue.js项目的路由
├─static              #该目录是一些静态资源文件
└─test                #单元测试目录
```

11.2.3 用 NPM 进行包管理和分发

NPM（Node Package Manager）是 JavaScript 的包管理工具，可以让 JavaScript 开发者轻松地共享代码。

1. NPM 的使用场景

NPM 是随同 Node.js 一起安装的包管理工具。它是 Node.js 的默认包管理工具，能够解决 Node.js 代码部署上的很多问题。

常见的使用场景如下：

（1）从 NPM 服务器下载别人编写的第三方包。

（2）从 NPM 服务器下载并安装别人编写的命令行程序。

（3）将自己编写的包或命令行程序上传到 NPM 服务器中供别人使用。

2. 什么是 Node.js

Node.js 是一个基于 Chrome V8 引擎的 JavaScript 运行环境，使用了一个事件驱动、非阻塞式 I/O 模型。

众所周知，JavaScript 是一种脚本语言，用它编写的程序不能单独运行，必须在浏览器中由 JavaScript 引擎解释执行。Node.js 是一个能让 JavaScript 运行在服务端的开发平台，它让 JavaScript 成为与 PHP、Python、Perl、Ruby 等服务端语言"平起平坐"的脚本语言。

3. 安装 Node.js

进入 Node.js 的官网，选择合适的版本进行下载安装。安装过程比较简单，这里不再赘述。在完成安装后，在命令行中输入"node -v"来查看安装的版本信息。由于 Node.js 默认集成了 NPM，所以还可以输入"npm -v"来查看 NPM 的版本，如图 11-5 所示。

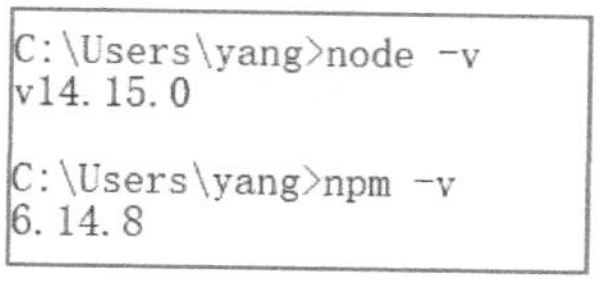

```
C:\Users\yang>node -v
v14.15.0

C:\Users\yang>npm -v
6.14.8
```

图 11-5

有了 NPM 命令就可以安装各种组件了，比如安装 Vue.js 库，具体命令如图 11-6 所示。

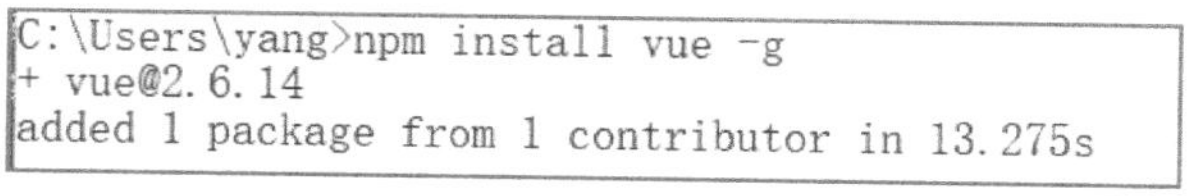

```
C:\Users\yang>npm install vue -g
+ vue@2.6.14
added 1 package from 1 contributor in 13.275s
```

图 11-6

11.2.4 用 npm run build 命令打包项目

进入项目目录下，在命令行中输入如下命令打包项目。

```
npm run build
```

打包后，在项目目录下生成了 dist 目录。该目录可以直接用来部署运行，具体细节在 12.6.7 节详细介绍。

11.2.5 用 Visual Stdio Code 编辑器进行代码开发

要使用强大的 Visual Studio Code 编辑器来编写 Vue.js 代码，则需要在 Visual Studio Code 编辑器中安装 Vetur 插件。Vetur 插件支持.vue 文件的语法高亮显示，支持 template 模板，支持主流的前端开发脚本和插件。

11.3 Vue.js 的基本操作

本章的实例都在 myshop-vue 项目的基础上展开。

通过以下实例，演示在 HTML 文件中直接使用 Vue.js。

新建文件"sample/basic.html"，在其中添加如下代码。

```html
<html>
<head>
<!--引入 Vue.js 库-->
    <script language="" src="../node_modules/vue/dist/vue.js"></script>
</head>
<body>
<!--定义 id="app"的<div>标签-->
```

```
    <div id="app">
        <h1>{{message}}</h1><!--显示数据 →
    </div>
</body>
<script language="">
//实例化 Vue.js 应用
    var vm = new Vue({
        el: "#app",
        data: {
            message: "hello vue",
        }
    })
</script>
</html>
```

上述代码分为以下几个步骤：

（1）用<script>标签引入 Vue.js 库。

（2）定义一个<div>标签。

（3）在 Vue.js 的脚本部分，使用 new Vue({})实例化 Vue 应用。

其中，代码 el 属性指被 Vue 管理的 Dom 节点入口，必须是一个普通的 HTML 标签，一般是<div>标签；data 属性用于初始化数据，通过模板语法来使用。

（4）在 HTML 代码中使用"{{ 变量 }}"来显示数据。

11.3.1 用插值实现数据绑定

"插值"是指，使用"{{ 变量 }}"的方法将数据插入 HTML 文档中。这样在运行时，"{{ 变量 }}"会被 Vue.js 实例数据对象中的值替换。

插值分为文本插值、HTML 插值等。

- 文本插值：使用双大括号，将数据对象以文本方式显示到界面上。
- HTML 插值：使用 v-html 指令输出 HTML 代码。

通过以下实例演示插值的用法。

（1）新建文件"sample/bind.html"，在其中添加如下代码。

```
…
<body>
    <div id="app">
        <h1>{{message}}</h1>
        <!--以普通文本方式输出-->
```

```
            <h1>{{msgHtml}}</h1>
            <!-- 以 HTML 方式输出 -->
            <h1 v-html="msgHtml"></h1>
    </body>
    <script language="">
        var vm = new Vue({
            el: "#app",
            data: {
                message: "hello vue",
                msgHtml: "<span style='color:red'>这里的内容以红色显示</span>"
            }
        })
...
```

（2）结果如图 11-7 所示。

图 11-7

11.3.2 用 computed 属性实现变量监听

computed 属性用于监听定义的变量。该变量不需要在 data 中声明，而是直接在 computed 属性中定义，之后即可在页面上监听变量。

使用 computed 属性监听变量很简单：在 computed 属性中创建一个函数并编写表达式，然后在 HTML 页面上使用时，只需要写函数名即可，并且不用加括号。

举例：购物车中的商品数量和商品总金额的关系是"只要商品数量发生变化（比如增加或者减少商品），则商品总金额也需要发生变化"，使用 computed 属性监听商品总金额是一个不错的选择。

新建文件"sample/computed.html"，在其中添加如下代码。

```
...
<body>
    <div id="app">
        <p>computed: "{{ showinfo }}"</p>
    </div>
    <script type="text/javascript">
```

```
        var vm = new Vue({
            el: '#app',
            data: {
                name: '张三',
                age: 20,
                sex: 0,
            },
            computed: {
                showinfo() {
                    return '名称:' + this.name + ',年龄:' + this.age + ',性别:' + (this.sex == 0 ? '男' : '女')
                }
            }
        })
    </script>
</body>
```

请读者浏览效果查看。

11.3.3　用 class 和 style 设置样式

可以通过 class 和 style 设置样式。class 用于指定 HTML 标签的样式，style 用于指定内联样式。在 Vue.js 中，可以使用 v-bind 指令来设置它们。

新建文件"sample/style.html"，在其中添加如下代码。

```
...
<body>
    <style>
        .active {
            color: green;
        }
        .delete {
            background: red;
        }
        .error {
            font-size: 30px;
        }
    </style>
    <div id="app">
        <h2>class 绑定，使用 v-bind:class 或:class</h2>
        <!--activeClass 会被置换为样式表中的"active"，对应样式为绿色-->
        <p v-bind:class="activeClass">字符串达式</p>
        <!--isDelete 为 true,渲染 delete 样式;当 hasError 为 false 时,则不显示 error 样式;-->
        <p :class="{delete: isDelete, error: hasError}">对象表达式</p>
```

```html
            <!---渲染'active', 'error' 样式,注意要加上单引号,否则会获取 data 中的值 -->
            <p :class="['active', 'error']">数组表达式</p>
            <h2>style 绑定,使用 v-bind:style 或:style</h2>
            <p :style="{color: activeColor, fontSize: fontSize + 'px'}">Style 绑定</p>
        </div>
        <script type="text/javascript">
            new Vue({
                el: '#app',
                data: {
                    activeClass: 'active',
                    isDelete: true,
                    hasError: false,
                    activeColor: 'red',
                    fontSize: 20
                }
            })
        </script>
    </body>
```

代码执行结果如图 11-8 所示。

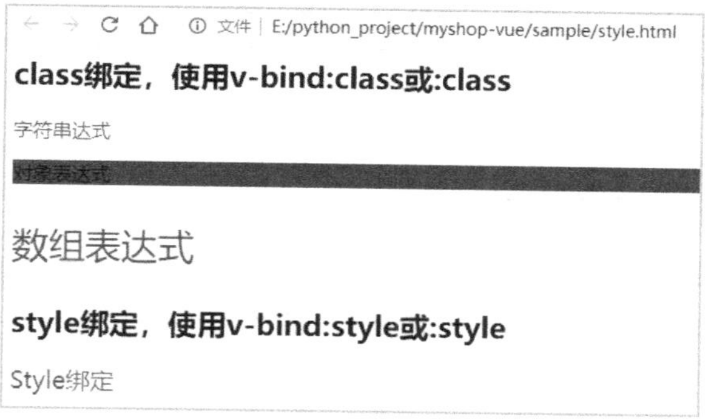

图 11-8

11.3.4 用 v-if 实现条件渲染

Vue.js 提供了判断指令,如 v-if、v-else-if、v-else 和 v-show。其中,v-if 指令可以单独使用,也可以配合 v-else-if 与 v-else 指令使用。

Vue.js 还提供了 v-show 指令,它用来决定元素的 CSS 的 display 属性隐藏与否。带有 v-show 指令的标签元素,会始终被渲染并保留在 DOM 中。注意,v-show 指令不支持<template>元素,也不支持 v-else 指令。

新建文件"myshop-vue/sample/v_if.html",在其中添加如下代码。

```
<script language="" src="../node_modules/vue/dist/vue.js"></script>
<div id="app">
    <div v-if="picShow">True 显示，False 不显示</div>
    <div v-if="score>=90 &&score<=100">优秀</div>
    <div v-else-if="score>=70 &&score<90">良好</div>
    <div v-else-if="score>=60 &&score<70">及格</div>
    <div v-else-if="score>=0 &&score<60">不及格</div>
    <div v-else>错误</div>
</div>
<script>
    const app = new Vue({
        el: "#app",
        data: {
            picShow: True,
            score: 65
        }
    })
</script>
```

请读者更改 score 的值来浏览结果。

在 v-if 和 v-else 或 v-else-if 之间不能添加其他的 HTML 标签。

11.3.5　用 v-for 实现列表渲染

利用 v-for 指令，可以基于一个数组渲染一个列表。v-for 指令需要使用"item in items"形式的语法，其中，items 是源数据数组，item 是被迭代的数组元素的别名。

新建文件"myshop-vue/sample/v_for.html"，在其中添加如下代码。

```
<script language="" src="../node_modules/vue/dist/vue.js"></script>
…
<ul id='app'>
    <li v-for="item in goodsList">
        <p>{{item.title}}</p>
        <span v-if="item.hot">火爆</span>
    </li>
</ul>
<script>
    var vm = new Vue({
        el: '#app',
        data: {
            goodsList: [
```

```
                {
                    title: "哈密大枣",
                    hot: true,
                    id: 1
                },
                {
                    title: "和田大枣",
                    hot: true,
                    id: 2
                },
                {
                    title: "若羌枣",
                    hot: false,
                    id: 3
                }
            ]
        }
    });
</script>
```

上述代码在 for 循环中增加了 if 判断,可以快速判断出某个商品是否销售火爆。代码运行结果如图 11-9 所示。

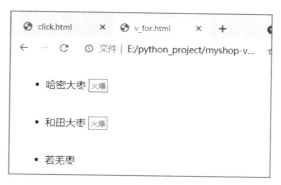

图 11-9

11.3.6 用"v-on:"或"@"实现事件绑定

Vue.js 的事件绑定格式是"v-on:"或者"@"。事件处理方法需要在 methods 中定义。

新建文件"myshop-vue/sample/click.html",在其中添加如下代码。

```
...
<body>
    <div id="app">
        <button v-on:click="counter += 1">Add 1</button>
```

```
        <p>点击次数：{{ counter }} </p>
        <button @click="clickMe">click me</button>
    </div>
    <script language="">
        var vm = new Vue({
            el: "#app",
            data: {
                counter: 0
            },
            methods: {
                clickMe() {
                    console.log('我是methods中的方法 clikMe')
                }
            }
        })
    </script>
```

代码执行结果如图 11-10 所示。

图 11-10

11.3.7 用 v-model 实现双向数据绑定

v-model 的作用是，在表单标签<input>、<textarea>、<select>及 Vue 组件上，实现表单元素和数据的双向绑定。它负责监听用户的输入，并更新数据。

打开本书配套资源中的 "myshop-vue/sample/v-model.html"，在其中添加如下代码。

```
<script language="" src="../node_modules/vue/dist/vue.js"></script>
<div id="app">
    <input type="text" v-model="text">
    {{ text }}
```

```
</div>
<script>
    var vm = new Vue({
        el: '#app',
        data: {
            text: 'hello world'
        }
    });
</script>
```

执行上述代码后，由于 data 中的 text 数据绑定到了 HTML 表单中的 input 文本框标签，所以文本框会显示 "hello world"。在文本框中输入 "Hello Django" 后，在旁边会立刻显示 "Hello Django" 的字样，如图 11-11 所示。

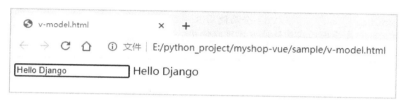

图 11-11

我们可以把整个实现过程分为以下 3 点：

- 将文本框与 data 中数据绑定。
- 当文本框内容变化时，data 中的数据同步变化。
- 当 data 中的数据变化时，文本框的内容同步变化。

这就是 Vue 中的用 v-model 实现双向数据绑定的过程。

11.4 用 Vue Router 库实现路由管理

在 Vue.js 开发中，使用 Vue Router 库来完成路由管理。

11.4.1 了解 Vue Router 库

Vue Router 是 Vue.js 官方推荐的路由管理库。它和 Vue.js 的核心深度集成，让构建单页应用变得易如反掌。

使用 Vue.js 和 Vue Router 库创建单页应用非常的简单：使用 Vue.js 开发，整个应用已经被拆分成了独立的组件；使用 Vue Router 库，可以把路由映射到各个组件，并把各个组件渲染到正确的地方。

11.4.2 基本用法

使用如下命令安装 Vue Router 库。

```
npm install -save vue-router
```

下面以 Vue-CLI 脚手架默认生成的应用为例来介绍 Vue Router 库。

（1）打开本书配套资源中的"/src/router/index.js"，该文件是路由管理的核心文件，其代码如下所示。

```
import Vue from 'vue'                    //引入 Vue.js 框架
import Router from 'vue-router'          //引入 vue-router 组件
import HelloWorld from '@/components/HelloWorld'  //引入@路径下名称为
HelloWorld 的页面组件
Vue.use(Router)                          //Vue 全局使用 Router
//定义路由，只有在导出后在其他地方才可以使用
export default new Router({
  routes: [
    //在访问根路径时会链接到 HelloWorld.vue 组件
    {
      path: '/hello',          //路由的路径
      name: 'HelloWorld',      //路由的名称
      component: HelloWorld    //对应的组件模板
    }
  ]
})
```

（2）在项目的 main.js 中引入路由。

打开本书配套资源中的"/src/main.js"，增加以下粗体所示的代码。

```
import Vue from 'vue'
import App from './App'
import router from './router'      //引入路由，会去寻找 index.js 配置文件
Vue.config.productionTip = false //关闭生产模式下的提示
new Vue({
  el: '#app',
  router, //在框架中使用路由功能
  components: { App },
  template: '<App/>'
})
```

（3）查看 HelloWorld.vue 的代码。

打开本书配套资源中的"/src/components/HelloWorld.vue"，其中代码如下所示。

```
<template>
  <div class="hello">
```

```
    <h1>{{ msg }}</h1>
    <h2>Essential Links</h2>
  </div>
</template>
<script>
export default {
  name: 'HelloWorld',
  data () {
    return {
      msg: 'Welcome to Your Vue.js App'
    }
  }
}
</script>
```

执行命令 "num run dev" 启动服务,然后通过 "http://localhost:8080/#/hello" 进行访问。

11.5 用 Axios 库实现数据交互

在 Vue 中,可以使用 axios 库实现数据交互。

11.5.1 了解 Axios 库

axios 是一个基于 Promise 的 HTTP 库,可以用在浏览器和 Node.js 中。其特性如下:

- 可以从浏览器中创建 XMLHttpRequests。
- 可以从 node.js 创建 HTTP 请求。
- 支持 Promise API。
- 可以拦截请求和响应。
- 可以转换请求数据和响应数据。
- 可以自动转换 JSON 数据。
- 客户端支持防御 XSRF。

11.5.2 基本用法

使用如下命令安装 axios 库。

`npm install axios`

(1) 执行 GET 请求。

```
axios.get('http://localhost:8000/goods/1/')
    .then(function (response) {
```

```
        console.log(response);
    })
    .catch(function (error) {
        console.log(error);
    });
```

（2）执行 POST 请求。

```
axios.post('http://localhost:8000/goods/ ', {
    name: '大枣',
    price: '59'
    })
    .then(function (response) {
        console.log(response);
    })
    .catch(function (error) {
        console.log(error);
    });
```

此外，还可以通过 axios API 进行调用，对上述的 GET 请求进行改写。以下是未改前的代码。

```
axios('http://localhost:8000/goods?id=1', {
    params: {
        id: 1
    }
    })
    .then(res => {
        Console.log('result:', res);
    });
```

对上述的 POST 请求进行改写，改后如以下代码所示。

```
axios({
    url: 'http://localhost:8000/goods/ ',
    method: "post",
    data: {
        id: 1
    }
    })
    .then(res => {
        Console.log('result:', res);
    });
```

这种方式也是我们推荐的方式。实际在具体的项目中，还需要进一步地封装和改造。

11.6 用 Vuex 实现状态管理

Vuex 是一个专为 Vue.js 应用程序开发的状态管理库。它采用集中式存储来管理应用的所有组件的状态，并以相应的规则保证"状态以一种可预测的方式发生变化"。Vuex 能够高效地实现组件之间的数据共享，从而提高开发效率。

11.6.1 基本用法

使用如下命令安装 Vuex 库。

```
npm install vuex --save
```

Vuex 默认的 4 种基本对象如下。

- state：数据存储状态。
- getters：对外输出的数据，可以将其理解为 state 的计算属性。
- mutations：同步改变状态值，在组件中使用$store.commit("")进行操作。
- actions：异步操作，在组件中使用$store.dispath("")进行操作。

下面通过一个实例来介绍 Vuex 的基本用法。

（1）新建"src/vuex"目录，在该目录下创建 store.js 文件，在其中添加如下代码。

```
import Vue from 'vue'
import Vuex from 'vuex'
Vue.use(Vuex)
const state = {
    count: 10
}
const store =new Vuex.Store({
    state
})
export default store
```

将 store 对象导出，之后可以在 new Vue({})处引入使用。

（2）打开本书配套资源中的"src/main.js"，引入 Vuex，如以下粗体代码所示。

```
import Vue from 'vue'
import store from "./vuex/store"
import App from './App'
//引入路由，会去寻找 router 目录下的配置文件 index.js
import router from './router'
//关闭生产模式下的提示
```

```
Vue.config.productionTip = false
new Vue({
  el: '#app',
  //在框架中使用路由功能
  router,
  store,
  components: { App },
  template: '<App/>'
})
```

（3）打开文件"src/components/HelloWorld.vue"，获取$store.state.count 变量，如以下代码所示。

```
<template>
  <div class="hello">
    <h1>{{ $store.state.count }}</h1>
  </div>
</template>
<script>
export default {
  name: 'HelloWorld',
  data () {
    return {
      msg: 'Welcome to Your Vue.js App'
    }
  }
}
</script>
```

运行后访问"http://localhost:8080/#/hello/"，结果如图 11-12 所示。

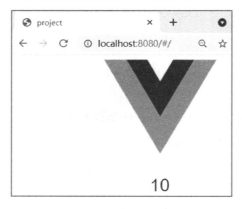

图 11-12

11.6.2 用 mutations 和 actions 操作变量

可以使用 mutations 去改变 Vuex 中 state 的状态。mutations 必须是同步函数。在使用 store.commit() 方法提交 mutations 时，还可以传入额外的参数。

打开本书配套资源中的 "vuex/store.js"，在 mutations 中定义两个函数，如以下代码所示。

```js
import Vue from 'vue'
import Vuex from 'vuex'
Vue.use(Vuex)
const state = {
    count: 10
}
const mutations = {
    mutationAdd(state,n=0){
        return state.count+=n
    },
    mutationReduce(state,n=0){
        return state.count-=n
    }
}
const store =new Vuex.Store({
    state,
    mutations
})
export default store
```

在 store.js 中定义了 mutationsAdd() 函数和 mutationReduce() 函数，这两个函数均有两个参数，第 1 个参数默认为 state，第 2 个参数为自定义参数。

打开本书配套资源中的 "components/HelloWorld.vue"，在其中添加如下代码。

```vue
<template>
  <div class="hello">
    <h1>{{ $store.state.count }}</h1>
    <button @click="addclick(1)">+</button>
    <button @click="reduceclick(1)">-</button>
  </div>
</template>
<script>
export default {
  name: 'HelloWorld',
  methods: {
    addclick(n){
      this.$store.commit('mutationAdd',n);
    },
```

```
        reduceclick(n){
            this.$store.commit('mutationReduce',n);
        }
    }
}
</script>
```

为了解决 mutations 只有同步的问题,Vuex 提出了"异步处理"的概念。上面的实例可以改用异步处理。

打开本书配套资源中的"vuex/store.js",在其中添加如下代码。

```
const actions={
    actionsAdd(context,n=0){
        return context.commit('mutationAdd',n)
    },
    actionsReduce(context,n=0){
        return context.commit('mutationReduce',n)
    }
}
const store =new Vuex.Store({
    state,
    mutations,
    actions,
    getters
})
```

打开本书配套资源中的"components/HelloWorld.vue",在其中添加如下代码。

```
<template>
    <div class="hello">
        <div>异步操作</div>
        <div>
            <button @click="async_add(5)">异步增加</button>
            <button @click="async_reduce(5)">异步减少</button>
        </div>
    </div>
</template>
…
async_add(n){
    this.$store.dispatch('actionsAdd',n)
},
async_reduce(n){
    this.$store.dispatch('actionsReduce',n)
}
```

运行结果如图 11-13 所示。

11.6.3 用 getters 获取变量

getter 可以被认为是 store 的计算属性，类似于 Vue 中的 computed 属性。上一个实例可以使用 getters 进行修改。

（1）在 store.js 文件中增加 getters 属性。

```
const getters={
    getCount(state){
        return state.count
    }
}
```

（2）将 getters 属性导出，如以下代码所示。

```
const store =new Vuex.Store({
    state,
    mutations,
    actions,
    getters
})
```

（3）在 HelloWorld.vue 中，定义一个名为 count 的 computed 属性。然后在 HTML 页面中使用 "{{ count }}" 来获取，如以下代码所示。

```
<h1>我是getters{{ count }}</h1>
…
computed:{
    count(){
        return this.$store.getters.getCount
    }
}
```

（4）再次执行代码，结果如图 11-13 所示。

图 11-13

11.6.4 用扩展运算符简化编写

在 11.6.2 节的实例中，在 addclick()函数中使用 this.$store.commit('mutationAdd',n)来触发同步函数，这段代码略显复杂。还有更加简单的方法——通过使用 ECMAScript 6 的展开运算符"…"来提取 mapMutations 函数返回的对象属性。其原理是，使用辅助函数 mapMutations()将组件中的方法映射为 score.commit 调用。

打开本书配套资源中的"HelloWorld.vue"，将传统的用法改为扩展运算符方式。修改后的代码更加精炼简洁，如下所示，执行效果与传统方式完全一样。

```
<script>
import {mapMutations,mapActions,mapGetters} from 'vuex'
export default {
  name: 'HelloWorld',
  methods: {
    ...mapMutations({
      addclick:'mutationAdd'
    }),
    ...mapMutations({
      reduceclick:'mutationReduce'
    }),
    ...mapActions({
      async_add:'actionsAdd'
    }),
    ...mapActions({
      async_reduce:'actionsReduce'
    }),
  },
  computed:{
    ...mapGetters({
      count:'getCount'
    }),
  }
}
</script>
```

再次执行代码，结果与图 11-13 一样。

11.7 【实战】用 Vue.js 开发商城系统的前台

商城系统的前台包括商品首页、商品列表、商品详情、购物车管理、订单管理、个人中心和用户管理等基本功能。限于篇幅，书中对部分页面代码、CSS 样式做了省略，请读者查阅本书配套的源代码学习。

11.7.1 核心技术点介绍

开发商城系统的前台功能,涉及的技术点主要有:请求和响应的拦截器、后端接口的二次封装、登录用户的 Vuex 处理、购物车的 Vuex 处理等。

登录用户的 Vuex 处理将在 11.8.7 节介绍,购物车的 Vuex 处理将在 11.8.8 节介绍。

1. 创建请求和响应的拦截器

商城系统中的页面,使用 axios 库发起 GET 或 POST 请求进行数据交互。其中,有一些页面允许所有人访问,比如商城首页、商城列表页、商城详情页;而有一些页面只允许登录用户访问,比如购物车页面、订单页面、个人中心页面等。基于此,这里统一对请求和响应过程进行拦截,进行 JWT 认证。

新建文件"myshop-vue/src/utils/request.js",在其中添加如下代码。

```
import axios from 'axios'
var URL = 'http://localhost:8000/'
// 创建 axios 实例
const service = axios.create({
  baseURL: URL,
  timeout: 6000 // 请求超时时间
})
// request 拦截器
service.interceptors.request.use(
  config => {
    const { url } = config
    //指定页面访问需要 JWT 认证。
    if (url == '/cart/' || url == '/order/' || url == '/checkout/' || url == '/myorder/' || url.indexOf('address/') > 0 || url == 'profile/' || url.indexOf('users/')>0 ) {
      var jwt = localStorage.getItem('token');
      config.headers.Authorization = 'JWT ' + jwt;
    }
    return config
  },
  error => {
    Promise.reject(error)
  }
```

```javascript
)
// response 拦截器
service.interceptors.response.use(
  response => {
    return response
  },
  error => {
    console.log(error.response)
    //授权验证失败
    if (error.response.status === 401) {
      alert('请先登录!');
    }
    return Promise.reject(error.response.data)
  }
)
export default service
```

在上述代码中,对 request 请求和 response 响应做了拦截。在 request 请求拦截中,对于部分页面的访问实现了 JWT 认证,避免了在每个页面都实现 JWT 认证,从而使得商城系统的代码更加简洁。

2. 后端接口的二次封装

新建文件 "myshop-vue/src/api/goods.js",在其中添加如下代码。

```javascript
import request from '@/utils/request'
// 封装请求的方式
// 获取商品分类
export function getGoodsCategory() {
  return request({
    url: '/goodscategory/',
    method: 'get',
  })
}
//获取某个商品分类
export function getGoodsCategoryByID(id) {
  return request({
    url: '/goodscategory/' + id + '/',
    method: 'get',
  })
}
//获取分类下的商品
export function getCategoryGoods() {
  return request({
    url: '/indexgoods/',
    method: 'get',
```

```
//获取分类下的商品
export function getCategoryGoods() {
  return request({
    url: '/indexgoods/',
    method: 'get',
  })
}
//获取商品并传递参数
export function getGoods(data) {
  return request({
    url: '/goods/',
    method: 'get',
    params: data
  })
}
//获取某个商品
export function getGoodsByID(id) {
  return request({
    url: '/goods/' + id + '/',
    method: 'get',
  })
}
//获取商品轮播
export function getSlide() {
  return request({
    url: '/slide/',
    method: 'get',
  })
}
```

在上述代中，将相关的接口组织到一起了，这样修改和查阅都非常方便。此外，还需要创建 order.js、basic.js、users.js 的接口文件，这里不再列出，请读者查阅本书配套代码。

11.7.2 公共页面开发

商城系统的每一个页面都有页面 header、页面内容、页面 footer 这 3 部分，其中，页面 header 和页面 footer 是一样的。基于此，可以将页面 header 和页面 footer 单独形成两个组件，这样能极大地减少页面开发量。

页面 header 组件包含页面登录信息组件、导航栏的菜单组件、导航栏的购物车组件。

1. 页面登录信息组件

在用户未登录和用户已登录的状态下，页面登录信息组件的 HTML 表现不同。未登录效果如图 11-14 所示，已登录效果如图 11-15 所示。

图 11-15

（1）实现模板代码。

打开本书配套资源中的"myshop-vue/src/views/app/head.vue"，在其中添加如下代码（其中省略了部分代码，完整代码见本书配套代码）。

```
…
<ul class="welcome">
  <li>
    <a id="favorite_wb" href="#" rel="nofollow">我的特产小店</a>
  </li>
  <li id="u_li" v-if="userinfo">
    <router-link :to="'/profile'">{{ userinfo.username }}</router-link>
    <a @click="logout">退出</a>
  </li>
  <li id="u_li2" v-else>
    <router-link :to="'/login'">请登录</router-link>
    <s>|</s>
    <router-link :to="'/reg'">免费注册</router-link>
  </li>
</ul>
<ul id="userinfo-bar">
  <li class="more-menu">
    <router-link :to="'/profile'">会员中心</router-link>
    <router-link :to="'/myorder'">我的订单</router-link>
    <router-link :to="'/address'">修改收货地址</router-link>
  </li>
</ul>
…
```

在上述代码中，使用 v-if 指令和 v-else 指令进行登录前后界面的切换显示。

（2）实现脚本代码。

打开本书配套资源中的"myshop-vue/src/views/app/head.vue"，在其中添加如下脚本代码。

```
<script>
import { mapGetters } from "vuex";
export default {
  data() {
    return {
```

```
    };
  },
  methods: {
    logout() {
      this.$store.dispatch("delUser");
    },
  },
  computed: {
    ...mapGetters({
      userinfo: "userinfo",
    }),
  },
};
</script>
```

下面结合模板代码和脚本代码来说明：

- 用户已登录或未登录的状态切换的判断依据是 userinfo 变量。该变量是一个 computed 计算属性，userinfo 计算属性从 Vuex 中获取。在 11.8.7 节会详细介绍 userinfo 计算属性的设置。
- 用户退出调用 logout()方法，会触发 Vuex 中的 delUser()函数。

2．导航栏的菜单组件

在导航栏上默认显示"全部商品分类"，当光标划过之后显示一级分类（如枣类、瓜）。单击枣类时，显示二级分类，如图 11-16 所示。

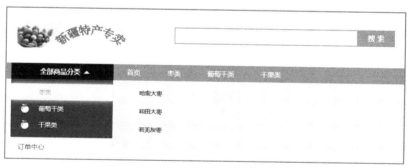

图 11-16

（1）实现模板代码。

打开本书配套资源中的"myshop-vue/src/views/app/head.vue"，导航栏菜单的部分代码如下。

```
<div class="main_nav main_nav_hover" id="main_nav" @mouseover="overAllmenu" @mouseout="outAllmenu">
```

```html
    <div class="main_nav_link">
       <a class="#">全部商品分类</a> <i class="iconfont"> </i>
    </div>
    <div class="main_cata" id="J_mainCata" v-show="showmenu">
      <ul>
        <li :class="current === index ? 'current' : ''" v-for="(item, index) in allMenu" :key="index"
            @mouseover="oversubmenu(index)" @mouseout="outsubmenu(index)">
            <h3 style="background: url(../../static/images/8.png) 20px center no-repeat; ">
               <router-link :to="'/list/' + item.id">{{ item.name }}</router-link>
            </h3>
            <div class="J_subCata" id="J_subCata" v-show="showsubmenu === index" style="left: 213px; top: 0px">
                <div class="J_subView" style="display: block">
                   <div v-for="iteminfo in item.sub_cat">
                      <dl>
                         <dt>
                            <router-link :to="'/list/' + iteminfo.id">{{ iteminfo.name }}</router-link>
                         </dt>
...
```

（2）实现脚本代码。

head.vue 组件的脚本代码如下所示。

```
<script>
import { mapGetters } from 'vuex';
import { getGoodsCategory } from "@/api/goods"
export default {
  data() {
    return {
      showmenu: false,     //控制一级菜单的显示
      allMenu:[],          //分类列表
      showsubmenu:-1,      //控制二级菜单的显示
      current:false,       //将光标放到一级分类处的样式处理
    };
  },
  methods:{
      overAllmenu(){         //当光标放到 全部商品分类 处显示一级菜单
         this.showmenu = true;
      },
      outAllmenu(){          //当光标离开 全部商品分类 处隐藏一级菜单
         this.showmenu = false;
      },
```

```
    oversubmenu(index){  //当光标放到 一级分类 处显示二级菜单
        this.current=index;
        this.showsubmenu = index;
    },
    outsubmenu(){       //当光标离开 一级分类 处隐藏二级菜单
        this.current=false;
        this.showsubmenu = -1;
    },
    getAllMenu(){
      getGoodsCategory()
      .then((response) => {
        this.allMenu=response.data.data
      })
    },
  },
  created(){
    this.getAllMenu();
  }
};
</script>
```

结合模板代码和脚本代码来说明：

- 通过加粗代码中的 getGoodsCategory()方法获取商品分类数据，将返回值赋给 allMenu 列表。
- 在 HTML 代码中获取 allMenu 列表数据，并构造出分类层级。

3. 导航栏的购物车组件

导航栏中的购物车，用于方便用户在切换到不同页面时都可以快速查看购物车信息。效果如图 11-17 所示。

图 11-17

（1）实现模板代码。

打开本书配套资源中的"myshop-vue/src/views/app/head.vue"，导航栏中的购物车组件的部分代码如图 11-18 所示。

```html
<div class="hd_cart" :class="showCart ? 'hd_cart_hover' : ''" id="ECS_CARTINFO" @mouseover="overCart"
 @mouseout="outCart">
    <router-link class="tit" :to="'/checkout'">
        <b class="iconfont">N</b>去购物车结算<span><i class="iconfont">氢</i></span>
        <em class="num" id="hd_cartnum" style="visibility: visible">{{ totalNum }}</em>
    </router-link>
    <div class="list" v-show="showCart">
        <div class="data">
            <dl v-for="item in cart_lists">
                <dt>
                    <a target="_blank" href="#"><img :src="item.goods.main_img" /></a>
                </dt>
                <dd>
                    <h4>
                        <router-link target="_blank" :to="'detail' + item.goods.id">{{ item.goods.name }}</router-link>
                    </h4>
                    <p>
                        <span class="red">{{ item.goods.price }}</span> <i>X</i> {{ item.goods_num }}
                    </p>
                    <a class="iconfont del" title="删除">T</a>
                </dd>
            </dl>
            <div class="count">
                共<span class="red" id="hd_cart_count">{{ totalNum }}</span>件商品哦~
                <p>
                    总价:<span class="red"><em id="hd_cart_total">{{ totalPrice }}</em></span>
                    <router-link class="btn" :to="'/checkout'">去结算</router-link>
                </p>
            </div>
        </div>
    </div>
</div>
```

图 11-18

（2）实现脚本代码。

head.vue 组件的脚本代码如下所示。

```
<script>
import { mapGetters } from 'vuex';
export default {
  data() {
    return {
      showCart:false  //在购物车中是否显示商品列表
    };
  },
  methods:{
    overCart(){     //将光标放到购物车上会显示商品列表
      this.showCart=true;
    },
    outCart(){      //将光标离开购物车上会隐藏商品列表
      this.showCart=false;
    },
  },
  computed:{
    ...mapGetters({
      cart_lists:'cart_lists',  //购物车列表
      totalNum:'totalNum',      //总金额
      totalPrice:'totalPrice'   //总价格
```

```
    })
  },
};
</script>
```

4. 页面 footer 组件

页面 footer 组件是所有页面公用的组件。在"myshop-vue/src/views/app"目录下新建 footer.vue 组件（footer.vue），用来显示页面的 footer 部分。这里的代码比较简单，请读者查看本书配套代码。

效果如图 11-19 所示。

图 11-19

11.7.3 "商品首页"模块开发

"商城首页"分为 5 个部分：页面 header 组件、商品轮播组件、商品推荐组件、分类商品组件、页面 footer 组件。

"商品首页"模块的布局如图 11-20 所示。

```
商城首页模块
┌─────────────────────────────────────┐
│   页面header组件（header.vue）       │
├─────────────────────────────────────┤
│   商品轮播组件（slide.vue）          │
├─────────────────────────────────────┤
│   商品推荐组件（recommend.vue）      │
├─────────────────────────────────────┤
│   分类商品组件（categorygoods.vue）  │
├─────────────────────────────────────┤
│   页面footer组件（footer.vue）       │
└─────────────────────────────────────┘
```

图 11-20

1. 商品轮播组件的开发

商品轮播组件以图片轮播的方式显示促销、热卖的商品或者广告。实现效果如图 11-21 所示。

图 11-21

(1)安装组件。

安装 swiper 组件和 vue-awesome-swiper 组件(版本号 3.1.3),使用如下命令。

```
npm install swiper vue-awesome-swiper@3.1.3 --save
```

(2)实现模板代码。

新建文件"myshop-vue/src/views/index/slide.vue",用来显示首页上方的轮播图片。模板代码如下。

```
<template>
    <div class="app-container">
        <div class="swiper">
            <swiper ref="mySwiper" :options="swiperOptions">
                <swiper-slide v-for="(item,index) in lists" :key="index">
                    <router-link :to="'/detail/'+item.goods" target=_blank>
<img :src='item.images' alt="" />
                    </router-link>
                </swiper-slide>
                <div class="swiper-pagination" slot="pagination"></div>
            </swiper>
        </div>
    </div>
</template>
```

(3)实现脚本代码。

slide.vue 组件的脚本代码如下所示。

```
<script>
import { swiper, swiperSlide } from "vue-awesome-swiper";
import { getSlide } from "@/api/goods"; //引入在 API 中定义的方法
import "swiper/dist/css/swiper.css";
export default {
  name: "default",
  data() {
    return {
      swiperOptions: {
```

```
            loop: true,
            autoplay: {
              delay: 3000,
              stopOnLastSlide: false,
            },
            pagination: {
              el: ".swiper-pagination",  //与 slot="pagination"处 class 一样
              clickable: true,           //轮播按钮支持点击
              autoplay: true,
            },
          },
          lists: [],
        };
      },
      components: {
        swiper,
        swiperSlide,
      },
      methods: {
        getData() {
          getSlide()
            .then((response) => {
              this.lists = response.data.data;
              console.log("slide " + JSON.stringify(this.lists));
            })
            .catch(function (error) {
              console.log(error);
            });
        },
      },
      created() {
        this.getData();
      },
    };
</script>
```

结合模板代码和脚本代码来说明：

- 通过加粗代码中的 getSlide() 方法获取商品轮播数据，将返回值赋给 lists 列表。
- 在模板代码中，根据轮播组件实现商品图片轮播效果。

2. 商品推荐组件的开发

商品推荐组件以图文方式显示需要推荐的商品。实现效果如图 11-22 所示。

图 11-22

（1）实现模板部分。

在"myshop-vue/src/views/index"目录下新建 recommend.vue 组件，用来显示推荐商品推荐。模板代码如下。

```
<div class="fr surprise-list ovh">
  <ul class="clearfix" style="text-align: center">
    <li v-for="item in lists">
      <div class="sur-hear p25">
        <a href="#" class="imgBox ftc">
          <img :src="item.main_img" class="zom" />
        </a>
        <h1 class="overflow mt">
          <router-link :to="'/detail/' + item.id" class="ft12 c333">{{ item.name }}
          </router-link>
        </h1>
      </div>
      <div class="sur-price clearfix">
        <div class="fl sur-numbox overflow">
          <div class="sur-num bold">¥{{ item.price }}元</div>
          <p class="c999">
            <del>原价:¥{{ item.market_price }}元</del>
          </p>
        </div>
      </div>
    </li>
  </ul>
</div>
```

（2）实现脚本代码。

recommend.vue 组件的脚本代码如下所示。

```
<script>
import { getGoods } from "@/api/goods";
export default {
  data() {
    return {
      lists: [],
    };
  },
  methods: {
    getRecommendGoods() {
      getGoods({ is_recommend: "true" }).then((response) => {
        console.log(response.data.data);
        this.lists = response.data.data;
      });
    },
  },
  created() {
    this.getRecommendGoods();
  },
};
</script>
```

结合模板代码和脚本代码来说明：

- 通过加粗代码中的 getGoods()方法传递{"is_recommend":"true"}参数获取推荐商品信息，其中，参数 is_recommend 指是否推荐商品，默认为 false。会将返回值赋给 lists 列表。
- 在模板代码中，循环输出商品推荐信息。

3．分类商品组件

分类商品组件用于显示指定分类下的指定商品，以图片方式显示。实现效果如图 11-23 所示。

图 11-23

(1) 实现模板部分。

在"myshop-vue/src/views/index"目录下新建 categorygoods.vue 组件,用来显示分类商品。模板代码如下。

```
<template>
  <div class="series_list">
    <div class="series_box cle" v-for="(item, index) in lists">
      <div class="series_info">
        <div class="series_name name_hufu">
          <h2>{{ item.name }}</h2>
        </div>
        <div class="brand_cata">
          <div v-for="iteminfo in item.sub_cat">
            <router-link :to="'/list/' + iteminfo.id">{{
              iteminfo.name
            }}</router-link>
          </div>
        </div>
        <div>
          <img :src="item.logo" style="width: 200px; height: 200px" />
        </div>
      </div>
      <div class="pro_list">
        <ul class="cle">
          <li v-for="good in item.goods">
```

```html
<router-link :to="'/detail/' + good.id">
  <p class="pic">
    <img :src="good.main_img" style="display: inline" />
  </p>
  <h3 style="text-align: center">{{ good.name }}</h3>
  <p class="price" style="text-align: center">
    ¥{{ good.price }}元
  </p>
</router-link>
</li>
```
...

（2）实现脚本代码。

categorygoods.vue 组件的脚本代码如下所示。

```
<script>
import { getCategoryGoods } from "@/api/goods";
export default {
  data() {
    return {
      lists: [],
    };
  },
  methods: {
    getData() {
      getCategoryGoods().then((response) => {
        console.log(response.data.data);
        this.lists = response.data.data;
      });
    },
  },
  created() {
    this.getData();
  },
};
</script>
```

结合模板代码和脚本代码来说明：

- 通过加粗代码中的 getCategoryGoods()方法获取分类下的商品数据，将返回值赋值给 lists 列表。
- 在模板代码中使用了两层循环嵌套：第 1 层获取分类，第 2 层获取每个分类下的商品。

4. 组装首页

在"myshop-vue/src/views/index"目录下新建 index.vue 组件，用来组装商品轮播组件、

商品推荐组件和分类商品组件。

（1）模板和脚本代码部分。

打开本书配套资源中的"myshop-vue/src/views/index/index.vue"，在其中添加如下代码。

```
<template>
  <div id="i1">
    <myhead></myhead>
    <slide></slide>
    <recommend></recommend>
    <categorygoods></categorygoods>
    <myfooter></myfooter>
  </div>
</template>
<script>
import myhead from "./../app/head";
import myfooter from "./../app/footer";
import slide from "./slide";
import recommend from "./recommend";
import categorygoods from "./categorygoods";
export default {
  data() {
    return {};
  },
  components: {
    myhead,
    slide,
    recommend,
    categorygoods,
    myfooter,
  },
};
</script>
```

（2）配置路由。

打开本书配套资源中的"route/index.js"，在其中添加如下代码。

```
{
  name: "index",
  path: "/index",
  component: () => import('@/views/index/index'),
  meta: {
    title: "商城首页",
  },
},
```

访问地址"http://localhost:8080/#/index",即可看到商城系统首页了。

11.7.4 "商品列表"模块开发

"商品列表"模块分为 5 个部分:页面 header 组件、左侧商品分类组件、商品列表组件、分页组件、页面 footer 组件。限于篇幅,这里没有对商品列表组件做进一步的拆分。

"商品列表"模块的布局如图 11-24 所示。

1. 左侧商品分类组件

左侧商品分类组件用于显示当前分类下的商品数量及其下级分类。其实现效果如图 11-25 所示。

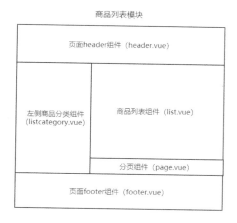

图 11-24　　　　　　　　　图 11-25

(2)实现模板部分。

在"myshop-vue/src/views/list"目录下新建 listcategory.vue 组件,模板代码如下。

```
<template>
  <div class="sidebar">
    <div class="cate-menu" id="cate-menu">
      <h3>
        <a href="#">
          <strong>{{ categoryname }}</strong>
          <i id="total_count">商品共{{ sub_cat.length }}件</i>
        </a>
      </h3>
      <dl>
        <dt v-for="item in sub_cat">
          {{ item.name }}
```

```
        </dt>
      </dl>
    </div>
  </div>
</template>
```

（3）实现脚本代码。

listcategory.vue 组件的脚本代码如下。

```
<script>
export default {
  data() {
    return {};
  },
  props: {
    sub_cat: {
      default: function () {
        return {};
      },
    },
    categoryname: "",
  },
};
</script>
```

在上述加粗代码中定义了 props 属性，其中，sub_cat 参数接收来自父组件中的子分类列表数据，categortname 参数接收父组件中的分类名称。

子组件需要某个数据，就在其内部定义一个 prop 属性，然后父组件就像给 HTML 元素指定值那样把自己的属性传递给子组件的 prop 属性。

2. 分页组件

单独定义一个分页组件，用来实现 Vue 中的父子传值。该组件的实现过程如下。

（1）实现模板部分。

在"myshop-vue/src/views/list"目录下新建 page.vue 组件，其模板代码如下所示。

```
<template>
  <div class="pagenav" id="pagenav">
    <ul>
      <li>
        <a class="nextLink" @click="get_page(1)">首页</a>
        <a class="nextLink" @click="get_prev_page()">上一页</a>
        <a class="nextLink" v-for="num in total_page" @click="get_page(num)">{{num}}</a>
```

```html
          <a class="nextLink" @click="get_next_page()">下一页</a>
          <a class="nextLink" @click="get_page(total_page)">尾页</a>
      </li>
    </ul>
    <div class="clear"></div>
  </div>
</template>
```

(2) 实现脚本代码。

page.vue 组件的脚本代码如下所示。

```
<script>
export default {
  data() {
    return {
      curr_page: 1,
    };
  },
  name: "mypage",
  props: ["total_page"],
  methods: {
    get_page(num) {
      this.curr_page = num;
      let data = {
        curr_page: this.curr_page,
      };
      this.$emit("get_page", { curr_page: this.curr_page });
    },
    get_prev_page() {
      if (this.curr_page == 1) {
        return;
      }
      this.curr_page -= 1;
      this.$emit("get_page", { curr_page: this.curr_page });
    },
    get_next_page() {
      if (this.curr_page == this.total_page) {
        return;
      }
      this.curr_page += 1;
      this.$emit("get_page", { curr_page: this.curr_page });
    },
  },
};
</script>
```

在上述加粗代码中,使用$emit(eventName,[…args])方法来触发父组件的自定义事件。

在父组件(list.vue)中,增加如下分页组件。

```
<mypage :total_page="total_page" @get_page="get_page">
</mypage>
```

当单击子组件(page.vue)中的"上一页"或者"下一页"链接时,会触发父组件的 get_page()方法,并同时传递 curr_page 参数到父组件中。在父组件中,定义 get_page()方法来接收参数。

```
get_page(data){
  this.curr_page = data.curr_page;
  this.getlistData();
},
```

同时在父组件(list.vue)中,将计算属性 total_page 传给子组件(page.vue)。total_page 默认为总页数,计算规则为"返回大于或者等于一个给定数字(商品总数/8)的最小整数"。这里的数字 8 代表每页显示 8 个商品。

```
computed: {
  total_page() {
    return Math.ceil(this.goodsnum / 8)
  }
},
```

3. 商品列表组件

商品列表组件包含商品搜索、过滤、排序和分页功能。实现效果如图 11-26 所示。

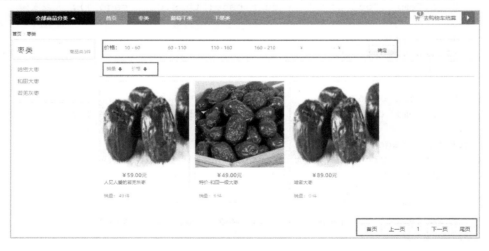

图 11-26

(1)实现模板部分。

在 "myshop-vue/src/views/list" 目录下新建 list.vue 组件，其模板部分代码如下所示。

```
...
<div class="here cle">
    <a href=".">首页</a> <code>&gt;</code>
    <router-link :to="id">{{curr_cate_name}}</router-link>
</div>
<div class="main cle">

<listcategory :sub_cat="sub_cat" :categoryname="curr_cate_name"></listcategory>
    <div class="maincon">
        <dt>价格：</dt>
        <div class="items cle w500">
            <div class="link">
                <a @click="query_price(10,60)" class="item">10 - 60</a>
            </div>
            ...
        </div>
        <div class="priceform" id="priceform">
            <form action="#" method="post" id="freepriceform">
                <span class="rmb"></span>
                <input type="text" value="" name="price_min" id="pricemin" v-model="min_price">
                <span class="rmb rmb2"></span>
                <input type="text" value="" name="price_max" id="pricemax" v-model="max_price">
    <input type="button" value="确定" @click="query_price(min_price,max_price)" class="submit">
            </form>
        </div>
        <div class="sort">
            <form method="GET" name="listform">
            <a title="销量" class="curr" rel="nofollow" @click="sort_amount(type1)">
                <span :class="type1=='-amount'?'search_DESC':'search_ASC'">销量</span></a>
            <a title="价格" class="curr" rel="nofollow" @click="sort_price(type2)">
                <span :class="type2=='-price'?'search_DESC':'search_ASC'">价格</span></a>
            </form>
        </div>
        <div class="productlist">
```

```html
            <li v-for="item in list_data">
                <router-link :to="'/detail/'+item.id" target="_blank" class="productitem">
                    <span class="productimg">
                        <img width="150" height="150" :title="item.name"
                            :alt="item.name" :src="item.main_img" style="display:block;">
                    </span>
                    <span class="nalaprice xszk">
                        <b> ¥{{item.price}}元 </b>
                    </span>
                    <span class="productname">{{item.name}}</span>
                    <span class="salerow"> 销量：<span class="sales">
                        {{item.amount}}</span>件 </span>
                </router-link>
            </li>
        </div>
        <mypage :total_page="total_page" @get_page="get_page">
        </mypage>
    </div>
</div>
...
```

（2）实现脚本代码。

list.vue 组件的脚本代码如下所示。

```js
...
import { getGoods, getGoodsCategoryByID } from "@/api/goods";
//左侧菜单导航
import listcategory from "@/views/list/listcategory.vue";
import mypage from "@/views/list/page.vue";
export default {
  data() {
    return {
      sub_cat: [],
      curr_cate_name: "",
      id: "",
      list_data: [],
      goodsnum: 0,
      ordering: "-amount",
      curr_page: 1,
      type1: "-amount",
      type2: "-price",
      min_price: "",
      max_price: "",
```

```js
      };
    },
    …
    methods: {
      getAllCategory() {
        //获取传递过来的id
        this.id = this.$route.params.id;
        if (this.$route.params.id) {
          getGoodsCategoryByID(this.$route.params.id).then((response) => {
            this.sub_cat = response.data.data.sub_cat;
            this.curr_cate_name = response.data.data.name;
          });
        }
      },
      getlistData() {
        getGoods({
          category: this.$route.params.id,
          min_price: this.min_price,
          max_price: this.max_price,
          ordering: this.ordering,
          page: this.curr_page,
        }).then((response) => {
          this.list_data = response.data.data;
          this.goodsnum = response.data.count;
        });
      },
      sort_amount(type) {
        type == "-amount" ? (this.type1 = "amount") : (this.type1 = "-amount");
        this.ordering = type;
        this.getlistData();
      },
      sort_price(type) {
        type == "-price" ? (this.type2 = "price") : (this.type2 = "-price");
        this.ordering = type;
        this.getlistData();
      },
      get_page(data) {
        this.curr_page = data.curr_page;
        this.getlistData();
      },
      query_price(min_price, max_price) {
        this.min_price = min_price;
        this.max_price = max_price;
        this.getlistData();
      },
```

```
    },
    computed: {
      total_page() {
        return Math.ceil(this.goodsnum / 8);
      },
    },
    created() {
      this.getAllCategory();    //获取当前分类下的子分类
      this.getlistData();       //根据条件获取商品信息
    },
};
</script>
```

上述代码说明如下：

- getAllCategory()方法根据当前传递的分类 id，获取分类名称及子分类信息，并将 sub_cate 和 curr_cate_name 参数传递到子组件（左侧商品分类组件）中去。
- getGoods()方法传递了几个参数：category 参数指当前的分类 id，min_price 和 max_price 参数构成了价格区间范围，ordering 参数指排序字段，page 参数指分页字段。这几个参数名称不能改变，对应于后端的"/goods/myfilter.py"文件中的变量，读者可以查阅本书配套源代码学习。

（3）配置路由。

打开本书配套资源中的"route/index.js"，在其中添加如下内容。

```
{
  name: "list",
  path: "/list/:id",
  component: () => import('@/views/list/list'),
  meta: {
      title: "商品列表"
  },
},
```

访问地址"http://localhost:8080/#/list/1/"即可看到商品列表页。

11.7.5　"商品详情"模块开发

"商品详情"模块用来显示商品的详细信息，包括标题、价格、图片、描述信息，以及是否加入购物车等。实现效果如图 11-27 所示。

图 11-27

1. 实现模板部分

在"myshop-vue/src/views/detail"目录下新建 detail.vue 组件。其模板代码如下。

```
...
<div class="detail_img" id="detail_img">
  <div class="pic_view">
    <img :alt="goods_lists.main_img" :src="goods_lists.main_img">
  </div>
  <div class="item-thumbs" id="item-thumbs">
    <div class="bd">
      <a>
        <img :alt="goods_lists.main_img" :src=goods_lists.main_img>
      </a>
    </div>
  </div>
</div>
<div class="item-info" id="item-info">
  <dt class="product_name">
    <h1>{{goods_lists.name}}</h1>
    <p class="desc"> <span class="gray">{{goods_lists.goods_desc}}</span></p>
  </dt>
  <ul>
    <li> <span class="lbl">市场价</span> <em class="cancel">¥{{goods_lists.market_price}}</em>
    </li>
    <li>
```

```html
            <span class="lbl">销售价</span> <span class="unit"> <strong
class="nala_price red"
                id="PRICE">¥{{goods_lists.price}}元</strong> </span>
            <span><i class="iconfont">•</i><a href="javascript:;"
id="membership">
                <i class="iconfont"></i></a></span>
        </li>
        <li><span class="lbl">销   量</span>
            <span>最近售出<em class="red">{{goods_lists.amount}}</em>件</span>
        </li>
    </ul>
    <li class="skunum_li cle">
        <span class="lbl">数   量</span>
        <div class="skunum" id="skunum">
            <span class="minus" title="减少1个数量" @click="reduce"><i
class="iconfont">-</i></span>
            <input id="number" name="number" type="text" min="1" v-model="buynum">
            <span class="add" title="增加1个数量" @click="add"><i
class="iconfont">+</i></span>
            <cite class="storage"> 件 </cite>
        </div>
        <div class="skunum" id="skunum">
        <cite class="storage">(<font
id="shows_number">{{goods_lists.stock_num}}件
            </font>)</cite>
        </div>
    </li>
    <li class="add_cart_li">
        <a @click="addcart" class="btn" id="buy_btn"><i class="iconfont">ǔ</i>
加入购物车</a>
        </li>
    </div>
    <div class="detail_bgcolor">
        <ul>
            <li class="current_select">
                <a class="spxqitem" href="javascript:void(0);">商品详情</a>
            </li>
        </ul>
        <div class="spxq_main">
            <table>
                <tr>
                    <td width="20%" class="th"> 产品名称 :</td>
                    <td width="80%"> {{goods_lists.name}}</td>
                </tr>
            </table>
```

```html
<div class="spxq_dec">
    <p v-html="goods_lists.goods_desc"> </p>
  </div>
</div>
</div>
```
…

2. 实现脚本代码

detail.vue 组件的脚本代码如下所示。

```
…
import { addCart } from "@/api/order"
import { getGoodsByID } from "@/api/goods"
export default{
  data(){
    return{
      goods_lists:{},
      buynum:1,
      modelshow:false
    };
  },
  components: {
    myhead,
    myfooter,
  },
  methods:{
    getDetail() {
      getGoodsByID(this.$route.params.id).then((response) => {
        this.goods_lists = response.data
      })
    },
    add(){
      this.buynum=this.buynum+1;
    },
    reduce(){
      this.buynum=this.buynum-1
      if (this.buynum<=1){
        this.buynum=1
      }
    },
    addcart(){
      addCart({
        goods:this.goods_id,
        goods_num:this.buynum
      }).then((response) => {
```

```
        if (response.status === 201) {
          this.modelshow=true;
          //这里对购物车进行 vuex 处理
          this.$store.dispatch('saveCart')
        }
      }).catch(function(error){
        console.log(error);
      })
    },
  },
  created(){
    this.goods_id=this.$route.params.id;
    this.getDetail();
  }
}
</script>
```

结合模板代码和脚本代码来说明：

- 通过加粗代码中的 getGoodsByID()方法传入商品 ID 参数，以获取后台商品数据。将返回值赋值给 goods_lists 列表。在模板代码中显示单个商品详情。
- 通过调用 addCart ()方法完成购物车数据的插入或者更新。传递了两个参数：goods 参数指商品 id，goods_num 参数指购买的商品数量。

在添加购物车成功后，需要改变 Vuex 中的购物车状态，以通知其他使用到购物车的页面，比如导航栏中的购物车区域。（这部分内容将在 11.8.7 节介绍）。

11.7.6 "用户注册"模块开发

"用户注册"模块的实现效果如图 11-28 所示。

图 11-28

1. 实现模板部分

在"myshop-vue/src/views/user"目录下新建 reg.vue 组件,其模板代码如下。

```html
<form name="formUser">
    <div class="register_infor">
        <ul>
            <li class="input_box">
                <span class="t_text">用户名</span>
                <input type="text" name="username" v-model="username" id="username" />
                <span class="error_icon"></span>
            </li>
            <li class="error_box" id="username_notice">
                <em>{{err_username}}</em>
            </li>
            <li class="input_box">
                <span class="t_text">密码</span>
                <input type="password" name="password" v-model="password" id="password1" />
                <span class="error_icon"></span>
            </li>
            <li class="error_box" id="password_notice">
                <em>{{err_password}}</em>
            </li>
            <li class="input_box">
                <span class="t_text" id="extend_field5i">手机</span>
                <input id="mobile" name="mobile" v-model="mobile" type="text" />
                <span class="error_icon"></span>
            </li>
            <li class="error_box"><em>{{err_mobile}}</em></li>
            <li class="lizi_law">
                <input name="agreement" type="checkbox" value="1" checked="checked" tabindex="5" class="remember-me" />
                我已看过并接受《<a href="#" style="color:blue" target="_blank">用户协议</a>》
            </li>
            <li class="error_box"><em></em></li>
            <li class="go2register">
                <input name="Submit" @click="register" type="button" value="同意协议并注册登录" class="btn submit_btn" />
            </li>
        </ul>
    </div>
</form>
```

2. 实现脚本代码

reg.vue 组件的脚本代码如下。

```js
…
import { reg } from "@/api/users";
export default {
  data() {
    return {
      username: "",
      password: "",
      mobile: "",
      err_username: "",
      err_password: "",
      err_mobile: "",
    };
  },
  …
  methods: {
    register() {
      var that = this;
      that.err_username = "";
      that.err_password = "";
      that.err_mobile = "";
      reg({
        username: this.username,
        password: this.password,
        mobile: this.mobile,
      })
        .then((response) => {
          if (response.data.code === 201) {
            //跳转到登录页面进行登录
            this.$router.push({ name: "login" });
          }
        })
        .catch(function (error) {
          console.log("reg" + error);
          if ("non_field_errors" in error) {
            that.error = error.non_field_errors[0];
          }
          if ("username" in error) {
            that.err_username = error.username[0];
          }
          if ("password" in error) {
            that.err_password = error.password[0];
          }
```

```
        if ("mobile" in error) {
          that.err_mobile = error.mobile[0];
        }
      });
    },
  },
};
</script>
```

结合模板代码和脚本代码来说明：通过加粗代码中的 reg() 方法传入 username、password、mobile 字段进行用户注册，并对返回值进行判断；在注册成功后，状态码为 201，跳转到登录页面进行登录；在注册失败后，根据出错信息进行判断，并进行前台信息的显示。

3. 配置路由

打开本书配套资源中的"route/index.js"，在其中添加如下内容。

```
{
  name: "reg",
  path: "/reg",
  component: () => import('@/views/user/reg'),
  meta: {
    title: "用户注册"
  },
},
```

访问地址"http://localhost:8080/#/reg"即可看到用户注册页面。

11.7.7 "用户登录"模块开发

"用户登录"模块支持用户名或者手机登录，其实现效果如图 11-29 所示。

图 11-29

1. 实现模板部分

在"myshop-vue/src/views/user"目录下新建 login.vue 组件。其模板代码如下。

```
    …
    <form name="formLogin" action="" method="post">
      <div class="register_infor">
        <ul>
          <li class="input_box">
            <input type="text" name="username" id="username" v-model="username" placeholder="用户名、手机、邮箱" />
            <span class="error_icon"></span>
          </li>
          <li class="error_box" id="username_notice">
            <em>{{ err_username }}</em>
          </li>
          <li class="input_box">
            <input type="password" name="password" id="password" v-model="password" placeholder="请输入你的密码" />
            <span class="error_icon"></span>
          </li>
          <li class="error_box" id="password_notice">
            <em>{{err_password}}</em>
          </li>
          <li class="go2register">
            <input type="hidden" name="login_type" value="0" id="login_type" />
            <input type="hidden" name="act" value="act_login" />
            <input type="hidden" name="back_act" value=" " />
            <input type="button" name="submit" class="btn submit_btn" @click="login" value="登 录" />
          </li>
        </ul>
      </div>
    </form>
    …
```

2. 实现脚本代码

login.vue 组件的脚本代码如下。

```
    …
    export default {
      data() {
        return {
          username: "",
          password: "",
          message: "",
          err_username: "",
          err_password: "",
        };
```

```
    },
    ...
    methods: {
      login() {
        var that = this;
        this.message = "";
        login({
          username: this.username,
          password: this.password,
        })
          .then((Response) => {
            if (Response.status === 200) {
              //同时保存到vuex
              localStorage.setItem("token", Response.data.token),
              this.$store.dispatch("saveUser", Response.data);
              this.username = "";
              this.password = "";
              this.$router.push("/index"); //跳转到首页
            }
          })
          .catch(function (error) {
            if ("username" in error) {
              that.err_username = error.username[0];
            } else if ("password" in error) {
              that.err_password = error.password[0];
            } else {
              alert("登录失败");
            }
          });
      },
    },
  };
</script>
```

登录成功后，将 token 保存到本地存储中，并将登录信息保存到 Vuex 中。

3. 技术难点

一般用户信息的登录信息都是保存在 Vuex 中。

虽然 Vuex 能保存用户状态，但一旦页面刷新，则用户状态也随之消失。如果想要用户状态不会因为刷新而消失，则需要使用本地存储，可以使用 localStorage 或 cookies。这两者有利有弊：localStorage 解决了 cookie 存储空间不足的问题，而在安全性方面 cookies 略胜一筹。本实例使用 localStorage。

打开本书配套资源中的"src/vuex/store.js",在其中添加如下代码。

```
import Vue from 'vue'
import Vuex from 'vuex'
Vue.use(Vuex)
const state = {
    userinfo:localStorage["userinfo"]?JSON.parse(localStorage["userinfo"])
:[],
}
const mutations = {
  saveUser(state, value) {
    state.userinfo = value,
    localStorage.setItem('userinfo', value)
  },
  delUser(state) {
    state.userinfo = null;
  },
}
const actions = {
  saveUser(context, value) {
    return context.commit('saveUser', value)
  },
  delUser(context) {
    return context.commit('delUser')
  },
}
const getters = {
  userinfo(state) {
    localStorage.setItem("userinfo", JSON.stringify(state.userinfo));
    return state.userinfo;
  },
}
const store = new Vuex.Store({
  state,
  mutations,
  actions,
  getters
})
export default store
```

使用 localStorage 存储 userinfo 变量,这样在页面刷新时可以保持登录状态。

4. 配置路由

打开本书配套资源中的"route/index.js",在其中添加如下代码。

```
    {
      name: "login",
      path: "/login",
      component: () => import('@/views/user/login'),
      meta: {
        title: "用户登录"
      },
    },
```

11.7.8 "购物车管理"模块开发

"购物车管理"模块的功能：当用户单击商品详情页的"加入购物车"按钮时，判断购物车中有没有该商品；如果有该商品，则将购物车中的对应的商品数量加 1；如果没有该商品，则将该商品加入购物车，并将购物车信息保存到 Vuex 中。

1. 我的购物车组件的开发

在"myshop-vue/src/views/cart"目录下新建 cart.vue 组件。其实现效果如图 11-30 所示。

图 11-30

（1）实现模板代码。

```
...
    <div class="fr"> <a href="./" class="graybtn">继续购物</a> <a href="#" class="btn"
        id="checkout-top"> 去结算 </a> </div>
    <div class="cart-box" id="cart-box">
      <div class="hd"> <span class="no2" id="itemsnum-top">2 件商品</span>
        <span class="no4">单价</span> <span>数量</span>
        <span>小计</span>
      </div>
      <div class="goods-list">
```

```html
            <li class="cle hover" v-for="(item,index) in cart_lists"
style="border-bottom-style: none;">
              <div class="pic">
                <a href="#" target="_blank">
                  <img :alt="item.goods.name" :src="item.goods.main_img">
                </a>
              </div>
              <div class="name">
              <router-link :to="'/detail'+item.goods.id"><span
style="color:#FF0000">{{item.goods.name}}</span>
                </router-link>
                <p> </p>
              </div>
              <div class="price-xj">
                <p><em>¥{{item.goods.price}}元</em></p>
              </div>
              <div class="nums">
                <span class="minus" title="减少1个数量"
@click="reduce(item.goods.id,item.goods_num)">-</span>
                <input type="text" id="goods_number_270" v-model="item.goods_num">
                <span class="add" title="增加1个数量"
@click="add(item.goods.id,item.goods_num)">+</span>
              </div>
              <div class="price-xj"><span></span> <em
id="total_items_270">¥{{item.goods.price*item.goods_num}}元</em>
              </div>
              <div class="del"> <a class="btn-del">删除</a> </div>
            </li>
        </div>
        <div class="fd cle">
          <div class="fl">
            <p class="no1"> <a id="del-all" href="#">清空购物车</a> </p>
            <p><a class="graybtn" href="#">继续购物</a></p>
          </div>
          <div class="fr" id="price-total">
            <p><span id="selectedCount">{{cart_lists.length}}</span>件商品，总价：
<span class="red"><strong
              id="totalSkuPrice">¥{{this.allprice}}元</strong></span></p>
            <p>
              <router-link :to="'checkout'" class="btn">去结算</router-link>
            </p>
          </div>
        </div>
      </div>
    </div>
    ...
```

（2）实现脚本代码。

cart.vue 组件的脚本代码如下所示。

```
...
import { getCart, updateCart } from "@/api/order";
export default {
  data() {
    return {
      cart_lists: {},
      buynum: 1,
      modelshow: false,
      allprice: 0,
    };
  },
  ...
  methods: {
    getCart() {
      getCart().then((response) => {
        this.cart_lists = response.data.data;
        var totalprice = 0;
        for (var i = 0; i < this.cart_lists.length; i++) {
          var item = this.cart_lists[i];
          totalprice += item.goods_num * item.goods.price;
        }
        this.allprice = totalprice;
      });
    },
    add(id, nums) {
      updateCart(id, { goods_num: nums + 1 }).then((response) => {
        this.getCart();
        //这里对购物车进行vuex处理
        this.$store.dispatch("saveCart");
      });
    },
    reduce(id, nums) {
      updateCart(id, { goods_num: nums - 1 }).then((response) => {
        this.getCart();
        //这里对购物车进行vuex处理
        this.$store.dispatch("saveCart");
      });
    },
  },
  created() {
    this.getCart();
  },
```

```
};
</script>
```

单击购物车中的商品数量的"增加"或"减少"按钮,会触发 add 或者 reduce 事件,事件会发起一个 PATCH 请求,对数据库中 Cart 表进行数据更新,并触发 Vuex 中购物车状态信息的改变。

(3)实现接口代码。

打开本书配套资源中的"src/api/order.js",在其中添加如下代码。

```
import request from '@/utils/request'
//封装请求的方式
export function addCart(data) {
  return request({
    url: '/cart/',
    method: 'post',
    data
  })
}
export function getCart(data) {
  return request({
    url: '/cart/',
    method: 'get',
    data
  })
}
export function updateCart(id,data) {
  return request({
    url: '/cart/'+id+'/',
    method: 'patch',
    data
  })
}
```

2. Vuex 中的购物车处理

购物车的信息保存在数据库 Cart 表中。为了减少对数据库的频繁请求,我们将购物车的信息同步保存到 Vuex 中。这样,导航栏的购物车组件就可以直接从 Vuex 中获取信息了。

打开本书配套资源中的"src/vuex/store.js",在其中添加如下代码。

```
import Vue from 'vue'
import Vuex from 'vuex'
import { getCart } from '@/api/order'
Vue.use(Vuex)
const state = {
```

```js
      cart_lists: localStorage["cart_lists"] ?
JSON.parse(localStorage["cart_lists"]) : []
    }
    const mutations = {
      saveCart(state) {
        getCart().then((response) => {
          state.cart_lists = response.data.data
          console.log("data " + JSON.stringify(response.data))
          localStorage.setItem('cart_lists', JSON.stringify(state.cart_lists))
        }).catch(function (error) {
          console.log(error)
        })
      },
    }
    const actions = {
      saveCart(context) {
        return context.commit('saveCart')
      },
    }
    const getters = {
      cart_lists(state) {
        return state.cart_lists;
      },
      totalNum(state) {
        let goods_num = 0;
        if (state.cart_lists.length > 0) {
          state.cart_lists.forEach((item) => {
            goods_num += item.goods_num;
          })
        }
        return goods_num;
      },
      totalPrice(state) {
        let price = 0;
        if (state.cart_lists.length > 0) {
          state.cart_lists.forEach((item) => {
            price += item.goods.price * item.goods_num;
          })
        }
        return price;
      }
    }
    const store = new Vuex.Store({
      state,
      mutations,
```

```
    actions,
    getters
})
export default store
```

在上述代码中定义了 3 个 getters 属性：购物车列表（cart_lists）、总数量（totalNum）和总价格（totalPrice）。关于这 3 个属性的使用方法，读者可以参考导航栏的购物车组件的代码，这里不再赘述。

11.7.9 "订单管理"模块开发

"订单管理"模块包括核对购物车信息、选择地址信息（为了简化操作，需要提前在"个人中心"模块中的"配送地址"处进行维护）、选择支付信息和创建订单。其实现效果如图 11-31 所示。

图 11-31

1. 实现模板代码

在"myshop-vue/src/views/cart"目录下新建 checkout.vue 组件,用来显示结算信息。该组件的模板代码如下。

```
<div class="flowBox">
    <h6><span>商品列表</span><a href="#" class="f16">返回修改购物车</a></h6>
    <table width="99%" align="center" border="0" cellpadding="5" cellspacing="1" bgcolor="#dddddd">
        <tr style="text-align:center;">
            <th>商品名称</th>
            <th>原价</th>
            <th>本店价</th>
            <th>购买数量</th>
            <th>小计</th>
        </tr>
        <tr align="center" v-for="item in cart_lists">
            <td>
                <router-link :to="'detail/'+item.goods.id" target="_blank" class="f6">
                    {{item.goods.name}}
                </router-link>
            </td>
            <td>¥{{item.goods.market_price}}元</td>
            <td>¥{{item.goods.price}}元</td>
            <td>{{item.goods_num}}</td>
            <td>¥{{item.goods.price*item.goods_num}}元</td>
        </tr>
    </table>
</div>
<div class="flowBox">
    <h6><span>收货人信息</span><a href="#" class="f16">返回修改收货地址</a></h6>
    <table width="99%" align="center" border="0" cellpadding="5" cellspacing="1" bgcolor="#dddddd">
        <tr>
            <td>收货人姓名:</td>
            <td>{{contact_name}}</td>
            <td>详细地址:</td>
            <td>{{address}} </td>
        </tr>
        <tr>
            <td>手机:</td>
            <td>{{contact_mobile}}</td>
            <td>备用电话:</td>
```

```html
            <td> </td>
        </tr>
    </table>
</div>
…
<div class="flowBox">
    <h6><span>费用总计</span></h6>
    <table width="99%" align="center" border="0" cellpadding="5" cellspacing="1" bgcolor="#dddddd">
        <tr>
            <td align="right" style="color:#666666;">
                商品总价：<font class="f4_b">¥{{totalPrice}}元</font>
            </td>
        </tr>
        <tr>
            <td align="right">
                应付款金额：<font class="f4_b">¥{{totalPrice}}元</font>
            </td>
        </tr>
    </table>
    <div align="center" style="margin:8px auto;">
        <img src="../../static/images/bnt_subOrder.jpg" @click="submit_order">
    </div>
</div>
```

2. 实现脚本代码

checkout.vue 组件的脚本代码如下。

```
…
import { addOrder } from "@/api/order";
import { getAddress } from "@/api/basic";
export default {
  data() {
    return {
      …
    };
  },
  methods: {
    submit_order() {
      addOrder({
        contact_name: this.contact_name,
        contact_mobile: this.contact_mobile,
        memo: this.memo,
        address: this.address,
```

```js
      pay_method: this.pay_method,
    })
      .then((response) => {
        if (response.data.code == "200") {
          //这里对购物车进行vuex处理
          this.$store.dispatch("saveCart");
          this.$router.push({ name: "/myorder" });
        } else {
          return;
        }
      })
      .catch(function (error) {
        console.log(error);
      });
  },
  getAddressData() {
    getAddress()
      .then((response) => {
        console.log(response.data);
        if (response.status === 200) {
          this.address_lists = response.data.data;
          …
        }
      })
      .catch(function (error) {
        console.log(error);
      });
  },
},
…
};
</script>
```

在上述代码中，调用 getAddress()方法获取用户已经设定的默认配送地址，调用 addOrder()方法发起 POST 请求来新增一个订单。在新增订单成功后，会把购物车中的对应商品删除，因此需要再次触发 Vuex 中的 saveCart()函数来更新购物车数据。

3. 配置路由

打开本书配套资源中的"route/index.js"，增加如下代码。

```js
{
  name: "checkout",
  path: "/checkout",
  component: () => import('@/views/cart/checkout'),
  meta: {
```

```
                title: "结算"
            },
        },
```

11.7.10 "个人中心"模块开发

"个人中心"模块主要包括修改个人资料组件、配送地址组件和我的订单组件。

1. 修改个人资料组件

利用修改个人资料组件，可以修改姓名、性别、电子邮件地址和手机等字段。其现实效果如图 11-32 所示。

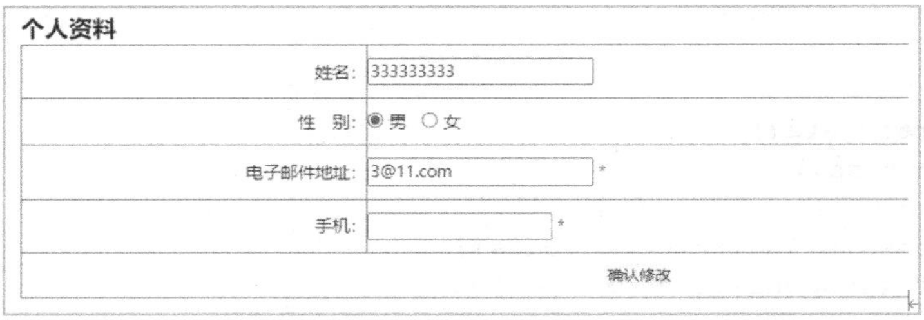

图 11-32

（1）实现模板代码。

在"myshop-vue/src/views/user"目录下新建 profile.vue 组件，用来显示用户个人信息并进行修改。其模板代码如下。

```
<h5><span>个人资料</span></h5>
<form name="formEdit" action="#" method="post">
    <table width="100%" height="200px" border="1" cellpadding="5" cellspacing="1">
        <tr>
            <td width="28%" align="right">姓名：</td>
            <td width="72%" align="left"> <input name="truename" type="text" v-model="userinfo.truename" size="25"  class="inputBg" />
            </td>
        </tr>
        <tr>
            <td width="28%" align="right">性  别：</td>
            <td width="72%" align="left">
              <input type="radio" name="sex" value="1" v-model="userinfo.sex" />男  
                <input type="radio" name="sex" value="0" v-model="userinfo.sex" />女  
            </td>
```

```
            </tr>
            <tr>
                <td width="28%" align="right">电子邮件地址：</td>
                <td width="72%" align="left"><input name="email" type="text" v-model="userinfo.email" size="25" class="inputBg" />
                </td>
            </tr>
            <tr>
                <td width="28%" align="right" id="extend_field5i">
                    手机：</td>
                <td width="72%" align="left">
                    <input name="extend_field5" type="text" class="inputBg" v-model="userinfo.mobile" />
                </td>
            </tr>
            <tr>
                <td colspan="2" align="center">
                    <input name="submit" type="button" @click="updateUserinfo" value="确认修改" class="btn-primary" style="border:none;" />
                </td>
            </tr>
        </table>
    </form>
```

（2）实现脚本代码。

profile.vue 组件的脚本代码如下所示。

```
<script>
…
import { getUsersByID, updateUsers } from '@/api/users'
export default {
  data() {
    return {
      userinfo:{
        birthday:'',
        sex:'0',
        email:'',
        mobile:''
      }
    };
  },
  …
  methods:{
    getData(){
      getUsersByID().then((response)=>{
```

```
            this.userinfo=response.data.data;
        }).catch(function(error){
          console.log(error);
        })
      },
      updateUserinfo(){
        updateUsers(this.userinfo).then((response)=>{
          alert('修改成功')
        }).catch(function(error){
          alert(JSON.stringify(error));
        })
      },
    },
    …
};
</script>
```

在上述代码中，调用 getUsersByID ()方法来获取单个用户的信息，调用 updateUsers()方法发起 PATCH 请求来修改一个用户。

（3）实现接口代码。

打开本书配套资源中的"src/api/users.js"，在其中添加如下代码。

```
export function getUsersByID() {
  return request({
    url: '/users/1/',
    method: 'get',
  })
}
export function updateUsers(data) {
  return request({
    url: '/users/1/',
    method: 'patch',
    data
  })
}
```

为了实现满足 RESTful 风格的接口，getUsersByID()方法和 updateUsers()方法请求的 URL 都是"/users/\<pk\>"方法，这里的 pk 为用户主键 ID，所以，这里的 pk 填什么数字都可以，但必须要填写。笔者这里填写的是"/users/1/"。后端通过获取当前登录用户信息进行修改。

（4）配置路由。

打开本书配套资源中的"route/index.js"文件，增加如下代码。

```
{
    name: "profile",
    path: "/profile",
    component: () => import('@/views/user/profile'),
    meta: {
      title: "个人中心"
    },
},
```

2. 配送地址组件

配送地址组件包含配送地址的新增和修改。一个用户可以有一个默认的配送地址，在选择一个地址为默认地址后，其他的地址自动变为非默认地址。该组件的实现效果如图 11-33 所示。

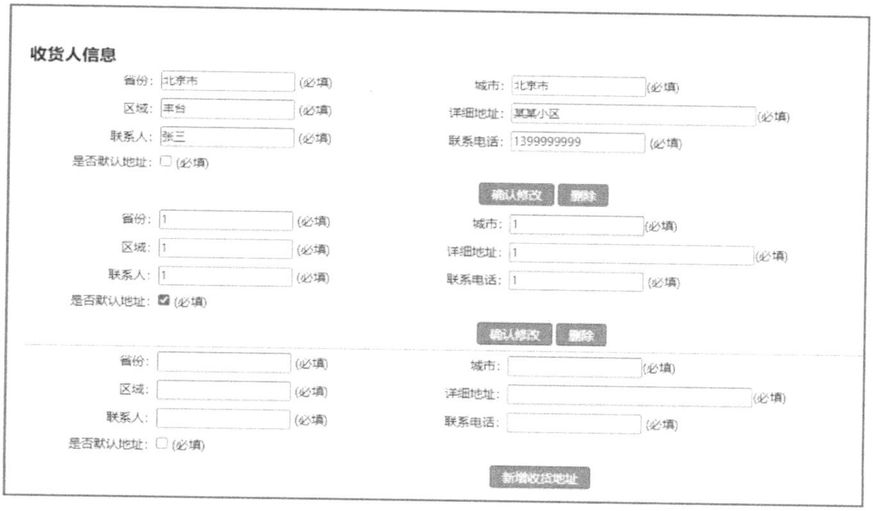

图 11-33

（1）实现模板代码。

在 "myshop-vue/src/views/user" 目录下新建 address.vue 组件，该组件的模板代码如下。

```
<h5><span>收货人信息</span></h5>
<table v-for="(item,index) in address_lists" width="100%" height="150px;" border="0" cellpadding="5" cellspacing="1">
    <tr>
        <td align="right">省份：</td>
        <td align="left">
            <input name="province" type="text" class="inputBg" v-model="item.province">
            (必填)
        </td>
```

```html
                <td align="right">城市：</td>
                <td align="left"><input name="city" type="text" class="inputBg" v-model="item.city">(必填)
                </td>
            </tr>
            …
            <tr>
                <td align="right">是否默认地址：</td>
                <td align="left">
                    <input name="is_default" type="checkbox" class="inputBg" v-model='item.is_default'>
                    (必填)
                </td>
                <td align="right"></td>
                <td align="left"></td>
            </tr>
            <tr>
                <td align="right"> </td>
                <td colspan="3" align="center">
                    <input type="button" name="submit" class="bnt_blue_2" @click=update(item.id,index) value="确认修改">
                    <input type="button" name="submit" class="bnt_blue_2" @click=del(item.id,index) value="删除">
                </td>
            </tr>
        </table>

        <table width="100%" height="150px;" border="0" cellpadding="5" cellspacing="1">
            <tr>
                <td align="right">省份：</td>
                <td align="left">
                    <input name="province" type="text" class="inputBg" id="province" v-model="addinfo.province">
                    (必填)
                </td>
                <td align="right">城市：</td>
                <td align="left"><input name="city" type="text" class="inputBg" id="city" v-model="addinfo.city">(必填)</td>
            </tr>
            …
            <tr>
                <td align="right">是否默认地址：</td>
                <td align="left">
```

```html
                <input name="is_default" type="checkbox" class="inputBg"
v-model='addinfo.is_default'>
                （必填）
            </td>
            <td align="right"></td>
            <td align="left"></td>
        </tr>
        <tr>
            <td align="right"> </td>
            <td colspan="3" align="center">
                <input type="button" name="submit" @click="addAddr"
class="bnt_blue_2" value="新增收货地址">
            </td>
        </tr>
    </table>
```

（2）实现脚本代码。

address.vue 组件的脚本代码如下所示。

```
<script>
…
import { addAddress, getAddress, updateAddress } from "@/api/basic";
export default {
  data() {
    return {
      address_lists: [],
      addinfo: {
        province: "",
        city: "",
        district: "",
        address: "",
        contact_name: "",
        contact_mobile: "",
        is_default: false,
      },
    };
  },
  …
  methods: {
    getData() {
      getAddress({})
        .then((response) => {
          if (response.status === 200) {
            this.address_lists = response.data.data;
          }
```

```
            })
            .catch(function (error) {
              console.log(error);
            });
        },
        update(id, i) {
          this.address_lists[i].is_default = this.address_lists[i].is_default
            ? 1 : 0;
          updateAddress(id, this.address_lists[i])
            .then((response) => {
              this.getData();
            })
            .catch(function (error) {
              console.log(error);
            });
        },
        addAddr() {
          this.addinfo.is_default = this.addinfo.is_default ? 1 : 0;
          addAddress(this.addinfo)
            .then((response) => {
              this.getData();
              this.addinfo = [];
            })
            .catch(function (error) {
              console.log(error);
            });
        },
        del(id) {},
      },
      …
    };
</script>
```

在上述代码中，调用 getAddress()方法来获取用户的配送地址，调用 addAddr()方法发起 POST 请求来增加一个用户的配送地址，调用 updateAddress()方法发起 PATCH 请求来修改一个用户的配送地址。

（3）配置路由。

打开本书配套资源中的"route/index.js"，增加如下代码。

```
{
    name: "address",
    path: "/address",
    component: () => import('@/views/user/address'),
    meta: {
```

```
        title: "我的配送地址"
    },
},
```

3. 我的订单组件

我的订单组件是订单管理的主界面，包含订单号、下单时间、订单总金额、订单状态等字段。为了简化操作，这里并没有对订单明细做处理。

该组件的实现效果如图 11-34 所示。

我的订单				
订单号	下单时间	订单总金额	订单状态	操作
202107182230411	2021-07-18T22:30:41.600812	¥2881.00元	paying	取消订单
202107182234591	2021-07-18T22:34:59.840172	¥2881.00元	paying	取消订单
202107182236071	2021-07-18T22:36:07.113295	¥2881.00元	paying	取消订单
202107182243551	2021-07-18T22:43:55.296431	¥2881.00元	paying	取消订单
202107182244461	2021-07-18T22:44:46.939991	¥2881.00元	paying	取消订单
202107182245301	2021-07-18T22:45:30.102010	¥2881.00元	paying	取消订单
202107182246081	2021-07-18T22:46:08.860216	¥2881.00元	paying	取消订单
202107182248191	2021-07-18T22:48:19.313770	¥2881.00元	paying	取消订单
202107182252241	2021-07-18T22:52:24.143877	¥0.00元	paying	取消订单
202107182253501	2021-07-18T22:53:50.061915	¥0.00元	paying	取消订单
202107191719471	2021-07-19T17:19:47.409862	¥236.00元	paying	取消订单

图 11-34

（1）实现模板代码。

在 "myshop-vue/src/views/user" 目录下新建 myorder.vue 组件，该组件的模板代码如下。

```
<h5><span>我的订单</span></h5>
<table width="100%" height="200px" border="1" cellpadding="5" cellspacing="1">
    <tr align="center">
        <td>订单号</td>
        <td>下单时间</td>
        <td>订单总金额</td>
        <td>订单状态</td>
        <td>操作</td>
    </tr>
    <tr v-for="item in order_lists">
        <td align="center">
            <a class="f6">{{item.order_sn}}</a>
        </td>
        <td align="center">{{item.create_date}}</td>
        <td align="right">¥{{item.order_price}}元</td>
        <td align="center">{{item.order_state}}</td>
        <td align="center">
            <a href="#">取消订单</a>
        </td>
    </tr>
```

```
</table>
```

（2）实现脚本代码。

myorder.vue 组件的脚本代码如下。

```
<script>
…
import { getOrder } from "@/api/order";
export default {
  data() {
    return {
      order_lists: [],
    };
  },
  methods: {
    getData() {
      getOrder({})
        .then((response) => {
          if (response.status === 200) {
            this.order_lists = response.data.data;
          }
        })
        .catch(function (error) {
          console.log(error);
        });
    },
  },
  …
};
</script>
```

在上述代码中，调用 getOrder()方法从接口获取订单数据，将数据赋值给 order_lists 列表，前台 v-for 循环处理生成表格。读者可以根据前面介绍的增加分页组件方法来完善此功能。

（3）配置路由。

打开本书配套资源中的"route/index.js"，在其中添加如下代码。

```
{
    name: "/myorder",
    path: "/myorder",
    component: () => import('@/views/user/myorder'),
    meta: {
      title: "我的订单"
    },
}
```

第 5 篇

部署运维

第 12 章
Django 的传统部署

通过前面章的学习,我们完成了商城系统的后台功能、接口程序、前台功能。功能开发完成,测试无误后,就需要部署上线运行了。只有将商城系统成功部署,才能被更多的人访问。

本章介绍在 Centos 7.9 环境下商城系统的生产环境部署。

12.1 部署前的准备工作

Linux 系统中 root 账户具有超级权限。出于安全考虑,一般不会直接使用 root 账户,需要给不同的人创建不同的账户。本书中为了演示方便,全部使用 root 账户进行操作。

12.1.1 准备虚拟机

准备 3 台 VMware 虚拟机,安装 Centos 7.9 操作系统,主机名称和 IP 地址见表 12-1。读者可以根据自己的实际情况配置 IP 地址。

表 12-1

主机名称	IP 地址
hdp_01	192.168.77.101
hdp_02	192.168.77.102
hdp_03	192.168.77.103

12.1.2 安装 Python 3.8.2

安装 Python 3.8.2 分为 3 步。

1. 上传并解压缩 Python 安装包

在本书配套资源中提供了 Python 3.8.2 的安装包，文件名为"Python-3.8.2.tgz"，将该文件上传到 192.168.77.103 主机的"/opt/tools"目录下。

使用如下命令对 Python 3.8.2 安装包进行解压缩。

```
[root@hdp-03 tools]# tar -zxvf Python-3.8.2.tgz
```

2. 执行命令

使用如下命令安装依赖包。

```
[root@hdp-03 bin]# yum -y install zlib-devel bzip2-devel openssl-devel ncurses-devel sqlite-devel readline-devel tk-devel gdbm-devel db4-devel libpcap-devel xz-devel libffi-devel
```

使用如下命令配置并指定安装目录。

```
[root@hdp-03 Python-3.8.2]# ./configure --prefix=/usr/local/python3.8
```

使用如下命令编译和安装。

```
[root@hdp-03 bin]# make && make install
```

使用如下命令建立软连接。软链接可以被类似看作 Windows 的快捷方式。

```
[root@hdp-03 /]# ln -s /usr/local/python3.8/bin/python3.8 /usr/bin/python3
[root@hdp-03 /]# ln -s /usr/local/python3.8/bin/pip3.8 /usr/bin/pip3
```

3. 测试

```
python3    #进入 Python 3 的环境
python     #进入 Python 2 的环境
```

12.1.3 安装虚拟环境和 Django

Python 虚拟环境可以让每一个 Python 项目单独使用一个环境。这样做的好处是，既不会影响 Python 系统环境，也不会影响其他项目的环境。

1. 安装虚拟环境包

Virtualenv 是目前最流行的 Python 虚拟环境配置工具。它不仅同时支持 Python 2 和 Python 3，而且为每个虚拟环境指定了 Python 解释器。

（1）使用如下命令安装。

```
[root@hdp-03 /]# pip3 install virtualenv
```
(2)创建软链接。
```
[root@hdp-03 virtualenv]# ln -s /usr/local/python3.8/bin/virtualenv /usr/bin/virtualenv
```
(3)在 "\home\" 目录下创建 virtualenv 目录,该目录是虚拟环境的主目录。

执行如下命令切换到 virtualenv 目录下。
```
[root@hdp-03 virtualenv]# virtualenv -p /usr/bin/python3 env-py3.8.2
```
其中,-p 参数指明 Python 的解释器目录,"/usr/bin/python3" 是笔者的 Python 解释器的目录(读者可以选择自己的 Python 解释器目录),"env-py3.8.2" 是创建具体的 Python 虚拟环境目录(包含 Python 可执行文件及 pip 库)。

(4)命令执行后会创建相应的目录,如图 12-1 所示。

```
[root@hdp-02 virtualenv]# cd env-py3.8.2/
[root@hdp-02 env-py3.8.2]# ll
total 8
drwxr-xr-x. 2 root root 4096 Mar 29 16:31 bin
drwxr-xr-x. 3 root root   23 Mar 29 16:31 lib
-rw-r--r--. 1 root root  249 Mar 29 16:31 pyvenv.cfg
[root@hdp-02 env-py3.8.2]# pwd
/home/virtualenv/env-py3.8.2
```

图 12-1

2. 激活和退出虚拟环境

(1)进入 "\home\virtualenv\" 目录下,执行如下命令。
```
[root@hdp-03 virtualenv]# source env-py3.8.2/bin/activate
```
(2)激活虚拟环境后,会在最前面显示 "env-py3.8.2" 标识。
```
(env-py3.8.2) [root@hdp-03 virtualenv]#
```
(3)退出虚拟环境的命令如下。
```
deactivate
```

3. 安装 Django

在部署环节,需要使用在 Linux 中安装的 Django。下面介绍其安装方法。

(1)使用 pip 命令进行指定版本的安装。
```
(env-py3.8.2) [root@hdp-03 myshop]# pip3 install django==3.1.5
```
上述代码使用了虚拟环境和 pip3 命令,其中 pip3 命令是 pip 命令的软链接,具体创建过程可以参看本节 "1." 小标题中的(2)过程。

（2）安装完以后，可以通过的命令提示符窗口中运行以下命令来查看 Django 是否安装成功。

```
python -m django --version
```

12.2 使用 MySQL 数据库

MySQL 社区版是全球广受欢迎的开源数据库的免费下载版本。它遵循 GPL 许可协议，由庞大、活跃的开源开发人员社区提供支持。MySQL 5.6 于 2021 年 2 月停止更新，结束其生命周期。在 2020 年 2 月以后，MySQL 团队不再为 5.6 系列版本的 MySQL 提供任何补丁。在本书中使用的是 MySQL 5.7.30 版本。

12.2.1 安装 MySQL 数据库

安装 MySQL 数据库有多种方式，如在线 YUM 安装、离线 RPM 包安装等。考虑到在生产环境中数据库主机无法上公网，这里采用离线 RPM 包安装。

1. 下载 Rpm 包

在 MySQL 官网下载 MySQL 5.7.30 版本的 RPM 包，总共有 4 个。

```
mysql.community.common.5.7.30.1.el7.x86_64.rpm
mysql.community.libs.5.7.30.1.el7.x86_64.rpm
mysql.community.client.5.7.30.1.el7.x86_64.rpm
mysql.community.server.5.7.30.1.el7.x86_64.rpm
```

2. 准备安装

在 Centos 7.9 中预先安装了 MariaDB 数据库。MariaDB 是 MySQL 的一个分支，是目前最受关注的 MySQL 衍生版，也被视为 MySQL 的替代品。MariaDB 跟 MySQL 在绝大多数方面是兼容的，因此，在安装 MySQL 数据库前需要先卸载 MariaDB。

（1）使用 "rpm –qa" 命令找到 MariaDB 的包文件。

```
[root@hdp-03 tools]# rpm -qa |grep mariadb
mariadb-libs-5.5.68-1.el7.x86_64
```

（2）使用 "rpm – ev" 命令卸载 MariaDB 包。

```
[root@hdp-03 tools]# rpm -ev mariadb-libs-5.5.68-1.el7.x86_64
error: Failed dependencies:
   libmysqlclient.so.18()(64bit) is needed by (installed) postfix-2:2.10.1-9.el7.x86_64
   libmysqlclient.so.18(libmysqlclient_18)(64bit) is needed by (installed) postfix-2:2.10.1-9.el7
```

（3）如果在卸载 MariaDB 包时报错，则需要卸载 Postfix 包。

```
[root@hdp-03 tools]# rpm -ev postfix-2:2.10.1-9.el7.x86_64
Preparing packages...
postfix-2:2.10.1-9.el7.x86_64
```

（4）再次卸载 MariaDB 包。

```
[root@hdp-03 tools]# rpm -ev mariadb-libs-5.5.68-1.el7.x86_64
Preparing packages...
mariadb-libs-1:5.5.68-1.el7.x86_64
```

这样就完成了 MariaDB 数据库的卸载。

3. 安装 MySQL 相关组件

使用"rpm -ivh"命令依次安装 MySQL 的相关依赖包，如以下命令所示。

```
rpm -ivh mysql-community-common-5.7.30-1.el7.x86_64.rpm
rpm -ivh mysql-community-libs-5.7.30-1.el7.x86_64.rpm
rpm -ivh mysql-community-client-5.7.30-1.el7.x86_64.rpm
rpm -ivh mysql-community-server-5.7.30-1.el7.x86_64.rpm
```

4. 启动服务并查看状态

（1）使用"systemctl"命令启动 MySQL 服务并查看状态。

```
[root@hdp-03 tools]# systemctl start mysqld.service
[root@hdp-03 tools]# systemctl status mysqld.service
```

（2）结果如图 12-2 所示。Active 状态为 running，表示数据库服务正常运行。

```
[root@hdp-03 tools]# systemctl start mysqld.service
[root@hdp-03 tools]# systemctl status mysqld.service
?. mysqld.service - MySQL Server
   Loaded: loaded (/usr/lib/systemd/system/mysqld.service; enabled; vendor preset: disabled)
   Active: active (running) since Mon 2021-03-15 08:53:20 +06; 12s ago
     Docs: man:mysqld(8)
           http://dev.mysql.com/doc/refman/en/using-systemd.html
  Process: 2697 ExecStart=/usr/sbin/mysqld --daemonize --pid-file=/var/run/mysqld/mysqld.pid $MYSQLD_OPTS (cod
e=exited, status=0/SUCCESS)
  Process: 2647 ExecStartPre=/usr/bin/mysqld_pre_systemd (code=exited, status=0/SUCCESS)
 Main PID: 2700 (mysqld)
   CGroup: /system.slice/mysqld.service
           ?..2700 /usr/sbin/mysqld --daemonize --pid-file=/var/run/mysqld/mysqld.pid

Mar 15 08:53:15 hdp-03 systemd[1]: Starting MySQL Server...
Mar 15 08:53:20 hdp-03 systemd[1]: Started MySQL Server.
```

图 12-2

12.2.2 配置 MySQL 数据库

在 MySQL 安装后，在首次登录时还需要进行一些配置，主要是设置密码和授权。

1. 查看临时密码

MySQL 安装后，在 mysqld.log 中生成了一个临时密码。使用如下命令可以找出临时密码。

```
cat /var/log/mysqld.log |grep password
```

执行上述命令后,在得到的结果中有临时密码,如下方加粗部分所示。请复制出来后面使用。

```
A temporary password is generated for root@localhost: :v<tx19gNt:%
```

2. 使用临时密码登录并修改密码

(1)使用如下命令登录 MySQL 服务器。

```
Mysql -uroot -p
```

粘贴刚才复制的临时密码,如果出现命令提示符"mysql>",则表示登录成功。

(2)修改临时密码,否则其他任何操作都不会成功。修改密码使用如下命令。

```
alter user 'root'@'localhost' IDENTIFIED BY '新密码';
```

默认密码必须符合复杂密码要求,即字母大小写、数字、特殊字符、大于 8 位。这 4 个条件必须全部满足。

3. 授权登录

(1)使用如下命令对登录的用户进行授权。

```
grant all privileges on *.* to 'root'@'%' IDentified by '你的密码' with grant option;  #允许 root 用户从任何位置访问 MySQL 上的任何数据库
flush privileges;#刷新
```

(2)针对具体 IP 地址及访问的数据库做限制。如果源 IP 地址为 xxx.xxx.xxx.xxx,只允许访问 shop 数据库,则授权命令如下。

```
grant all privileges on shop.* to 'root'@'xxx.xxx.xxx.xxx' IDentified by '你的密码' with grant option;   #允许用户 root 从指定 IP 地址的主机连接到 MySQL 服务器的 shop 数据库
flush privileges;
```

12.2.3 客户端连接 MySQL 数据库

由于 Centos 7.9 设置了防火墙,所以客户端无法直接连接 MySQL 数据库。为了简化测试,可以关闭防火墙。

1. 防火墙的相关命令

防火墙的相关命令如下。

- 启动防火墙:systemctl start firewalld。
- 停止防火墙:systemctl stop firewalld。
- 查看防火墙状态:systemctl status firewalld。

2. 开启防火墙的端口

在生产环境中,请先开启防火墙,然后开放防火墙的 3306 端口。

(1)开放 3306 端口。

```
firewall-cmd --zone=public --add-port=3306/tcp --permanent
```

上述命令指:作用域是 Public,开放 TCP 协议的 3306 端口,一直有效。

参数含义如下。

- --zone:作用域。
- --add-port=80/tcp:添加端口,格式为"端口/通信协议"。
- --permanent:永久生效,如果没有此参数则重启后失效。

(2)重启防火墙。

```
firewall-cmd --reload
```

(3)查询 3306 端口是否开放。

```
firewall-cmd --query-port=80/tcp
```

> 在 Centos 7 中,防火墙使用 firewalld 来管理,而不是使用 iptables 来管理。如果打算使用 iptables,则需要单独安装。
> 在实际环境中不可能对外开放 3306 端口,可以使用 xshell 工具建立隧道来访问 MySQL。

3. 连接测试

假如,虚拟机服务器的 IP 地址是 192.168.77.103,在关闭防火墙或者开端端口后,可以通过 Navicat 客户端直接访问远程数据库,如图 12-3 所示。

图 12-3

12.2.4 【实战】生成商城系统的数据库和表

在安装 MySQL 数据库后，可以创建数据库 shop。可以通过脚本方式创建。

（1）登录 MySQL 数据库，在提示符后输入如下命令。

```
mysql> create database shop;
```

正常执行后，提示信息如下。

```
Query OK, 1 row affected (0.00 sec)
```

（2）使用 "show databases;" 命令查看当前数据库中的表，执行结果如图 12-4 所示。

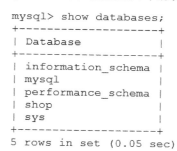

图 12-4

（3）在 Django 中，通过数据迁移命令来创建表。

```
python manage.py makemigrations
python manage.py migrate
```

12.3 用 uWSGI 进行部署

uWSGI 是一个快速的、纯 C 语言开发的、自维护的、对开发者友好的 WSGI 服务器，旨在实现专业的 Python Web 应用开发和发布。它实现了 WSGI、uwsgi、HTTP 等协议。

12.3.1 WSGI、uwsgi 和 uWSGI 的关系

WSGI（the Python Web Server Gateway Interface）指 Python 的 Web 服务的网关接口。从名称可以看出，WSGI 是一个网关。网关的作用是在协议之间进行转换。因此，WSGI 是一个 Web 服务器与 Django 等程序进行通信的规范或者协议。

uwsgi 是一个线路协议，用于实现 uWSGI 服务器与其他服务软件（如 Nginx）的数据通信。

uWSGI 是一个具体的 Web 服务器，是实现了上述两个协议的 Web 服务器。

三者关系归纳如下，如图 12-5 所示。

- WSGI：网关、接口。
- uwsgi：线路协议。
- uWSGI：一种服务的具体实现。

图 12-5

举例：A 公司做一些行业的标准，该标准会影响全行业上下游的生产。B 公司将这些行业标准细化为具体的指导意见或接口规范，便于具体落地执行。C 公司根据这些行业标准和接口规范，制造出自己的产品。

12.3.2 安装 uwsgi 软件

1．安装 uwsgi

这里的 uwsgi 指一个具体的、用 Python 实现的 Web 服务器开源产品。离线安装 uwsgi 需要的依赖较多，这里采用在线安装。在 192.168.77.103 主机中，使用如下命令进行安装。

```
(env-py3.8.2) [root@hdp-03 virtualenv]# pip3 install uwsgi
… #省略安装过程
Successfully installed uwsgi-2.0.19.1
```

2．创建软链接

uwsgi 的安装路径为"/home/virtualenv/env-py3.8.2/bin/uwsgi"。为了使用更便捷，使用如下命令创建一个软连接。

```
ln -s /home/virtualenv/env-py3.8.2/bin/uwsgi /usr/bin/uwsgi
```

3．查看版本

安装后，使用如下命令查看版本。

```
uwsgi --version            #查看uwsgi版本，结果为2.0.19.1
uwsgi --python-version     #查看相关的Python版本，结果为3.8.2
```

12.3.3　启动并测试 uwsgi

（1）编写一个测试 uwsgi 的简单 Python 脚本。

```
(env-py3.8.2) [root@hdp-03 virtualenv]# vi test_uwsgi.py
```

（2）test-uwsgi.py 文件的内容如下。

```
def application(env,start_response):
    start_response('200 OK',[('Content-Type','text/html')])
    return [b"Hello Django"]
```

（3）启动 uwsgi，在端口 9000 上开放 Web 访问。

```
(env-py3.8.2) [root@hdp-03 virtualenv]# uwsgi --http :9000 --wsgi-file test_uwsgi.py
```

（4）测试 uwsgi。

```
curl http://localhost:9000
```

（5）结果如下。

```
Hello Django
```

12.3.4　详解配置文件

uwsgi 提供了通过配置文件来启动服务的方式。安装 uwsgi 后，默认没有配置文件，可以创建一个 uwsgi.ini 文件作为配置文件，文件内容大致如下。

```
[uwsgi]
socket = 127.0.0.1:8001
http = 127.0.0.1:8001
master = false
chdir = /var/www/cmpvirtmgr/
module = cmpvirtmgr.wsgi
home = /var/www/env
workers = 2
reload-mercy = 10
vacuum = true
max-requests = 1000
limit-as = 512
buffer-size = 30000
pidfile = /etc/uwsgi/uwsgi.pid
```

具体参数见表 12-2。

表 12-2

参数	说明
socket=127.0.0.1:8000	socket 方式不能直接通过 HTTP 方式访问，需要配合 Nginx 使用
http=127.0.0.1:8000	外部通过 HTTP 方式访问
chmod-socket=666	分配 socket 的权限
chdir=/var/www/web/	项目目录
master=true	是否启动主进程来管理其他进程
max_requests=5000	设置每个工作进程的请求上限
processes=5	进程个数
threads=2	设置每个工作进程的线程数
pidfile=/var/www/web/script/uwsgi.pid	指定 pid 文件，在该文件内包含 uwsgi 的进程号
daemonize=/var/www/web/usigi.log	进程后台执行，并保存日志到特定路径；如果 uwsgi 进程被 supervisor 管理，则不能设置该参数
wsgi-file	加载 wsgi-file
module	加载 wsgi 模块
home	虚拟环境目录
harakiri=300	请求的超时时间
vacuum=true	在服务结束后删除对应的 socket 和 pid 文件
buffer_size=65535	设置用于 uwsgi 包解析的内部缓存区大小，默认为 4KB

12.3.5 常用命令

在通过 uwsgi.ini 配置文件启动 uwsgi 服务后，会在指定目录下生成 uwsgi.pid 文件。uwsgi.pid 文件用来重启和停止 uwsgi 服务。uwsgi 的相关命令如下。

- 启动：uwsgi --ini /路径/uwsgi.ini
- 重启：uwsgi --reload /路径/uwsgi.pid
- 停止：uwsgi --stop /路径/uwsgi.pid

12.3.6 【实战】部署商城系统后台

接下来部署商城系统后台。

1. 允许授权主机访问

在上线部署时，如果 settings.py 文件中的 "ALLOWED_HOSTS" 项是通配符 "*"，则允许所有的 IP 地址访问商城系统后台。出于安全考虑，一般只允许列表中的 IP 地址访问。

修改 "myshop/settings.py" 文件，将 "ALLOWED_HOSTS = []" 修改为如以下内容：

```
#ALLOWED_HOSTS = ['*',]
ALLOWED_HOSTS = ['允许访问的IP1', '允许访问的IP2']
```

2. 处理静态文件

使用如下命令把各个包中的静态文件收集到"在 settings.py 文件里定义的 STATIC_ROOT 目录"中。

```
python manage.py collectstatic
```

3. 关闭调试模式

把应用部署到生产环境后，为了安全起见，不能开启 Debug 模式。修改"myshop/settings.py"文件，内容如下。

```
#关闭Debug调试
DEBUG = False
```

4. 安装相关包

在 Windows 主机上执行如下命令，生成商城系统后台功能所需的全部依赖包信息。

```
pip freeze > requirements.txt
```

requirements.txt 文件的内容如下。

```
asgiref==3.3.1
mysqlclient==2.0.3
pytz==2021.1
sqlparse==0.4.1
django-ckeditor==6.1.0
Django==3.1.5
...
```

在 192.168.77.102 主机上执行如下命令，一次性安装所有的依赖包。如果依赖包的下载速度过慢，则可以使用清华镜像来下载。

```
pip install -r requirements.txt
```

5. 编写 uwsgi.ini 配置文件

新建文件"myshop-back\uwsgi.ini"，在其中添加如下内容。

```
[uwsgi]
http=0.0.0.0:8001
chdir=/home/yang/myshop-back
wsgi-file=/home/yang/myshop-back/myshop/wsgi.py
uid=root
gid=root
master=true
```

```
processes=4
buffer-size=65535
vacuum=true
pidfile=/home/yang/myshop-back/uwsgi.pid
daemonize=/home/yang/myshop-back/uwsgi.log
```

6. 启动服务并测试

将商城系统后台上传到 192.168.77.102 主机的 "/home/yang" 目录下（你也可以选择自己的目录），并执行如下命令启动 Web 服务。

```
uwsgi --ini /home/yang/myshop-back/uwsgi.ini
```

在启动过程中很容易出现各种错误，日志见 "/home/yang/myshop-back/uwsgi.log" 文件。

使用如下命令测试网站。

```
curl http://localhost:8001/admin/
```

7. 打开防火墙，开通端口

在生产环境中，需要开启防火墙，并开放 8001 端口。使用如下命令完成操作。

```
firewall-cmd --zone=public --add-port=8001/tcp --permanent
firewall-cmd --reload
```

在开放端口后，可以通过其他主机访问商城系统后台。

12.4 用 Gunicorn 进行部署

Gunicorn 是一个在 Unix 上被广泛使用的、高性能的 Python WSGI UNIX HTTP Server。它和大多数的 Web 框架兼容，并具有实现简单、轻量级、高性能等特点。

12.4.1 安装 Gunicorn

1. 安装 Gunicorn

在 192.168.77.102 主机中，使用如下命令进行安装。

```
(env-py3.8.2) [root@hdp-02 virtualenv]# pip3 install gunicorn
…    #省略安装过程
Successfully installed gunicorn-20.1.0
```

2. 创建软链接

Gunicorn 安装路径为 "/home/virtualenv/env-py3.8.2/bin/gunicorn"。为了使用简单，使用如下命令创建一个软链接。

```
ln -s /home/virtualenv/env-py3.8.2/bin/gunicorn /usr/bin/gunicorn
```

3. 查看版本

在安装后使用如下命令查看版本。

```
gunicorn –version       #查看gunicorn版本，结果为20.1.0
```

12.4.2 启动服务并测试

启动服务的命令如下所示。

```
Gunicorn myshop.wsgi:application --bind 0.0.0.0:8000 --workers 2
```

其中，myshop 是包含 wsgi.py 的目录，监听主机 8000 端口，开启了 2 个工作进程。

正常启动后如图 12-6 所示。

```
[root@hdp-02 myshop]# gunicorn myshop.wsgi:application --bind 0.0.0.0:8000 --workers 2
[2020-04-11 12:00:09 +0600] [1934] [INFO] Starting gunicorn 20.1.0
[2020-04-11 12:00:09 +0600] [1934] [INFO] Listening at: http://0.0.0.0:8000 (1934)
[2020-04-11 12:00:09 +0600] [1934] [INFO] Using worker: sync
[2020-04-11 12:00:09 +0600] [1936] [INFO] Booting worker with pid: 1936
[2020-04-11 12:00:09 +0600] [1937] [INFO] Booting worker with pid: 1937
```

图 12-6

在 102 主机上使用如下命令测试网站，可以发现网站接口显示正常。

```
curl http://localhost:8000/docs
```

12.4.3 编写配置文件

考虑到用命令行方式启动服务较为烦琐，Gunicorn 还提供了通过配置文件来启动服务。安装 Gunicorn 后默认没有配置文件，可以创建一个 gunicorn.py 文件，文件内容大致如下。

```
import multiprocessing
#预加载资源
preload_app = True
workers = 5                                  # 并行工作进程数
threads = 4                                  # 每个工作者的线程数
bind = '0.0.0.0:8002'                        # 开放端口 8002
daemon = 'false'                             # 设置守护进程，将进程交给 Supervisor 管理
worker_class = 'gevent'                      # 设置工作模式协程
worker_connections = 2000                    # 设置最大并发量
proc_name = 'test'                           # 设置进程名
pidfile = '/home/yang/myshop-api/gunicorn.pid'     # 设置进程文件目录
accesslog = "/home/yang/myshop-api/access.log"     # 设置访问日志路径
errorlog = "/home/yang/myshop-api/error.log"       # 设置错误信息日志路径
loglevel = "debug"                           # 设置日志记录水平，可以是 warning 等项
```

各个参数含义见表 12-3。

表 12-3

参　数	含　义
preload	通过预加载应用程序，可以加快服务器的启动速度
bind	监听 IP 地址和端口
workers	进程的数量，默认为 1
threads	指定每个工作者的线程数
worker_class	worker 进程的工作方式，有 sync、eventlet、gevent、tornado、gthread，默认为 sync
worker_connections	客户端最大同时连接数，只适用于 eventlet、gevent 工作方式
pidfile	PID 文件路径
accesslog	访问日志路径
errorlog	错误日志路径
proc_name	设置进程名
daemon	应用是否以 daemon 方式运行，默认为 False
loglevel	错误日志输出等级，分为 debug（调试）、info（信息）、warning（警告）、error（错误）和 critical（危急）

其中，参数 workers 指处理工作的进程数量，默认为 1，推荐的数量为"（当前的 CPU 个数 × 2）+ 1"。

计算当前的 CPU 个数的方法，可以执行如下 Python 代码。

```
import multiprocessing
print(multiprocessing.cpu_count())
```

上述代码的输出一般为逻辑 CPU 的个数，请读者进行测试。

12.4.4 【实战】部署商城系统接口

使用 Gunicorn 部署商城系统接口，与 12.3.6 节中的部署步骤略有不同，主要体现在以下这两步。

1. 编写 gunicorn 配置文件

新建文件"myshop-api\gunicorn.py"，在其中添加如下代码。

```
import gevent
from gevent import monkey
monkey.patch_all()
import multiprocessing
#预加载资源
preload_app = True
```

```
workers = 5            # 并行工作进程数
threads = 4            # 每个工作者的线程数
bind = '0.0.0.0:8002'  # 8002 端口
# 设置守护进程，将进程交给 Supervisor 管理
daemon = False
worker_class = 'gevent'              # 工作模式协程
worker_connections = 2000            # 最大并发量
proc_name = 'test'                   # 进程名
pidfile = '/home/yang/myshop-api/gunicorn.pid'  # 进程文件目录
# 访问日志和错误信息的日志路径
accesslog = "/home/yang/myshop-api/access.log"
errorlog = "/home/yang/myshop-api/error.log"
loglevel = "debug"
# 日志记录水平
#loglevel = 'warning'
```

2. 启动服务并测试

（1）将商城系统接口项目上传到 192.168.77.102 主机的"/home/yang"目录下（也可以选择自己的目录），并执行如下命令启动 Web 服务。

```
gunicorn -c gunicorn.py myshop.wsgi:application
```

其中，myshop.wsgi:application 的格式为：目录名(包含 wsgi.py 的目录).wsgi:application。

> 在启动过程中，如果报"ModuleNotFoundError: No module named 'gevent'"错误，请执行以下代码安装 gevent 包。
> (env-py3.8.2) [root@hdp-02 myshop]# pip3 --trusted-host pypi.tuna.tsinghua.edu.cn install gevent

（2）启动后，使用如下命令测试。

```
curl http://localhost:8002/docs
```

12.5 用 Supervisor 管理进程

Supervisor 是一个用 Python 开发的、通用的进程管理程序。当进程中断时，Supervisor 能自动重启它。

12.5.1 安装和配置

使用 pip 命令安装 Supervisor。

```
(env-py3.8.2) [root@hdp-02 virtualenv]# pip3 install supervisor
```
安装成功后会提示如下信息，本书使用的版本为 4.2.2。
```
Successfully installed supervisor-4.2.2
```

12.5.2 了解配置文件

Supervisor 安装后的配置文件为 "/etc/supervisord.conf"。该配置文件的内容较多，我们需要重点关注 "program:theprogramname" 节点的内容。

"program:theprogramname" 是被管理的进程的配置参数，theprogramname 是进程的名称，具体参数见表 12-4。

表 12-4

参数	含义
command=python3 xx.py	程序启动命令
process_name=%(program_name)s	进程的名字
numprocs=1	启动多个进程。如果启动多个进程，则进程名称必须不一样
autostart=true	启动失败自动重试次数，默认为 3
startsecs=10	如果启动 10s 后没有异常退出，则表示进程正常启动了，默认为 1s
autorestart=true	程序退出后自动重启
startretries=3	启动失败自动重试次数，默认是 3
user=root	用哪个用户启动进程，默认是 root
priority=999	进程启动优先级，默认 999，值小的优先启动
redirect_stderr=true	把 stderr 重定向到 stdout，默认为 false
stdout_logfile=/a/path	stdout 日志文件的路径
stderr_logfile=/a/path	stderr 日志文件的路径

如果有多个进程需要管理，则可以根据 "program:theprogramname" 节点的内容新建一个 ini 文件，并将其放 "在/etc/supervisord.d/" 目录下统一管理。

12.5.3 常用命令

Supervisor 中有一些命令需要掌握。

1. supervisord 命令

supervisord 命令，用于在安装完 Supervisor 软件后启动 Supervisor 服务。

使用格式如下。
```
supervisord -c /etc/supervisord.conf
```

2. supervisorctl 工具的常用命令

supervisorctl 是 supervisord 的命令行客户端工具，可以通过表 12-5 中的命令来管理进程。

表 12-5

命　令	含　义
supervisorctl status	查看进程的状态
supervisorctl stop xxx	停止名称为 "xxx" 的进程，如[program:shop_back]中的 shop_back 进程
supervisorctl start xxx	启动名称为 "xxx" 的进程，不会重新加载配置文件
supervisorctl restart xxx	重启名称为 "xxx" 的进程，不会重新加载配置文件
supervisorctl update	在修改配置文件后，使用该命令加载新的配置
supervisorctl reload	载入所有配置文件，并按照新的配置文件启动、管理所有进程（会重启原来已运行的程序）

3. 开机自启动命令

使用如下命令实现开机自启动。

```
(env-py3.8.2) [root@hdp-02 env-py3.8.2]# systemctl enable supervisord
```

使用如下命令验证是否为开机自启动。

```
(env-py3.8.2) [root@hdp-02 env-py3.8.2]# systemctl is-enabled supervisord
```

12.5.4　Web 监控界面

如果需要在 Web 监控界面中查看进程，则需要去掉 "/etc/supervisord.conf" 文件中的注释，如以下代码所示。

```
[inet_http_server]         ; inet (TCP) server disabled by default
port=0.0.0.0:9001          ; (ip_address:port specifier, *:port for all iface)
username=user              ; (default is no username (open server))
password=123               ; (default is no password (open server))
```

在启动 Supervisor 服务后，可以查看 Web 监控界面，如图 12-7 所示。此时还没有启动任何进程。

图 12-7

12.5.5 【实战】用 Supervisor 管理进程

接下来，使用 Supervisor 对商城系统的后台程序和接口程序进行管理。

（1）新建文件"myshop-back/supervisor.ini"，在其中添加如下配置项。

```
[program:shop_back]
command=uwsgi --ini /home/yang/myshop-back/uwsgi.ini  ;启动程序
priority=1                    ;数字越高，优先级越高
numprocs=1                    ;启动几个进程
autostart=true                ;随着 Supervisord 的启动而启动
autorestart=true              ;自动重启
startretries=10               ;启动失败时的最多重试次数
redirect_stderr=true          ;重定向 stderr 到 stdout
stdout_logfile = /home/yang/myshop-back/shop-back.log

[program:shop_api]
command=gunicorn -c /home/yang/myshop-api/gunicorn.py myshop.wsgi:application   ;启动程序
directory=/home/yang/myshop-api  #设定工作目录
priority=1                    ;数字越高，优先级越高
numprocs=1                    ;启动几个进程
autostart=true                ;随着 Supervisord 的启动而启动
autorestart=true              ;自动重启
startretries=10               ;启动失败时的最多重试次数
redirect_stderr=true          ;重定向 stderr 到 stdout
stdout_logfile = /home/yang/myshop-api/shop_api.log
```

（2）将"myshop-back/supervisor.ini"文件上传至 192.168.77.102 主机的"/etc/supervisord.d"目录下。

（3）加载配置文件并重启。

```
supervisorctl reload
```

（4）通过 Web 监控界面查看服务的状态，如图 12-8 所示。

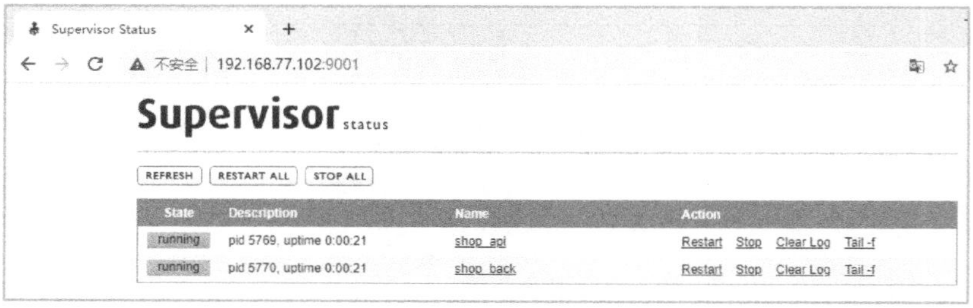

图 12-8

如果将后台程序和接口程序的进程"杀掉",则会看到它们又被唤起。请读者自行测试。

12.6 用 Nginx 进行代理

Nginx 是一个高性能的 HTTP 和反向代理服务器,也是一个 IMAP/POP3/SMTP 代理服务器,它以事件驱动的方式编写。

- 在性能上,Nginx 占用很少的系统资源,支持更多的并发连接,可达到更高的访问效率。
- 在功能上,Nginx 是优秀的代理服务器和负载均衡服务器。
- 在安装配置上,Nginx 安装简单、配置灵活。

Nginx 支持动静分离。为了加快网站的解析速度,可以把动态页面和静态页面放在不同的服务器上,以减少服务器压力,加快解析速度。

Nginx 支持热部署,启动速度特别快,还可以在不间断服务的情况下对软件版本或配置进行升级,即使运行数月也无须重新启动。

12.6.1 正向代理和反向代理

先来了解一下 Nginx 中的正向代理和反向代理。

1. 正向代理

有些网站使用浏览器无法直接访问,这时可以找一个代理进行访问。将请求发给代理服务器,由代理服务器去访问目标网站,最后代理服务器将访问后的数据返给浏览器。

"正向代理"代理的是客户端,用户的一切请求都交给代理服务器去完成。至于代理服务器如何完成,用户可以不用关心。

举一个生活中的例子。很多人都有买寿险,当发生意外时,他们会在第一时间联系保险代理人,由保险代理人完成后续的各项理赔。这里客户将一切都交由保险代理人全权处理,保险代理人屏蔽了客户与保险代理机构(服务端)之间的复杂操作。

2. 反向代理

我们在某个网上商城购买物品,只需要打开浏览器输入网址即可。现在的网站都是分布式部署,后台有成百上千的机器设备。我们的购物请求,由反向代理软件分发到某一台服务器上来完成。对于用户而言,是感受不到代理软件的存在。

"反向代理"代理的是服务器,隐藏了服务器的信息。

举一个例子来说明反向代理。很多人都有买车险，在发生交通事故时，他们会在第一时间拨打客服热线 9XXXX，由这个热线电话转交给具体的人员进行后续的理赔处理。对于用户来说，只需要记住某车险的热线电话即可。

12.6.2 为什么用了 uWSGI 还需要用 Nginx

在之前章节中，我们部署了 uWSGI 和 Gunicorn 等 Web 服务器，已经可以正常访问商城的前后台。在实际生产环境中，一般都是用"Nginx + uWSGI（Gunicorn）"来完成网站部署。那为什么用了 uWSGI 还需要用 Nginx 呢?主要原因如下：

- Nginx 处理静态文件更有优势，性能更好。
- Nginx 更安全。
- Nginx 可以进行多台机器的负载均衡。

12.6.3 安装 Nginx

使用 192.168.77.102 主机来安装 Nginx。

1. 上传并解压缩 Nginx 安装包

在本书配套资源中提供了 Nginx 的安装包，文件名为"nginx-1.18.0.tar.gz"，将该文件上传到 192.168.77.102 主机的"/opt/tools"目录下。

使用如下命令对上传的 nginx-1.18.0 的安装包进行解压缩。

```
(env-py3.8.2) [root@hdp-02 tools]# tar -zxvf nginx-1.18.0.tar.gz
```

2. 执行命令

使用如下命令安装依赖。

```
yum -y install gcc pcre pcre-devel zlib zlib-devel
```

使用如下命令指定 Nginx 的安装目录。

```
(env-py3.8.2) [root@hdp-02 nginx-1.18.0]# ./configure
--prefix=/usr/local/nginx
```

使用如下命令编译和安装。

```
 make && make install
```

使用如下命令建立软连接。

```
(env-py3.8.2) [root@hdp-02 nginx]# ln -s /usr/local/nginx/sbin/nginx /usr/bin/nginx
```

3. 启动并测试

启动 Nginx 的命令如下。

```
(env-py3.8.2) [root@hdp-02 nginx]# nginx
```

查看 Nginx 的进程信息。

```
(env-py3.8.2) [root@hdp-02 nginx]# ps -ef |grep nginx
```

使用如下 curl 命令进行测试，Nginx 在启动后默认占用 80 端口，如果 80 端口被占用，则提示错误信息。

```
(env-py3.8.2) [root@hdp-02 nginx]# curl http://localhost
```

如果显示如下内容，则代表 Nginx 一切正常。

```
<!DOCTYPE html>
<html>
<head>
<title>Welcome to nginx!</title>
</head>
<body>
<h1>Welcome to nginx!</h1>
…
```

4. 常用命令

使用 stop 和 quit 参数来停止 Nginx 服务。其中，stop 参数指直接停止，不再工作；Quit 参数指在完成已经接收的连接请求后再退出。具体命令如下所示。

```
(env-py3.8.2) [root@hdp-02 nginx]# nginx -s stop
(env-py3.8.2) [root@hdp-02 nginx]# nginx -s quit
```

重启 Nginx：

```
(env-py3.8.2) [root@hdp-02 nginx]# nginx -s reload
```

> 还可以通过 "yum install nginx" 的方式安装，这种方式安装简单，但是安装后的目录很分散，难以管理，例如，配置文件在 "/etc/nginx/nginx.conf" 目录下，自定义的配置文件在 "/etc/nginx/conf.d" 目录下，项目文件在 "/usr/share/nginx/html" 目录下，日志文件在 "/var/log/nginx" 目录下，一些其他的安装文件在 "/etc/nginx" 目录下。

12.6.4 了解配置文件

Nginx 的配置文件为 nginx.conf，在 "/usr/local/nginx/conf" 目录下，可以使用 vi 命令编辑。通常将 Nginx 配置文件分为 3 部分：全局部分、events 部分、http 部分。接下来对该配置文件进行说明。

1. 全局部分

打开本书配套资源中的"/usr/local/nginx/conf/nginx.conf",文件中的如下这部分配置被称为全局部分。

```
#user  nobody;
worker_processes  1;              #开启的进程数,小于或等于CPU数
#错误日志的保存位置
#error_log  logs/error.log;
#error_log  logs/error.log  notice;
#error_log  logs/error.log  info;
#pid        logs/nginx.pid;       #进程号的保存文件
```

2. events 部分

每个 worker 允许同时产生多少个链接,默认为 1024 个。

```
events {
    worker_connections  1024;
}
```

3. http 部分

http 部分包括的参数有文件引入、日志格式定义、连接数等。其中的 server 块相当于一个站点,一个 http 块可以拥有多个 server 块。

其中的 location 块,用来对同一个 server 中的不同请求路径做特定的处理。比如,将"/admin"转交给 8001 端口处理,将"/h5"转交给 80 端口处理等。

以下是一个常见的 Nginx 配置。

```
http {
    include       mime.types;                    #文件扩展名与文件类型的映射
    default_type  application/octet-stream;      #默认文件类型
    #日志文件的输出格式
    #log_format main '$remote_addr - $remote_user [$time_local] "$request"'
    #                '$status $body_bytes_sent "$http_referer" '
    #                '"$http_user_agent" "$http_x_forwarded_for"';
    #access_log  logs/access.log  main;          #请求日志的保存位置
    sendfile        on;
    keepalive_timeout  65;                       #连接超时时间

    #配置负载均衡的服务器列表
    upstream myapp{
        server 192.168.0.1:8001 weight=1;
        server 192.168.0.2:8001 weight=2
```

```nginx
    }
    #配置监听端口、访问域名等
    server {
        listen       80;                          #配置监听端口
        server_name  localhost;                   #配置访问域名


        location / {
            #proxy_pass http://myapp;             #负载均衡反向代理
            root   html;                          #默认根目录
            index  index.html index.htm;          #默认访问文件
        }

        error_page   500 502 503 504  /50x.html;  #错误页面及其返回地址
        location = /50x.html {
            root   html;
        }
    }
}
```

日志文件格式输出参数 log_format 的说明见表 12-6。

表 12-6

参 数	说 明
$remote_addr 和$http_x_forwarded_for	记录客户端的 IP 地址
$remote_user	记录客户端的用户名称
$time_local	记录访问时间与时区
$request	记录请求的 URL 与 HTTP 协议
$status	记录请求状态,如果成功则是 200
$body_bytes_sent	记录发送给客户端文件的主体内容大小
$http_referer	记录从哪个页面链接过来的
$http_user_agent	记录客户浏览器的相关信息

12.6.5 【实战】部署商城系统后台

(1)新建文件"myshop-back/nginx.conf",增加一个 server 块,在其中添加如下配置项。

```nginx
#商城后台 myshop-back
server {
    listen 81 default_server;                              #监听 81 端口
    listen [::]:81 default_server;
    index index.html index.htm index.nginx-debian.html;
    server_name _;
    location / {
```

```
        proxy_pass http://localhost:8001;      #转发到本机的8001端口
        proxy_http_version 1.1;
        proxy_set_header   Upgrade $http_upgrade;
        proxy_set_header   Connection keep-alive;
        proxy_cache_bypass $http_upgrade;
        proxy_set_header   X-Forwarded-For $proxy_add_x_forwarded_for;
        proxy_set_header   X-Forwarded-Proto $scheme;
    }
    location /static
    {
        alias /usr/share/nginx/html/static;
    }
    location /media
    {
        alias /usr/share/nginx/html/meida;
    }
}
```

在上述配置中,加粗代码指将静态资源交给 Nginx 处理,将 static 和 media 目录统一放到 Nginx 的 "/usr/share/nginx/html/" 目录下。

(2)上传 "myshop-back/nginx.conf" 文件到 192.168.77.102 主机的 "/usr/local/nginx/conf" 目录下。

(3)重新加载配置文件并启动。

```
nginx -s reload
```

(4)对外开放防火墙的 81 端口。

(5)测试访问 "http://192.168.77.102:81/admin/"。

12.6.6 【实战】部署商城系统接口

(1)打开本书配套资源中的 "myshop-back/nginx.conf" 文件,增加一个 server 块,在其中添加如下配置项。加粗部分是跨域的配置。

```
#商城 API 接口 myshop-api
server {
    listen 82;
    listen [::]:82;
    index index.html index.htm index.nginx-debian.html;
    server_name _;
    location / {
        add_header 'Access-Control-Allow-Credentials' 'true';
        #add_header 'Content-Type' 'application/json; charset=utf-8';
        add_header 'Access-Control-Allow-Methods' 'GET, POST, OPTIONS';
```

```
            add_header 'Access-Control-Allow-Headers'
'content-type,token,id,Content-Type,XFILENAME,XFILECATEGORY,XFILESIZE,Origin
,X-Requested-With, content-Type, Accept, Authorization';

            proxy_pass http://localhost:8002;
            proxy_http_version 1.1;
            proxy_set_header   Upgrade $http_upgrade;
            proxy_set_header   Connection keep-alive;

            proxy_cache_bypass $http_upgrade;
            server_name_in_redirect off;
            proxy_set_header Host $host:$server_port;
            proxy_set_header X-Real-IP $remote_addr;
            proxy_set_header REMOTE-HOST $remote_addr;
            proxy_set_header   X-Forwarded-For $proxy_add_x_forwarded_for;
            proxy_set_header   X-Forwarded-Proto $scheme;
        }
        location /static
        {
            alias /usr/share/nginx/html/static;
        }
        location /media
        {
            alias /usr/share/nginx/html/meida;
        }
    }
```

在上述代码中，加粗部分是配置跨域操作。

（2）上传"myshop-back/nginx.conf"文件到 192.168.77.102 主机的"/usr/local/nginx/conf"目录下。

（3）重新加载配置文件并启动。

```
nginx -s reload
```

（4）对外开放防火墙的 82 端口。

（5）测试访问"http://192.168.77.102:82/docs/"。

12.6.7 【实战】部署商城系统前台

（1）打开本书配套资源中的"myshop-back/nginx.conf"，增加一个 server 块，在其中添加如下配置项。

```
#前端静态项目 myshop-vue
server {
```

```
listen       83 default_server;
listen       [::]:83 default_server;
server_name   _;
root         /home/yang/myshop-vue/dist/;
index index.html;
location / {
}
error_page 404 /404.html;
   location = /404.html {
}
error_page 500 502 503 504 /50x.html;
   location = /50x.html {
}
}
```

上述配置中的"/home/yang/myshop-vue/dist/"目录指 myshop-vue 打包后的目录。

（2）上传"myshop-back/nginx.conf"文件到 192.168.77.102 主机的"/usr/local/nginx/conf"目录下。

（3）重新加载配置文件并启动。

```
nginx -s reload
```

（4）对外开放防火墙的 83 端口。

（5）测试访问"http://192.168.77.102:83/#/index"。

12.6.8 【实战】利用 Nginx 负载均衡部署商城系统接口

在部署商城系统的后台、接口和前台后，商城系统终于可以上线运营了。随着商城系统访问量的增加，商城系统的接口压力会越来越大，不堪重负，访问速度明显下降。

商城系统的接口部署在 192.168.77.102 主机上，如果在 3 台虚拟主机上都部署接口，然后根据一定的策略控制对接口的访问，则压力会得到很大的缓解。接下来介绍负载均衡的知识。

1. 了解负载均衡

负载均衡（Load Balancing）是一种将任务分派到多个服务器进程的方法，具有以下功能。

- 转发：可以按照一定的负载均衡策略，将用户请求转发到不同的应用服务器上，以减轻单个服务器的压力，提高系统的并发性。
- 故障转移：通过心跳方式判断当前应用服务器是否正常工作，如果宕机了，则自动剔除该服务器，并将用户请求发送到其他应用服务器。在故障服务器恢复后，Nginx 会自动将其启用。

2. 在 Nginx 中使用负载均衡

Nginx 提供了 3 种不同的负载均衡策略。

（1）轮询：默认方式。每个请求按照时间顺序被逐一分配到不同的后端服务器，如果后端服务器宕机，则将其自动剔除。

（2）权重（weight）：默认为 1。服务器权重越高，则被分配的客户端越多，处理的请求就越多。权重越大，责任越大。

Nginx 中权重的配置如下：

```
upstream myserver{
    server 192.168.77.101:8001 weight =1;
    server 192.168.77.102:8001 weight =5;
}
```

（3）ip_hash 算法：每个请求按照访问 IP 地址的 hash 结果进行分配，如下所示，这样每个请求固定访问一个应用服务器，可以解决 session 共享的问题。

```
upstream myserver{
    ip_hash;
    server 192.168.77.101:8001 ;
    server 192.168.77.102:8001 ;
    server 192.168.77.103:8001 ;
}
```

3. 具体配置

在每台主机上都安装 uWSGI 和 Gunicorn，保证每台主机可以正常访问商城系统的后台和接口，只在 192.168.77.102 主机上安装 Nginx，具体配置见表 12-7。

表 12-7

主　机	IP 地址	服　务
hdp_01	192.168.77.101	uWSGI:8001 部署后台，unicorn:8002 部署接口
hdp_02	192.168.77.102	Nginx:81 部署后台，Nginx:82 部署接口，Nginx:83 部署前台，uWSGI:8001 部署后台，Gunicorn:8002 部署接口
hdp_03	192.168.77.103	uWSGI:8001 部署后台，Gunicorn:8002 部署接口

假设当前网站有 1000 个请求，根据权重策略，192.168.77.101 主机通过 500 个请求，192.168.77.102 主机通过 300 个请求，192.168.77.103 主机通过 200 个请求，如图 12-9 所示。

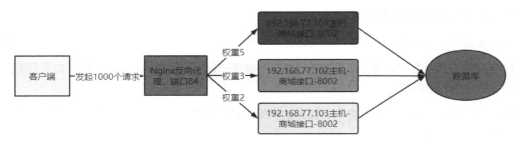

图 12-9

（1）打开本书配套资源中的"myshop-back/nginx.conf"，增加 upstream 和 server 块，在其中添加如下配置项。

```
#商城系统接口——负载均衡服务器列表
upstream myshopapi{
    server 192.168.77.101:8002 weight=5;
    server 192.168.77.102:8002 weight=3;
    server 192.168.77.103:8002 weight=2;
}
#商城系统接口——配置负载均衡
server {
    listen 84;
    listen [::]:84;
    index index.html index.htm index.nginx-debian.html;
    server_name _;
    location / {
        add_header 'Access-Control-Allow-Credentials' 'true';

        add_header 'Access-Control-Allow-Methods' 'GET, POST, OPTIONS';
        add_header 'Access-Control-Allow-Headers'
'content-type,token,id,Content-Type,XFILENAME,XFILECATEGORY,XFILESIZE,Origin,X-Requested-With, content-Type, Accept, Authorization';
        proxy_pass http://myshopapi;
        proxy_http_version 1.1;
        proxy_set_header   Upgrade $http_upgrade;
        proxy_set_header   Connection keep-alive;
…
```

（2）上传"myshop-back/nginx.conf"文件到 192.168.77.102 主机的"/usr/local/nginx/conf"目录下。

（3）重新加载配置文件并启动。

```
nginx -s reload
```

（4）对外开放防火墙的 84 端口。

（5）测试访问"http://192.168.77.102:84/docs/"。

我们只在 192.168.77.102 主机上部署了 Nginx，可能有读者会问，如果 Nginx 服务宕机，那整个应用是不是就变得不可访问了呢？确实如此，这时，可以考虑使用 Keepalived 软件来配置 Nginx 高可用集群，感兴趣的读者可以继续研究。

第 13 章
Django 的 Docker 部署

通过第 12 章的项目部署，相信有很多读者已经成功运行了商城系统。也有很多开发人员直接将部署工作甩给运维人员，认为部署不是开发人员应该做的事情。

的确，环境的搭建、项目的部署不是容易的事。由于在开发时采用的是不同的机器、不同的操作系统、不同的库和组件，所以，将一个项目部署到生产环境中需要进行大量的环境配置。经常会出现"在我的本地机器上没问题，但在服务器上有问题"的窘状。如何解决这个棘手的问题呢？

相信通过本章你会找到答案。

13.1 介绍 Docker

利用 Docker，开发团队可以从运维工作中解脱出来，让应用快速上线，快速迭代。接下来我们一起学习。

13.1.1 为什么要使用 Docker

Docker 是一个开源的应用容器引擎，基于 Go 语言开发，遵循 Apache 2.0 协议开源。使用 Docker，开发者可以打包他们的应用及依赖包到一个轻量级、可移植的容器中，然后将其发布到主流的 Linux 服务器上。Docker 的图标如图 13-1 所示，通俗来说，我们的服务器就是鲸鱼，而鲸鱼身体上的集装箱则代表 Docker 容器。

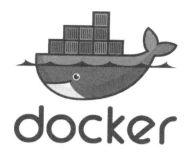

图 13-1

1. 为什么要使用 Docker

下面以部署商城系统为例，说明为什么要使用 Docker。

比较传统的部署方式是：先在一台或者多台服务服务器上安装 Linux 操作系统，然后部署数据库、Web 服务器、缓存服务器、负载服务器、应用系统等。

这样的部署会存在一些问题，比如资源浪费。服务器的配置都比较高，一般都是几十个核、上百 GB 甚至几个 TB 的配置。如果只部署一个应用，那这样的配置完全是大材小用；如果部署多个应用，那可能存在性能冲突。于是，虚拟化技术出现了。通过 VMWare 可以将一台物理机划分成多台虚拟机，根据应用的需求来合理分配不同的虚拟机，每台虚拟机可以配置不同的 CPU、内存和硬盘资源。这样的部署方式，可以有效地提高资源利用率。

引入了虚拟机，资源利用率可以得到极大的提升。但是，随着项目的不断升级和优化，我们需要更多的虚拟机，但是每台虚拟机的资源并没有被充分利用。能不能做到应用系统需要多少资源就给它分配多少资源呢？

于是，我们基于操作系统将资源划分为多个小的空间，每个小的空间可以被看作是一个集装箱。每个集装箱占用单独的资源，各个集装箱之间是彼此隔离的。在每个集装箱中是一个应用程序。当我们要运行这些应用程序时，只需要启动集装箱即可。启动后的集装箱被称为"容器"，未启动的集装箱被称为"镜像"。

2. Docker 容器的功能

Docker 容器的功能如下。

- 快速地交付与部署：在项目开发完成后，可以直接使用容器来部署代码，这样可以节约开发、测试和部署的时间。
- 轻松地迁移与扩展：Docker 容器几乎可以在任意的平台上运行，项目可以很方便地从一个平台迁移到另一个平台。

- 快速地回滚版本：容器技术天生带有回滚属性，每个历史容器或者镜像都会被保存，切换到任何一个容器或镜像都是非常简单的。

举例说明：一家 4 口居住在小户型房屋中，时间一长，各种物件会非常多，房间显得非常凌乱。此时收纳箱出现了，有大有小，可以在家里用很多收纳箱来放置不同的物件。使用收纳箱后，房屋干净整洁了，找东西很方便。收纳箱之间是隔离的，互不影响。只要房间足够大，可以随时启用多个收纳箱来装物品。如果部分物品不需要了，可以进行收纳箱的回收。

某天要搬家了，只需要将收纳箱带走即可，很方便。

13.1.2 虚拟机和容器的区别

虚拟机运行的是一个完整的操作系统，通过虚拟机管理程序对主机资源进行虚拟访问，需要的资源更多。容器共享主机的操作系统内核，每一个容器都运行在一个独立的进程中，启动速度快，消耗的资源极其少。采用沙箱机制，可以实现多个容器的隔离。

如果认为虚拟机是模拟运行的一整套操作系统（包括内核、应用运行态环境及系统环境），以及运行在其上面的应用，那么 Docker 容器就是独立运行的一个（或一组）应用，以及它们所需的运行环境。

13.1.3 了解 Docker 的镜像、容器和仓库

下面介绍 Docker 的 3 个常用概念——镜像、容器和仓库。

1. 镜像

镜像是由文件系统叠加而成的，其底端是一个文件引导系统（即 bootfs），该文件引导系统很像 Linux/UNIX 的引导文件系统。Docker 用户几乎永远不会和引导系统有什么交互。一个容器启动后，它将会被移动到内存中，而引导文件系统则被卸载，以留出更多的内存空间供磁盘镜像使用。启动 Docker 容器是需要一些文件的，这些文件即 Docker 镜像。

简单来说，Docker 镜像是一个特殊的文件系统，提供容器运行时所需的各项文件和必备的参数。

Docker 把应用程序及其所需的所有内容（包括代码、资源文件、库和配置文件等），打包在镜像文件中。通过镜像文件生成 Docker 容器。镜像文件可以被看作容器的模板。Docker 根据镜像文件生成容器的实例。同一个镜像文件，可以生成多个同时运行的容器实例。

Docker 镜像可以被看作应用及其环境的集合，是一种封装方式，类似于 Java 下的 Jar 包、CentOS 下的 RPM 包。

2. 容器

容器是基于镜像创建的运行实例。一个镜像可以生成多个容器实例。每个容器单独存在，彼此隔离。熟悉面向对象的读者，可以把镜像当作类，把容器当作根据类实例化后的对象。对容器可以进行创建、启动、停止和移除等基本操作。对容器的基本操作不会影响镜像本身。

3. 仓库

在制作完镜像文件后，可将其上传到网上的仓库，供其他人使用。

仓库是用来存放镜像的场所。在仓库服务器中存在多个仓库，每个仓库包含多个镜像，每个镜像通过不同的标签进行区分。

仓库分为公有仓库和私有仓库。

> Docker 的官方仓库 Docker Hub 是最重要、最常用的公共镜像仓库。用户在 Docker 官网注册账号后，可以从中查找需要的各种镜像，以及在其中保存自己的镜像。
> 由于国内访问 Docker 公有仓库的速度较慢，因此出现了一批国内的公有仓库，如阿里云等，可以提供快速且稳定的镜像访问。

在企业生产环境中往往不能访问公网，此时可以使用官方提供的 registry 镜像来搭建简单的私有仓库环境。

4. 举例

我的父亲是一位水利设计工程师，一辈子奉献给了水利事业，可以做到手绘图纸。他设计和施工的大中型桥梁有几十座，渠道有上百公里。

现在有一份水利干渠的设计图纸，根据它可以设计出水利干渠。在我们家中有一个大的书柜，专门用来存储这些图纸。为了让这些图纸被更多人使用，在水利设计单位有一个文件储藏室，专门用来放置这些图纸的复印版本。可以如下这样来打比方：

- 图纸 → Docker 的镜像
- 干渠 → 容器
- 我们家中的书柜 → 私有仓库
- 水利设计单位的文件储藏室 → 公有仓库

13.2 安装并启动 Docker

Docker 有两个版本：社区版本 CE（Community Edition）和企业版本 EE（Enterprise Edition）。社区版本可以满足大部分的需求。下面以 Docker 的社区版本为例进行介绍。

13.2.1 安装 Docker

安装 Docker 的操作系统的内核版本不能低于 3.10。本书使用的是 Centos 7.9 版本的操作系统。为了测试方便，需要在 3 台虚拟主机上都安装 Docker。

1. 查看 Linux 内核版本

使用如下命令查看 Linux 内核版本。

```
uname -r
```

执行结果如下。

```
3.10.0-1160.el7.x86_64
```

2. 安装软件包

yum-utils 包中提供了"yum-config-manager"命令。该命令用于对"/etc/yum.repos.d/"文件夹下的仓库文件进行增加、删除、查询和修改。

```
yum install -y yum-utils
```

3. 设置 yum 安装源

"yum-config-manager"命令用于对 yum 仓库进行管理。使用如下命令可以将阿里云镜像网站提供的 docker-ce.repo 文件添加到本地仓库中。

```
yum-config-manager --add-repo
http://阿里云的镜像地址/docker-ce/linux/centos/docker-ce.repo
```

执行上述命令后，在"/etc/yum.repos.d/"目录下增加了一个 docker-ce.repo 文件。

4. 在线安装 Docker CE 版本

配置 yum 源后，安装 Docker CE 版本的命令如下。

```
yum install -y docker-ce
```

5. 卸载 Docker

如果安装未成功，则需要卸载 Docker 再进行安装。卸载命令如下。

```
Yum remove docker-ce
```

13.2.2　启动 Docker

在 Centos 7.9 中，可以使用 systemctl 命令进行 Docker 服务的启动、停止等操作。常见命令见表 13-1。

表 13-1

命　令	解　释
systemctl start docker	启动 Docker
system stop docker	停止 Docker
systemctl restart docker	重启 Docker
systemctl status docker	查看状态
systemctl enable docker	开机时 Docker 自启动

1. 启动 Docker 并查看状态

Docker 正常启动后，状态为 active(running)，如图 13-2 中方框标注处所示。

```
[root@hdp-02 yum.repos.d]# systemctl start docker
[root@hdp-02 yum.repos.d]# systemctl status docker
? . docker.service - Docker Application Container Engine
   Loaded: loaded (/usr/lib/systemd/system/docker.service; disabled; vendor preset: disabled)
   Active: active (running) since Mon 2021-03-08 12:13:58 +06; 10s ago
     Docs: https://docs.docker.com
 Main PID: 1931 (dockerd)
    Tasks: 8
   Memory: 60.5M
   CGroup: /system.slice/docker.service
           ? . . 1931 /usr/bin/dockerd -H fd:// --containerd=/run/containerd/containerd.sock
```

图 13-2

2. 查看 Docker 版本

在启动 Docker 服务后，可以使用如下命令查看 Docker 的版本信息。

```
docker version
```

命令执行后，会显示 Docker 引擎的 Server 端及 Client 端信息，如版本、API 版本、Go 语言版本等，如图 13-3 所示。

```
Server: Docker Engine - Community
 Engine:
  Version:          20.10.5
  API version:      1.41 (minimum version 1.12)
  Go version:       go1.13.15
  Git commit:       363e9a8
  Built:            Tue Mar  2 20:32:17 2021
  OS/Arch:          linux/amd64
  Experimental:     false
 containerd:
  Version:          1.4.3
  GitCommit:        269548fa27e0089a8b8278fc4fc781d7f65a939b
 runc:
  Version:          1.0.0-rc92
  GitCommit:        ff819c7e9184c13b7c2607fe6c30ae19403a7aff
 docker-init:
  Version:          0.19.0
  GitCommit:        de40ad0
```

图 13-3

13.3 操作 Docker 镜像

Docker 提供了丰富的镜像。通过镜像操作，可以快速复制出我们需要的服务。

13.3.1 搜索镜像

比如安装 Python 的镜像，可以先通过如下命令进行搜索。

```
docker search python
```

执行结果如图 13-4 所示。

图 13-4

其中的 AUTOMATED 项指，只要代码版本管理中的项目有更新，就会触发自动创建镜像。

13.3.2 获取镜像

获取镜像的命令格式如下所示。

```
docker pull 镜像名称:镜像标签
```

如果不指定镜像标签，则默认为 latest 标签。

拉取 Python 3.8 版本的命令如下。

```
docker pull python:3.8
```

拉取过程如图 13-5 所示。

图 13-5

从拉取过程可以看到，Docker 镜像基本上都是由多层组成的。上面这个 Python 3.8 镜像由 9 层构成，每一个"Pull complete"就是一层。其中每一层都可以被不同的镜像共同使用。下面通过实例进行说明。

（1）拉取 Python 3.7 版本，命令如下。

`docker pull python:3.7`

（2）拉取过程如图 13-6 所示。

```
[root@hdp-01 ~]# docker pull python:3.7
3.7: Pulling from library/python
d960726af2be: Already exists
e8d62473a22d: Already exists
8962bc0fad55: Already exists
65d943ee54c1: Already exists
532f6f723709: Already exists
1334e0fe2851: Already exists
ba365db42d14: Pull complete
9c5512e22a86: Pull complete
9b39d3d20df6: Pull complete
Digest: sha256:2418d2580b0696cfe3e924ada34478dc30e5dbdf2cfd06158a3553e4608aae53
Status: Downloaded newer image for python:3.7
docker.io/library/python:3.7
```

图 13-6

（3）可以看到，Python 3.7 镜像的前 6 层与 Python 3.8 镜像共用，镜像 ID 也是一样的。这样它们的镜像层只会存储一次，不会占用额外的内存空间。

Docker 默认拉取国外的仓库，下载速度较慢，可以改为将拉取国内的镜像仓库，可以参考 13.3.5 节。

13.3.3 查看镜像

使用"docker images"命令可以查看本地已有的镜像，如图 13-7 所示。

```
[root@hdp-02 docker]# docker images
REPOSITORY   TAG    IMAGE ID       CREATED       SIZE
python       3.7    2699987679cd   13 days ago   877MB
python       3.8    9b9126f2a963   13 days ago   883MB
python       3.6    6b0219e0ed75   7 weeks ago   874MB
```

图 13-7

其中各个字段的含义如下。

- REPOSITORY：镜像所在的仓库名称。
- TAG：镜像标签。
- IMAGE ID：镜像 ID。
- CREATED：镜像的创建日期。
- SIZE：镜像的大小。

Docker 提供了标签。通过标签，可以区分同一个仓库下的不同镜像。

13.3.4 导入/导出镜像

如果网络卡顿、无法上网,就不能通过国内外仓库获取镜像。遇到这种问题,可以先将 A 机器中的镜像导出,然后在 B 机器中执行镜像导入,从而完成镜像的本地迁移。

(1)导出镜像,命令如下。

```
docker save imagename -o filepath
```

使用如下命令导出 python:3.8 镜像,保存名为 "python3.8.tar"。

```
docker save python:3.8 -o /root/python3.8.tar
```

(2)导入镜像。

可以将导出的镜像文件复制到其他主机,命令如下。

```
[root@hdp-03 ~]# docker load -i /root/python3.8.tar
```

如果用 "docker load" 命令无法导入镜像,则可以尝试 "docker import" 命令,如下所示。

```
[root@hdp-03 ~]# cat /root/python3.8.tar | docker import - python:3.8
```

13.3.5 配置国内镜像仓库

Docker 的默认镜像仓库 Docker Hub 服务器位于国外,从国内访问时会出现各种超时故障。为此,Docker 提供了一个镜像加速器的设置,可以通过配置位于国内的镜像加速器来加速 Docker 镜像的拉取。具体步骤如下。

(1)国内阿里云镜像的加速地址如下。

```
https://阿里云的镜像地址/cn-hangzhou/instances/mirrors
```

(2)打开加速地址后,可以获取一个类似以下格式的加速器地址。

```
https://xxx.192.168.77.XXX
```

(3)新建配置文件 "/etc/docker/daemon.json" 来使用加速器。

新建配置文件:

```
vi /etc/docker/daemon.json
```

修改内容如下。

```
{
"registry-mirrors": [""]
}
```

(4)保存文件后,使用如下命令实现 Docker 的重启生效。

```
systemctl daemon-reload
systemctl restart docker
```

(5)重启后,再次拉取镜像,速度很快,此时可以愉快地使用 Docker 了。

13.4 操作 Docker 容器

镜像启动后会有一个对应的容器。接下来我们操作 Docker 容器。

13.4.1 启动容器

1. 使用"docker run"命令启动容器

使用"docker run"命令来创建并启动容器。"docker run"命令相当于"docker create"(创建)和"docker start"(启动)命令的组合。

启动容器的命令格式如下。

```
docker run [选项] 镜像名:标签名 [命令] [参数]
```

其中常见的选项参数见表 13-2。

表 13-2

选项参数	含义
-i	在创建容器后启动容器并进入容器,通常与 -t 联合使用
-t	启动后进入容器的命令行,通常与-i 联合使用
--name	为容器指定一个名称
-d	创建的容器在后台执行,不会自动登录容器
-p	端口映射,格式为 宿主机端口:容器端口
-v	目录映射,格式为 宿主机目录:容器目录
-e	设置环境变量,格式为 key=value

如果在执行命令的过程中提示如下信息:

```
WARNING: IPv4 forwarding is disabled. Networking will not work.
```

则可以按以下步骤解决:

(1)编辑"/etc/sysctl.conf"文件,增加如下内容。

```
net.ipv4.ip_forward=1
```

(2)重启网络服务及 Docker 服务。

```
systemctl restart network
systemctl restart docker
```

（3）重新执行"docker run"命令。

2. 使用"docker run"命令的技巧

"docker run"命令的参数较多，下面通过几个实例来学习。

（1）从 centos 镜像启动一个容器，指定容器名称为"centos-test"，并执行 echo 命令且在输出"Hello Docker"后容器停止运行。

命令如下所示。

```
[root@hdp-01 ~]# docker run -it --name "centos-test" echo "Hello Docker"
```

执行后屏幕输出如下内容。

```
Hello Docker
```

执行"docker ps -a"命令查询全部容器，如图 13-8 所示。

```
[root@hdp-01 ~]# docker ps -a
CONTAINER ID   IMAGE     COMMAND                CREATED            STATUS                        PORTS     NAMES
ad34e178cf2f   centos    "echo 'Hello Docker'"  About a minute ago Exited (0) About a minute ago           test
```

图 13-8

（2）进入交互型容器。

启动一个 Docker 容器，并且让容器执行"/bin/bash"命令。

```
[root@hdp-01 ~]# docker run -it  centos:latest /bin/bash
```

执行成功后，发现主机提示符发生了变化，变为了"root@c2d943c24122"，@之后的字母数字组合就是容器 ID 的前 12 个字符。这意味着，已经切换到了容器内部，可以执行 ls 命令来查看容器中的文件。

```
[root@c2d943c24122 /]# ls
 bin  dev  etc  home  lib  lib64  lost+found  media  mnt  opt  proc  root
run  sbin  srv  sys  tmp  usr  var
```

如果想从容器中退出，则使用 exit 命令。

（3）使用-d 参数创建后台型容器。

如以下命令所示。

```
[root@hdp-01 ~]# docker run -it -d --name "centos-port" -p 80:80 centos:latest
```

其中，-p 参数指将容器的端口暴露出来，格式为"宿主机端口:容器端口"。

执行结果如图 13-9 所示。

```
[root@hdp-01 ~]# docker ps -a
CONTAINER ID    IMAGE           COMMAND        CREATED          STATUS                     PORTS
  NAMES
c2d943c24122    centos:latest   "/bin/bash"    9 minutes ago    Exited (127) 12 seconds ago
  nice_shamir
768cf1d12c5a    centos:latest   "/bin/bash"    9 minutes ago    Up 9 minutes
  compassionate_kare
9be464eb068d    centos:latest   "/bin/bash"    21 minutes ago   Up 21 minutes              0.0.0.0:80->80/tcp
  centos-port
b9cc19c280e8    centos:latest   "/bin/bash"    22 minutes ago   Up 22 minutes
  centos-test3
```

图 13-9

3. 实例：启动 Python 3.8 的容器并执行一个 py 文件

（1）在服务器上创建一个 Python 文件。

在服务器的 "/home/yang" 目录下创建一个 test.py 文件，代码如下。

```
print("Hello Docker!");
```

（2）执行容器命令。

命令如下所示。

```
[root@hdp-03 yang]# docker run -it --name="python3.8" -v /home/yang/:/www
-w /www python:3.8 python3 test.py
```

命令参数说明如下。

- "-v /home/yang/:/www"：将宿主机的 "/home/yang/" 目录挂载到容器的 "/www" 目录下。
- "-w /www"：指定容器的 "/www" 目录为工作目录。
- "python:3.8"：镜像和 tag。
- "python3 test.py"：使用容器的 python3 命令来执行工作目录下的 test.py 文件。

13.4.2　进入容器

使用如下命令进入一个正在运行的容器。

```
docker ps
docker exec -it 容器ID /bin/bash
```

执行结果如图 13-10 所示。STATUS 状态为 Up 则代表容器已经在运行。

图 13-10

> 容器 ID 可以不用全部写，截取容器 ID 的前 3、4 位即可。

13.4.3 停止容器

Docker 提供了两种停止容器运行的方式，即"docker stop"和"docker kill"。

1."docker stop"命令

在使用"docker stop"命令停止容器时，允许容器中的应用程序有 10s 的时间来保存状态然后停止运行。命令为：

```
docker stop -t=60 容器 ID 或容器名
```

参数 -t 指关闭容器的时间，默认值为 10s。

2."docker kill"命令

使用"docker kill"命令来强行终止容器中程序的运行。命令为：

```
docker kill 容器 ID 或容器名
```

"docker stop"和"docker kill"的区别：stop 会留出一定的时间来让容器保存状态，kill 直接关闭容器。

13.4.4 删除容器

删除容器的命令格式如下。

```
docker rm  容器名称
```

例如，删除一个 MySQL 容器，如图 13-11 所示。

```
[root@hdp-02 ~]# docker ps -a
CONTAINER ID   IMAGE          COMMAND                  CREATED          STATUS                     PORTS                                          NAMES
813a78f05d16   mysql:5.7.29   "docker-entrypoint.s?？"   34 seconds ago   Up 31 seconds              33060/tcp, 0.0.0.0:3308->3306/tcp              outside_mysql2
850999f8a784   mysql:5.7.29   "docker-entrypoint.s?？"   About a minute ago   Exited (0) 2 seconds ago                                              outside_mysql
d9efd0a953d1   mysql:5.7.29   "docker-entrypoint.s?？"   12 minutes ago   Up 12 minutes              0.0.0.0:3306->3306/tcp, 33060/tcp              outside_mysql4
[root@hdp-02 ~]# docker rm outside_mysql2
Error response from daemon: You cannot remove a running container 813a78f05d1634affea7981e0a6f11b00ac521b9de9a4b1448e4127e4bbec521. Stop the container before
ove
[root@hdp-02 ~]# docker rm outside_mysql
outside_mysql
[root@hdp-02 ~]# docker ps -a
CONTAINER ID   IMAGE          COMMAND                  CREATED          STATUS                     PORTS                                          NAMES
813a78f05d16   mysql:5.7.29   "docker-entrypoint.s?？"   About a minute ago   Up About a minute      33060/tcp, 0.0.0.0:3308->3306/tcp              outside_mysql2
d9efd0a953d1   mysql:5.7.29   "docker-entrypoint.s?？"   13 minutes ago   Up 13 minutes              0.0.0.0:3306->3306/tcp, 33060/tcp              outside_mysql4
```

图 13-11

此外，还可以删除所有未使用的容器，如以下命令所示。

```
[root@hdp-01 ~]# docker rm $(docker ps -a -q)
```

13.4.5 复制容器中的文件

Docker 支持从宿主机到容器文件的复制,也支持从容器文件到宿主机的复制。语法如下:

```
docker cp [OPTIONS] container:src_path dest_path   //从容器文件到宿主机
docker cp [OPTIONS] dest_path container:src_path   //从宿主机到容器文件
```

其中,参数 container 指正在运行的容器的 ID,可以用 "docker ps" 命令来查看。

举例说明:

```
[root@hdp-03 ~]# docker cp 04692947ede5:/etc /home/yang/
```

上述命令将容器 ID 为 04692947ede5 的 Docker 容器中的 etc 文件夹复制到宿主机的 "/home/yang" 目录下。

13.4.6 查看容器中的日志

查看容器中的日志使用如下命令。

```
docker logs 容器ID或容器名
```

举例如下。

```
[root@hdp-03 ~]# docker logs 04692947ede5
[root@hdp-03 ~]# docker logs nginx
```

13.5 【实战】用 Docker 部署 MySQL

在第 12 章中,使用传统方式部署了 MySQL 数据库,该过程烦琐,且容易出错。接下来使用 Docker 方式部署 MySQL,让读者感受一下不一样之处。

13.5.1 拉取镜像

(1) 拉取官方镜像,这里选择 MySQL 5.7.29 的镜像,如以下命令所示。

```
Docker pull mysql:5.7.29
```

(2) 拉取成功后如图 13-12 所示。

(3) 查看拉取的镜像文件,如图 13-13 所示。

```
[root@hdp-02 ~]# docker pull mysql:5.7.29
5.7.29: Pulling from library/mysql
54fec2fa59d0: Pull complete
bcc6c6145912: Pull complete
951c3d959c9d: Pull complete
05de4d0e206e: Pull complete
319f0394ef42: Pull complete
d9185034607b: Pull complete
013a9c64dadc: Pull complete
58b7b840ebff: Pull complete
9b85c0abc43d: Pull complete
bdf022f63e85: Pull complete
35f7f707ce83: Pull complete
Digest: sha256:95b4bc7c1b111906fdb7a39cd990dd99f21c594722735d059769b80312eb57a7
Status: Downloaded newer image for mysql:5.7.29
docker.io/library/mysql:5.7.29
```

图 13-12

```
[root@hdp-02 ~]# docker images
REPOSITORY    TAG       IMAGE ID       CREATED         SIZE
python        3.7       2699987679cd   2 weeks ago     877MB
python        3.8       9b9126f2a963   2 weeks ago     883MB
python        3.6       6b0219e0ed75   7 weeks ago     874MB
mysql ←       5.7.29    5d9483f9a7b2   10 months ago   455MB
```

图 13-13

13.5.2 创建容器

使用 "docker run" 命令创建容器，具体命令如下。

```
Docker run -id -name=outside_mysql -p 3306:3306 -e MYSQL_ROOT_PASSWORD=123456 mysql:5.7.29
```

其中参数说明如下。

- -p：端口映射，格式为 "宿主机端口:容器端口"。
- -e：添加系统变量，MYSQL_ROOT_PASSWORD 是 root 用户的登录密码。

13.5.3 进入 MySQL 容器

（1）使用 "docker exec" 命令进入正在运行的 MySQL 容器。

```
docker exec -it outside_mysql /bin/bash
```

（2）成功执行后进入容器，输入 ls 命令可以查看容器当前目录下的内容，如图 13-14 所示。

```
[root@hdp-02 ~]# docker exec -it outside_mysql /bin/bash
root@334975658ef6:/# ls
bin  boot  dev  docker-entrypoint-initdb.d  entrypoint.sh  etc  home  lib  lib64  media  mnt  opt  proc  root  run  sbin  srv  sys  tmp  usr  var
```

图 13-14

（3）在容器中执行如下命令。

```
Mysql -uroot -p
```

（4）输入密码 123456 后，显示如图 13-15 所示。

```
root@334975658ef6:/# mysql -uroot -p
Enter password:
Welcome to the MySQL monitor.  Commands end with ; or \g.
Your MySQL connection id is 2
Server version: 5.7.29 MySQL Community Server (GPL)

Copyright (c) 2000, 2020, Oracle and/or its affiliates. All rights reserved.

Oracle is a registered trademark of Oracle Corporation and/or its
affiliates. Other names may be trademarks of their respective
owners.

Type 'help;' or '\h' for help. Type '\c' to clear the current input statement.

mysql>
```

图 13-15

接下来即可创建数据库和数据表了。

13.6 【实战】用 Docker 方式部署 Redis

用 Docker 方式部署 Redis，更快，更方便。

13.6.1 拉取 Redis

拉取官方镜像，这里选择 Redis 6.2.5 的镜像，如以下命令所示。

```
[root@hdp-01 ~]# docker pull redis:6.2.5
```

拉取成功后如图 13-16 所示。

```
[root@hdp-01 ~]# docker pull redis:6.2.5
6.2.5: Pulling from library/redis
33847f680f63: Pull complete
26a746039521: Pull complete
18d87da94363: Pull complete
5e118a708802: Pull complete
ecf0dbe7c357: Pull complete
46f280ba52da: Pull complete
Digest: sha256:cd0c68c5479f2db4b9e2c5fbfdb7a8acb77625322dd5b474578515422d3ddb59
Status: Downloaded newer image for redis:6.2.5
docker.io/library/redis:6.2.5
```

图 13-16

查看拉取的镜像文件，如图 13-17 所示。

```
[root@localhost ~]# docker images
REPOSITORY   TAG       IMAGE ID       CREATED         SIZE
python       3.7       221147c85860   3 days ago      877MB
python       3.8       5f84e37234f4   3 days ago      884MB
redis        6.2.5     aa4d65e670d6   7 days ago      105MB
nginx        1.18.0    c2c45d506085   3 months ago    133MB
centos       7.9.2009  8652b9f0cb4c   8 months ago    204MB
mysql        5.7.29    5d9483f9a7b2   15 months ago   455MB
```

图 13-17

13.6.2 创建并启动 Redis 容器

使用如下命令创建并启动 Redis 容器。

```
docker run -p 6379:6379 --name redis -v
/usr/local/docker/redis/redis.conf:/etc/redis/redis.conf -v
/usr/local/docker/redis/data:/data -d redis:6.2.5 redis-server
/etc/redis/redis.conf --appendonly yes
```

其中参数含义如下。

- -p 6379:6379：把容器中的 6379 端口映射到宿主机的 6379 端口。
- -v /root/docker/redis/redis.conf:/etc/redis/redis.conf：把在宿主机中配置好的 redis.conf 放到容器中的相同位置。
- -v /root/docker/redis/data:/data：把 Redis 持久化的数据在宿主机中显示，作为数据备份。
- redis-server /etc/redis/redis.conf：关键配置，让 Redis 按照 redis.conf 的配置启动。
- -appendonly yes：让 Redis 在启动后做数据持久化。

13.7 制作自己的镜像——编写 Dockerfile 文件

直接拉取的镜像不可能满足所有的生产需求，我们需要制作自己的镜像。创建这些镜像，需要编写 Dockerfile 文件。

Dockerfile 文件本质上是一个文本文件，可以使用文本编辑器打开并修改。

13.7.1 语法规则

Dockerfile 文件是一个镜像构建命令集合的文本文件。

Dockerfile 文件一般分为 4 部分：基础镜像、维护者信息、操作指令，以及容器启动时执行的指令。

Dockerfile 文件的基本指令见表 13-1。

表 13-3

指令	介绍
FROM <image>:<tag>	FROM 必须是第 1 行代码，FROM 后面是镜像名称，指明基于哪个基础镜像来构建容器
MAINTAINER	描述镜像的维护者信息，如名称和邮箱

续表

指令	介绍
RUN 命令	RUN 后面是一个具体的命令
ADD 源文件 目标路径	不仅能够将构建命令所在主机的文件或目录复制到镜像中，还能够将远程 URL 所对应的文件或目录复制到镜像中，并支持文件的自动解压缩
COPY 源文件 目标路径	能够将构建命令所在主机的文件或目录复制到镜像中
USER 用户名	指定容器启动的用户
ENTRYPOINT command,param	指定容器的启动命令
CMD command,param	指定容器启动参数
ENV key=value	指定容器运行时的环境变量，格式为：key=value
ARG 参数	传递参数
EXPOSE port XXX	指定容器监听的端口，格式为：port/tcp
WORKDIR /path/to/workdir	设置工作目录

其中部分指令详解如下。

- FROM 指令：如果在本地仓库中没有镜像，则从公共仓库拉取。如果没有指定镜像的标签，则使用默认的 latest 标签。
- RUN 指令：构建镜像的指令。每执行一次 RUN 指令，就会生成一层镜像。在实际使用中，可以通过&&链接符号来减少镜像层数，这样可以让镜像的体积更小。

13.7.2 构建 Nginx 镜像

接下来创建一个基于 Centos 7.9 的 Nginx 的 Docker 镜像。

1. 创建 Dockerfile 文件

在 "/home/yang/myshop-back" 目录下创建 Dockerfile 文件，在其中添加如下配置，并让 nginx-1.18.0.tar.gz、nginx.conf 和 Dockerfile 文件在同一个目录下。

```
#基础镜像，基于 Centos 7.9 版本构建
FROM centos:7.9.2009
#维护者信息
MAINTAINER yangcoder 111@111.com
#安装依赖
RUN yum install -y gcc pcre pcre-devel zlib zlib-devel automake autoconf libtool make
#复制 Nginx 包
ADD nginx-1.18.0.tar.gz /opt
#切换工作目录
WORKDIR /opt/nginx-1.18.0
#指定安装目录并编译安装
```

```
RUN ./configure --prefix=/usr/local/nginx && make && make install
#创建软链接
RUN ln -s /usr/local/nginx/sbin/nginx /usr/bin/nginx
#复制本地的 Nginx 配置文件到容器中
COPY nginx.conf /usr/local/nginx/conf/nginx.conf
#映射端口
EXPOSE 82
#运行命令，关闭守护模式
CMD ["nginx", "-g", "daemon off;"]
```

读者可以对比 12.6.3 节的 Nginx 安装来理解 Dockerfile 文件内容。

 ADD 命令可以自动解压缩，省去了"tar -zxvf"的命令操作。

2. 根据 Dockerfile 文件构建镜像

使用"docker build"命令从 Dockerfile 构建镜像。

```
docker build -t 镜像:标签 dir
```

其中，-t 参数指给镜像加一个 tag，dir 指 Dockfile 文件所在目录。构建过程如图 13-18 所示。

```
[root@hdp-02 myshop-back]# docker build -t nginx:1.18.0 .
Sending build context to Docker daemon  251.3MB
Step 1/10 : FROM centos:7.9.2009
 ---> 8652b9f0cb4c
Step 2/10 : MAINTAINER yangcoder 111@111.com
 ---> Using cache
 ---> ec36c0d57b08
Step 3/10 : RUN yum install -y gcc pcre pcre-devel zlib zlib-devel automake autoconf libtool make
 ---> Using cache
 ---> 402223bdd980
Step 4/10 : ADD nginx-1.18.0.tar.gz /opt
 ---> Using cache
 ---> 0466f99b68f4
Step 5/10 : WORKDIR /opt/nginx-1.18.0
 ---> Using cache
 ---> c0e91d19122c
Step 6/10 : RUN ./configure --prefix=/usr/local/nginx && make && make install
 ---> Using cache
 ---> f09afe2ea985
Step 7/10 : RUN ln -s /usr/local/nginx/sbin/nginx /usr/bin/nginx
 ---> Using cache
 ---> d901ddb2076b
Step 8/10 : COPY nginx.conf /usr/local/nginx/conf/nginx.conf
 ---> c91b79ffeee9
Step 9/10 : EXPOSE 82
 ---> Running in 498c208b7513
Removing intermediate container 498c208b7513
 ---> 36fd39000a79
Step 10/10 : CMD ["nginx", "-g", "daemon off;"]
 ---> Running in 8dbdf82b155e
Removing intermediate container 8dbdf82b155e
 ---> 85888ab970b4
Successfully built 85888ab970b4
Successfully tagged nginx:1.18.0
```

图 13-18

13.8 将镜像推送到私有仓库 Harbor 中

在企业中，常通过安装 Harbor 来搭建内部私有仓库，以方便用 Docker 从 Harbor 上传/下载镜像。

13.8.1 搭建 Harbor 私有仓库

Harbor 的英文是"港湾"。港湾是用来停放货物的，而货物是装在集装箱内的。Harbor 是一个用于存储和分发 Docker 镜像的企业级私有仓库服务器，它提供了很好的性能和安全性。

虽然 Docker 官方也提供了公共的镜像仓库，但是从安全和效率等方面考虑，在企业内部部署私有仓库是非常有必要的。

安装 Harbor 私有仓库，首先需要安装 Docker-Compose。Docker-Compose 是 Docker 官方的开源项目，负责实现对 Docker 容器集群的快速编排。

13.8.2 安装 Docker-Compose

执行如下命令来高速安装 Docker Compose。

```
curl -L https://192.168.77.XXX/docker/compose/releases/download/1.29.2/docker-compose-`uname -s`-`uname -m` > /usr/local/bin/docker-compose
chmod +x /usr/local/bin/docker-compose    #设置文件权限
ln -s /usr/local/bin/docker-compose /usr/bin/docker-compose    #创建软链接
```

请把 192.168.77.XXX 置换为 get.daocloud.io。

安装后可以查看版本信息：

```
[root@hdp-01 bin]# docker-compose version
docker-compose version 1.29.2, build 5becea4c
docker-py version: 5.0.0
CPython version: 3.7.10
OpenSSL version: OpenSSL 1.1.0l  10 Sep 2019
```

13.8.3 安装 Harbor

安装 Harbor 分为 3 步。

1．上传并解压缩 Harbor

本书配套资源中提供 Harbor 安装文件"harbor-offline-installer-v1.10.0.tgz"。将该文件

上传至 192.168.77.101 主机服务器的指定目录下，然后使用“tar -xvf”命令解压缩。

2. 配置 harbor.yml 文件

进入 Harbor 目录下编辑 harbor.yml 文件，其中包含以下几项。

- Hostname：本机的 IP 地址。
- harbor_admin_password：登录密码。
- port：端口号。

配置如图 13-19 所示。其中，hostname 被配置成虚拟机的 IP 地址。

```
1 hd-01-192.168.77.101 × | 2 hd-02-192.168.77.102 | 3 hd-03-192.168.77.103
# Configuration file of Harbor

# The IP address or hostname to access admin UI and registry service.
# DO NOT use localhost or 127.0.0.1, because Harbor needs to be accessed by
hostname: 192.168.77.101

# http related config
http:
  # port for http, default is 80. If https enabled, this port will redirect
  port: 80

# https related config
#https:
  # https port for harbor, default is 443
  #port: 443
  # The path of cert and key files for nginx
 # certificate: /your/certificate/path
 # private_key: /your/private/key/path

# Uncomment external_url if you want to enable external proxy
# And when it enabled the hostname will no longer used
# external_url: https://reg.mydomain.com:8433

# The initial password of Harbor admin
# It only works in first time to install harbor
# Remember Change the admin password from UI after launching Harbor.
harbor_admin_password: 123456
```

图 13-19

3. 安装并启动 Harbor

使用如下命令安装 Harbor。正常安装后，默认 Harbor 处于启动状态。

```
[root@hdp-01 harbor]# sh ./install.sh
```

执行结果如图 13-20 所示。

```
Creating network "harbor_harbor" with the default driver
Creating harbor-log ... done
Creating registryctl   ... done
Creating harbor-db     ... done
Creating redis         ... done
Creating harbor-portal ... done
Creating registry      ... done
Creating harbor-core   ... done
Creating nginx             ... done
Creating harbor-jobservice ... done
✓ ----Harbor has been installed and started successfully.----
```

图 13-20

正常安装 Harbor 后，默认自动启动。可以通过 "docker-compose" 命令来启动和停止 Harbor。

```
[root@hdp-01 harbor]# docker-compose up -d]    #启动
[root@hdp-01 harbor]# docker-compose stop      #停止，但不删除容器
[root@hdp-01 harbor]# docker-compose down      #停止，删除容器及其网络
```

13.8.4 登录 Harbor

访问 "http://192.168.77.101"，正常情况下会打开 Harbor 登录页面，输入用户名 admin 和密码 123456 登录后进入主界面，如图 13-21 所示。

图 13-21

13.8.5 配置、使用 Harbor

1. 基础配置

在图 13-21 中单击"新建项目"按钮，创建一个项目名称为"myshop"的项目。然后单击 myshop 项目，选择镜像仓库，可以查看 Harbor 对镜像格式的要求，如图 13-22 所示。

图 13-22

在 Harbor 仓库中,项目的镜像格式如下所示:

```
docker tag SOURCE_IMAGE[:TAG] 192.168.77.101/myshop/IMAGE[:TAG]
```

使用"docker tag"命令将本地的 SOURCE_IMAGE[:TAG]镜像标识为 Harbor 能够识别的"192.168.77.101/myshop/IMAGE[:TAG]",格式为:IP 地址/项目名称/镜像名称。

如果是本地环境,则需要使用如下命令进行镜像标识。

```
[root@hdp-02 harbor]# docker tag redis:6.2.5 192.168.77.101/myshop/redis:6.2.5
```

结果如图 13-23 所示。

```
[root@hdp-02 ~]# docker images
REPOSITORY                     TAG     IMAGE ID       CREATED      SIZE
redis                          6.2.5   ddcca4b8a6f0   2 days ago   105MB
192.168.77.101/myshop/redis    6.2.5   ddcca4b8a6f0   2 days ago   105MB
```

图 13-23

2. 配置以非 HTTPS 方式推送镜像

Docker 默认不允许以非 HTTPS 方式推送镜像。可以通过 Docker 的配置选项来取消这个限制,然后重启 Docker 服务。

要在 192.168.77.102 主机上访问 Harbor 仓库,则需要修改 192.168.77.102 主机中的"/etc/docker/daemon.json"文件,修改内容如下。

```
{
"registry-mirrors":["https://n60e5w4k.mirror.aliyuncs.com"],
"insecure-registries":["192.168.77.101"]
}
```

3. 登录 Harbor 并上传镜像

在 192.168.77.102 主机中,使用"docker login"命令登录 Harbor 服务器,输入用户名和密码,如图 13-24 所示。

```
[root@hdp-02 ~]# docker login 192.168.77.101
Username: admin
Password:
WARNING! Your password will be stored unencrypted in /root/.docker/config.json.
Configure a credential helper to remove this warning. See
https://docs.docker.com/engine/reference/commandline/login/#credentials-store

Login Succeeded
```

图 13-24

使用"docker push"命令上传镜像文件,如图 13-25 所示。

```
[root@hdp-02 ~]# docker push 192.168.77.101/myshop/redis:6.2.5
The push refers to repository [192.168.77.101/myshop/redis]
0083597d42d1: Pushed
992463b68327: Pushed
4be6d4460d36: Pushed
ec92e47b7c52: Pushed
b6fc243eaea7: Pushed
f68ef921efae: Pushed
6.2.5: digest: sha256:eda375fa1d5b3c1b9c81a591bd4bc9934a2f45b346d36ef1aeafcf36212835d2 size: 1574
```

图 13-25

Harbor 服务器上的显示如图 13-26 所示。

图 13-26

使用如下命令拉取 Harbor 中的镜像文件。

`[root@hdp-02 harbor]# docker pull 192.168.77.101/myshop/redis:6.2.5`

还可以将 MySQL 镜像推送到 Harbor 仓库中，方便以后使用。

13.9 【实战】用 Docker 部署商城系统的接口

用 Docker 部署商城系统的接口的过程如下。

13.9.1 拉取并启动 MySQL 容器

从 Harbor 仓库中拉取 MySQL 镜像，并启动容器。

```
[root@hdp-02 tools]# docker run -id --name="mysql" -p 3306:3306 -e MYSQL_DATABASE=shop -e MYSQL_ROOT_PASSWORD=Aa_123456 192.168.77.101/myshop/mysql:5.7.29
```

当然，也可以直接从本地拉取并启动容器。

13.9.2 创建接口镜像并启动容器

可以通过 Dockerfile 方式制作一个接口镜像。制作接口镜像有两种办法。

- 从 Centos 基础镜像开始，安装依赖、安装 Python 环境。

- 直接将 Python 3.8.2 作为基础镜像，这样可以省去 Python 3.8.2 的编译安装过程。但这种方式产生的容器没有 yum、vi 等基础命令，不方便在容器中操作。

上述两种方式最终生成的镜像文件大小为 1GB 左右。下面采用第 2 种方式制作接口镜像。

（1）创建 Dockerfile 文件。

在"myshop-api"根目录下创建 Dockerfile 文件，在其中添加如下内容。

```
#基础镜像，基于 Python 3.8.2 版本构建
FROM python:3.8.2
#维护者信息
MAINTAINER yangcoder 111@111.com
#创建目录
RUN mkdir -p /home/yang/myshop-api
#切换到工作目录下
WORKDIR /home/yang/myshop-api
#将当前目录加入工作目录
ADD . /home/yang/myshop-api
#安装依赖
RUN pip install -r requirements.txt
#映射端口
EXPOSE 8005
```

其中，requirements.txt 文件中是商城系统接口所需的全部依赖包信息。

（2）修改配置文件。

修改 gunicorn.py 文件中的 bind 参数：

```
bind = '0.0.0.0:8005'          # 8005 端口
```

修改"myshop/settings.py"文件，将 DATABASES 中的 HOST 改为"mydb"。可以通过 mydb 来访问数据库容器。关于 mydb 是如何来的，在下方"（4）启动接口容器。"中进行介绍。

（3）打包为镜像文件并上传到 Harbor 仓库中。

将"myshop-api"目录上传到 192.168.77.102 主机的"/home/yang/"目录下，然后执行如下命令。

```
[root@hdp-02 myshop-api]# docker build -t myshop-api:1.0.0 .
```

生成的镜像及 TAG 如图 13-27 所示。

```
[root@hdp-02 myshop-api]# docker images
REPOSITORY              TAG       IMAGE ID       CREATED          SIZE
myshop-api              1.0.0     4ebad1fb19e5   26 seconds ago   1.09GB
```

图 13-27

使用如下命令进行镜像标识。

```
[root@hdp-02 harbor]# docker tag myshop-api:1.0.0 192.168.77.101/myshop/myshop-api:1.0.0
```

将生成的镜像上传到 Harbor 仓库中。

```
[root@hdp-02 myshop-api]# docker push 192.168.77.101/myshop/myshop-api:1.0.0
```

结果如图 13-28 所示。

名称	标签数
myshop/myshop-api	1
myshop/mysql	1
myshop/redis	1

图 13-28

（4）启动接口容器。

```
[root@hdp-02 myshop-api]# docker run -itd --name="myshop-api-1.0.0" --link mysql:mydb  -p 8005:8005 myshop-api:1.0.0 /bin/bash
```

其中，--link 参数用来链接两个容器，使得源容器（被链接的容器）和接收容器（主动去链接的容器）可以互相通信，并且接收容器可以获取源容器的一些数据。

比如，MySQL 容器是源容器，商城系统接口容器是接收容器。

--link 格式如下：

--link 源容器的 ID 或者 name：alias

其中，

- alias：源容器在链接下的别名。有了别名即可访问数据库容器。
- --link mysql:mydb：创建启动接口容器，把该容器和名称为 MySQL 的容器链接起来，并给 MySQL 的容器起一个别名"mydb"。

在接口容器启动后，进入容器中执行本书配套资源中提供的 start.sh 脚本文件，该脚本文件用于执行数据库迁移和服务启动。完成这些操作后，通过访问"192.168.77.102:8005/docs/"浏览商城系统的接口。

13.9.3 拉取并启动 Nginx 容器

接下来使用 Nginx 来实现动静资源分离：把静态资源交给 Nginx 来处理，把动态请求交给接口容器来处理。

（1）编写 Dockerfile 文件。

新建文件"myshop-api/conf/nginx/Dockerfile"，在其中添加如下内容。

```
#基础镜像，基于 Nginx 的最新版本
FROM nginx
#维护者信息
MAINTAINER yangcoder 111@111.com
#工作目录
WORKDIR /usr/share/nginx/html/
#创建目录
RUN mkdir -p /usr/share/nginx/html/static && mkdir -p /usr/share/nginx/html/media
#复制本地的 nginx 配置文件到容器中
COPY nginx.conf /etc/nginx/nginx.conf
#复制 static 目录及其文件
ADD ./static /usr/share/nginx/html/static
ADD ./media /usr/share/nginx/html/media
#映射端口
EXPOSE 85
#运行命令，关闭守护模式
CMD ["nginx", "-g", "daemon off;"]
```

（2）新建文件"myshop-api/conf/nginx/nginx.conf"，其中部分内容如下。

```
#商城 API 接口 myshop-api
server {
    listen 85;
    listen [::]:85;
    index index.html index.htm index.nginx-debian.html;
    server_name _;
    location / {
        add_header 'Access-Control-Allow-Credentials' 'true';
        add_header 'Access-Control-Allow-Methods' 'GET, POST, OPTIONS';
        add_header 'Access-Control-Allow-Headers' 'content-type,token,id,Content-Type,XFILENAME,XFILECATEGORY,XFILESIZE,Origin,X-Requested-With, content-Type, Accept, Authorization';
        proxy_pass http://myweb:8005;
        proxy_http_version 1.1;
        proxy_set_header   Upgrade $http_upgrade;
        proxy_set_header   Connection keep-alive;
        proxy_cache_bypass $http_upgrade;
        server_name_in_redirect off;
        proxy_set_header Host $host:$server_port;
        proxy_set_header X-Real-IP $remote_addr;
        proxy_set_header REMOTE-HOST $remote_addr;
        proxy_set_header   X-Forwarded-For $proxy_add_x_forwarded_for;
```

```
        proxy_set_header    X-Forwarded-Proto $scheme;
    }
    location /static
    {
        alias /usr/share/nginx/html/static;
    }
    location /media
    {
        alias /usr/share/nginx/html/meida;
    }
}
```

请注意加粗部分的代码。"proxy_pass http://myweb:8005;"中的 myweb 是 link 参数中接口容器的别名。

（3）打包镜像并上传到仓库中。

将"myshop-api"目录下的 static 目录和 media 目录全部复制到"myshop-api/conf/nginx"目录下，然后执行生成镜像的命令。

```
[root@hdp-02 ~]# docker build -t nginx:1.21.1 .
```

然后生成 Harbor 能够识别的镜像，并上传到 Harbor 仓库中。

```
[root@hdp-02 ~]# docker tag nginx:1.21.1 192.168.77.101/myshop/nginx:1.21.1
[root@hdp-02 ~]# docker push 192.168.77.101/myshop/nginx:1.21.1
```

（4）启动 Nginx 容器。

```
[root@hdp-02 nginx]# docker run -itd --name="nginx1.21.1" --link myshop-api-1.0.0:myweb -p 85:85 nginx:1.21.1
```

由于 Nginx 容器依赖 myshop-api-1.0.0 这个接口容器，因此，需要使用--link 参数，并设置别名"myweb"。

最后，通过"192.168.77.102:85/docs/"访问商城系统的接口，如图 13-29 所示。

图 13-29

这里并没有部署 Redis 和前端 Vue.js 项目，请读者自己动手试试。

13.10 【实战】用 Docker Compose 部署多容器

使用 Docker Compose 可以轻松、高效地管理容器。通过 Docker Compose，可以先使用 YML 文件来配置应用程序所需要的所有服务，之后使用一个命令从 YML 配置文件创建并启动所有服务。

使用 Docker Compose 有以下 3 个步骤：

（1）用 Dockerfile 定义应用程序的环境。

（2）用 docker-compose.yml 定义构成应用程序的服务，这样它们可以在隔离环境中一起运行了。

（3）执行"docker-compose up"命令来启动并运行整个应用程序。

13.10.1 编排容器文件

新建文件"myshop-api/docker-compose.yml"，在其中添加如下代码。

```yaml
version: '3'
services:
  db:
    image: 192.168.77.101/myshop/mysql:5.7.29
    container_name: mysql
    ports:
      - "3306:3306"
    expose:
            - "3306"
    environment:
      - MYSQL_DATABASE=shop
      - MYSQL_ROOT_PASSWORD=Aa_123456
    command: [
      '--character-set-server=utf8mb4',
      '--collation-server=utf8mb4_general_ci',
    ]

  myshop-api:
    image: 192.168.77.101/myshop/myshop-api:1.0.0
    container_name: myshop-api-1.0.0
    command: /bin/bash -c "python manage.py makemigrations &&python manage.py migrate && gunicorn -c gunicorn.py myshop.wsgi:application"
```

```
      ports:
        - "8005:8005"
      expose:
           - "8005"
      links:
           - db:mydb
      depends_on:
           - db
      restart: always

   nginx:
      image: 192.168.77.101/myshop/nginx:1.21.1
      container_name: nginx
      ports:
           - "85:85"
      links:
        - myshop-api:myweb
      depends_on:
        - myshop-api
      restart: always
```

其中的部分参数见表 13-4。

表 13-4

参 数	含 义
container_name	容器名称
expose	将端口暴露给其他容器
ports	将容器端口和主机端口绑定
command	执行的命令
links	与其他容器关联，还可以起别名
depends_on	指定当前服务所依赖的服务
restart	在出现错误后会自动重启

13.10.2 构建和启动

执行如下命令可以快速构建和启动程序。

```
docker-compose build
docker-compose up -d
```

启动后的效果如图 13-30 所示。

```
[root@hdp-03 ~]# docker ps -a
CONTAINER ID   IMAGE                                      COMMAND                  CREATED          STATUS          PORTS                                                              NAMES
ff82d37f80b6   192.168.77.101/myshop/nginx:1.21.1         "/docker-entrypoint.?"   14 minutes ago   Up 13 minutes   80/tcp, 0.0.0.0:85->85/tcp, :::85->85/tcp                          nginx
dc2206d6a855   192.168.77.101/myshop/myshop-api:1.0.0     "/bin/bash -c 'pytho?"   14 minutes ago   Up 13 minutes   0.0.0.0:8005->8005/tcp, :::8005->8005/tcp                          myshop-api-1.0.0
29e4a66d2a01   192.168.77.101/myshop/mysql:5.7.29         "docker-entrypoint.s?"   14 minutes ago   Up 14 minutes   0.0.0.0:3306->3306/tcp, :::3306->3306/tcp, 33060/tcp               mysql
```

图 13-30

如果容器已经启动，则可以使用如下命令将其关闭。

```
[root@hdp-03 myshop-api]# docker-compose down
Stopping nginx              ... done
Stopping myshop-api-1.0.0   ... done
Removing nginx              ... done
Removing myshop-api-1.0.0   ... done
Removing mysql              ... done
Removing network myshop-api_default
```

第 14 章
持续集成、持续交付与持续部署

在软件工程中，CI/CD 指持续集成（Continuous Integration，CI）和持续交付（Continuous Delivery，CD）或者持续部署（Continuous Deployment，CD）的组合。

CI/CD 通过构建应用程序、在测试和部署中实施自动化，从而在开发团队和运维团队之间架起一座桥梁，让项目能够更快、更好地交付与部署。

14.1 了解持续集成

CI 是一种软件开发实践，即团队开发成员经常集成他们的工作。通常每个成员每天至少集成一次，这意味着软件每天可能会发生多次集成。

每一次集成都通过自动化的构建（包括编译、发布和自动化测试）来验证，可以尽快发现集成错误。许多团队发现通过这个过程可以大大减少集成的问题，让团队能够更快地开发内聚的软件。以上引用了大师 Martin Fowler 对持续集成的定义。

14.2 了解持续交付

持续交付是指，在构建阶段后将所有代码部署到测试环境和生产环境中，实现对持续集成的扩展。

在采用持续交付时，开发人员可以通过多个维度对应用程序进行验证，比如用户界面自动化测试、负载测试等。这有助于开发人员更加全面地发现其中存在的问题，从而尽可能地在减少部署新代码时所需要的工作量。

14.3 了解持续部署

持续部署（Continuous Deployment）是指，可以自动地将通过集成和交付的代码发布到项目环境中，以供客户使用。一般来说，项目环境至少包含开发环境、测试环境和生产环境。

- 对于开发环境和测试环境，可以反复进行部署，不会影响业务。
- 对于生产环境，建议使用半手动或者手动方式进行部署。

持续部署主要是为了解决"因手动流程降低了应用的交付速度，从而导致运维团队超负荷工作"的问题。

14.4 代码版本管理——基于码云

Gitee（码云）是"开源中国"社区推出的代码托管项目管理和协作开发平台，支持 Git 和 SVN，提供免费的私有仓库托管。个人、团队和企业，都能够通过码云实现代码托管、项目管理和协作开发。

下面介绍常见的几种版本管理工具。

- Git：版本控制系统。
- Github：基于 Git 实现的一个在线代码托管仓库，面向互联网开放。
- Gitee：码云，一个在线代码托管的仓库。
- Gitlab：用于在企业内部实现版本管理。

14.4.1 Git 中的 4 个概念——工作区、暂存区、本地仓库、远程仓库

在 Git 中有以下 4 个重要的概念。

- 工作区（workspace）：通过 Git 进行版本控制的目录和文件，这些目录和文件组成工作区。
- 暂存区（index/Stage）：也被称为"待提交更新区"。在提交进入本地仓库之前，可以把所有的更新放在暂存区中。
- 本地仓库（Local Repository）：存放在本地的版本库。
- 远程仓库（Remote Repository）：存放在远程的版本库

简单来说，平时我们写的代码都存放在工作区中，执行 add 命令后会把代码提交到暂存区中，再执行 commit 命令后会把代码提交到本地版本库中，最后执行 push 命令就把本地代码提交到远程版本库中。还可以从远程仓库 clone 到本地仓库，或者从远程仓库 pull 到工作区。

它们的关系如图 14-1 所示。

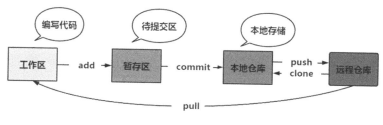

图 14-1

14.4.2 克隆远程库到本地库

Git 提供了大量的命令用来完成版本管理的各项操作。如果你不喜欢 Git 命令，则可以使用图形化工具 TortoiseGit。TortoiseGit 是一个基于图形化界面的 Git 的工具。本书附带了 Git 和 TortoiseGit 软件，具体安装过程较简单，这里不再赘述。

接下来直接进行 Git Clone 操作，将远程仓库克隆到本地仓库。

（1）在"E:\python_project 目录"下单击鼠标右键，在弹出的菜单中选择"Git Clone…"选项，打开如图 14-2 所示对话框。

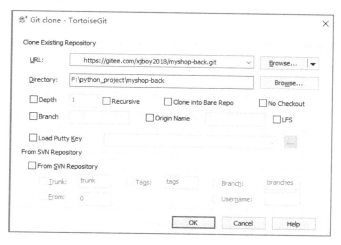

图 14-2

（2）在图 14-2 的 URL 输入框中，输入商城系统的后台项目的 Git 源代码地址，单击"OK"

按钮后会自动将码云上的商城系统后台代码拉取到本地"E:\python_project\myshop-back"目录下。

- 商城系统后台项目的 Git 源代码地址为码云地址中的"/xjboy2018/myshop-back.git"。
- 商城系统接口项目的 Git 源代码地址为码云地址中的"/xjboy2018/myshop-api.git"。
- 商城系统的 test 项目的 Git 源代码地址为码云地址中的"/xjboy2018/myshop-test.git"。
- 商城系统前台项目的 Git 源代码地址为码云地址中的"/xjboy2018/myshop-vue.git"。

读者可以自己动手拉取商城系统的 4 个项目。

14.5 进行持续集成——基于 Jenkins

Jenkins 是一个开源的、提供友好操作界面的持续集成（CI）工具，用于持续地、自动地构建和测试软件项目。Jenkins 是用 Java 语言编写的，可在 Tomcat 等流行的 Servlet 容器中运行，也可独立运行。Jenkins 通常与版本管理工具、构建工具结合使用。

常用的版本控制工具有 Git，常用的构建工具有 Maven、Ant、Gradle、NPM 等。

Jenkins 的优势：① 拥有极丰富的插件，能与主流的开发环境集成；② 能实现在整个软件开发周期内的持续集成。

14.5.1 安装 Jenkins

Jenkins 可以通过 War 包和 Docker 两种方式来安装。

1. 通过 War 包安装

（1）配置 JDK。

在本书配套资源中附带 JDK 安装文件，文件名为"jdk-8u181-linux-x64.tar.gz"，将该文件上传到 192.168.77.101 主机的"/opt"目录下，并使用如下命令进行解压缩。

```
[root@hdp-01 opt]# tar -zxvf jdk-8u181-linux-x64.tar.gz
```

然后，用 vim 命令编辑"/etc/profile"文件，在文件最后添加如下命令。

```
export JAVA_HOME=/opt/jdk1.8.0_181
export PATH=$PATH:$JAVA_HOME/bin
```

保存并退出后，使用如下命令让 profile 文件生效。

```
[root@hdp-01 opt]# source /etc/profile
```

配置软链接：

```
[root@hdp-01 opt]# ln -s /opt/jdk1.8.0_181/jre/bin/java  /usr/bin/java
```
执行如下命令查看 JDK 配置是否成功。

```
[root@hdp-01 opt]# java -version
java version "1.8.0_181"
Java(TM) SE Runtime Environment (build 1.8.0_181-b13)
Java HotSpot(TM) 64-Bit Server VM (build 25.181-b13, mixed mode)
```

（2）启动 Jenkins。

在本书配套资源中附带 Jenkins 文件，版本为 2.289.3，文件名为"jenkins.war"。将该文件上传到 192.168.77.101 主机的"/opt"目录下，然后用 Java 命令启动 jenkins.war 包：

```
[root@hdp-01 .jenkins]# nohup java -jar jenkins.war --httpPort=8080 > work.log 2>&1 &
```

2. 通过 Docker 方式安装

```
docker pull jenkins/jenkins #拉取
docker run -it --name=jenkins -p 8080:8080 -p 50000:50000 -p 45000:45000 jenkins/jenkins  #启动
```

3. 配置 Jenkins

启动 Jenkins 后，访问"http://192.168.77.101:8080"即可打开 Jenkins 的首页。首次打开速度比较缓慢，需要进行如下修改。

进入"/root/.jenkins"目录下，打开文件"hudson.model.UpdateCenter.xml"，将其中的 URL 修改为"http://*xmission 的镜像网站*/jenkins/updates/update-center.json"。配置文件如下所示。

```
<?xml version='1.1' encoding='UTF-8'?>
<sites>
  <site>
    <id>default</id>
<url>http://xmission 的镜像网站/jenkins/updates/update-center.json</url>
  </site>
</sites>
```

启动后进入输入密码的界面。密码需要从"/root/.jenkins/secrets/initialAdminPassword"文件中获取。

然后，进行"自定义 Jenkins"的安装界面，选择"安装推荐的插件"按钮即可。

接着，在"创建第 1 个管理员用户"界面中新建一个用户。确定无误后单击"保存并完成"按钮。

14.5.2 【实战】商城系统接口的持续构建

本节通过实现商城系统的接口的持续构建,来学习 Jenkins 的基础操作。

1. 新建一个自由风格的任务

创建一个名称为"myshop-api-build"、类型为"Freestyle project"的任务,单击"确定"按钮,如图 14-3 所示。

图 14-3

2. 基础配置(General)

在 General 选项中输入描述信息,比如"商城系统的接口构建过程",之后勾选"丢弃旧的构建"复选框,将"保持构建的天数"设置为 7 天,将"保持构建的最大个数"设置为 30 个,如图 14-4 所示。

图 14-4

服务器的资源是有限的，如果保存太多的历史构建记录，则会导致 Jenkins 的构建速度变慢，硬盘空间也会被占用。可以根据实际情况来决定是否勾选"丢弃旧的构建"复选框。"保持构建的天数"和"保持构建的最大个数"是可以自定义的，根据实际情况来确定值。

3. 源码管理

本实例的所有项目的源代码管理都基于码云的公共仓库。在 Repositories URL 中输入码云代码仓库中商城系统接口项目的地址，以及 Credentials（凭据），并通过"添加"按钮设置凭据，如图 14-5 和图 14-6 所示。

图 14-5　　　　　　　　　　图 14-6

如果提示如下信息：

无法连接仓库：Error performing git command: git ls-remote -h https://XXXXXXXXX/xjboy2018/myshop-api.git HEAD

则请在 3 台虚拟主机上安装 Git 工具，命令如下。

```
yum install git
```

4. 构建触发器

在 Jenkins 中创建好任务并配置好源码管理后，需要自动执行任务相应的内容。Jenkins 有一个被叫作"构建触发器"的模块，提供了多种类型的触发机制，比如，通过 URL 进行远程构建、通过外部第三方进行构建或定时任务的触发构建等，如图 14-7 所示。

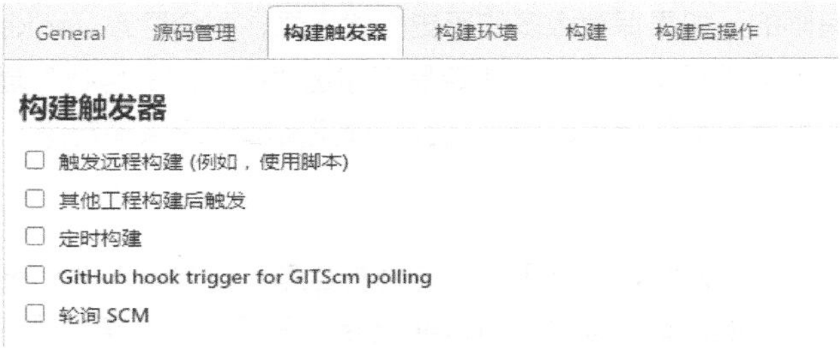

图 14-7

说明如下。

- 触发远程构建（例如，使用脚本）：通过在 URL 地址后增加 Token 来实现远程构建。
- 其他工程构建后触发：在本工程依赖的工程被构建后才能执行本工程。
- 定时构建：每隔一段时间构建一次。
- GitHub hook trigger for GITScm polling：一旦 GitHub 中的代码发生变化，则触发钩子函数进行自动触发构建。
- 轮询 SCM：每隔一段时间轮询代码仓库中的代码版本，如果版本与上次相比有变更则构建。

其中，"定时构建"和"轮询 SCM"这两种方式类似，构建语法如下。

* * * * *

- 第 1 个*表示第几分钟执行，取值 0～59。
- 第 2 个*表示第几小时执行，取值 0～23。
- 第 3 个*表示一个月的第几天执行，取值 1～31。
- 第 4 个*表示第几月执行，取值 1～12。
- 第 5 个*表示每周第几天执行，取值 0～7，其中，0 和 7 代表的都是周日。

使用举例：

H/2 表示每隔 2 分钟构建一次。

H/2 * * * *

　　H 不是小时，H 是任务名称的一个散列，而不是随机函数。每个任务中的 H 值固定。H 可以避免多个 job 在同一时间段执行，从而造成 Jenkins 服务器资源的使用高峰。简单来说，H 用于均匀传播负载，以更好地使用资源。

H/2 表示每隔 2 小时构建一次，注意位置的不同。

```
H H/2 * * *
```
每天凌晨 1 点构建一次。
```
H 1 * * *
```
每月 15 日构建一次。
```
H H 15 * *
```
在本实例中选择"构建触发器"的方式为"轮询 SCM",设置为每隔 2 分钟构建一次,如图 14-8 所示。

图 14-8

5. 构建和构建后操作

一个标准的任务都会有"构建"和"构建后操作"这两个部分。默认选项都是空的,需要单击"增加构建步骤"或者"增加构建后操作步骤"下拉列表来选择所需要的构建步骤。可以添加多个构建步骤,这样在任务执行时每个构建步骤都会被执行。

(1)构建。

在构建环节需要增加构建步骤,如图 14-9 所示。如果 Jenkins 被部署在 Linux 环境中,则可以选择"执行 shell";如果 Jenkins 被部署在 Windows 环境中,则可以选择"执行 Windows 批处理命令"。

图 14-9

Jenkins 将拉取的代码保存在"/root/.jenkins/workspace/myshop-api-build"目录下，我们需要将该目录下的文件复制到商城系统接口部署的目录下（比如"/home/yang/myshop-api"目录下）。因此，我们选择"执行 shell"，通过执行脚本来完成复制、切换虚拟环境、迁移和启动服务，如图 14-10 所示。

图 14-10

（2）构建后操作。

在"构建后操作"环节，需要添加构建后的操作步骤，比如选择"E-mail Notification"，如图 14-11 所示，用来发送构建成功或者失败的邮件。

图 14-11

6. 立即构建

在任务明细页面中，单击左侧的"立即构建"选项来手动触发一个构建。在构建完成后，在左下方会列出每次构建的编号和时间，单击时间超链接会进入当前构建的详细页面；在右边会显示构建的结果，即商城系统接口的全部文件，如图 14-12 所示。

第 14 章 持续集成、持续交付与持续部署

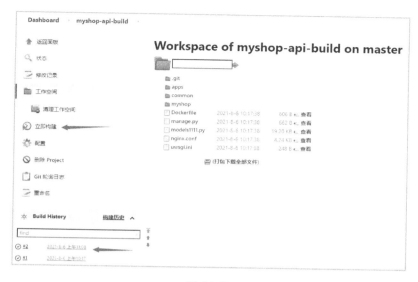

图 14-12

单击左侧的"控制台输出"选项,可以查看构建产生的日志,如图 14-13 所示。

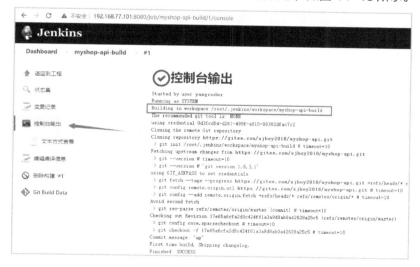

图 14-13

14.6 进行代码质量扫描——基于 SonarQube

在持续集成环节,可以使用 SonarQube 工具进行代码质量扫描。

SonarQube 是一个开源的代码质量分析平台，用于管理代码的质量，可以检查出项目代码的漏洞和潜在的逻辑问题。它提供了丰富的插件，支持多种语言（如 Java、Python、Groovy、C#、C、C++等几十种编程语言）的检测。

SonarQube 有以下作用。

- 从代码量、安全隐患、编写规范隐患、重复度、复杂度、代码增量、测试覆盖度等维度分析代码。
- 帮助开发人员编写出更干净、更安全的代码。

14.6.1 安装 SonarQube

SonarQube 目前最新版为 9.0，该版本不支持 JDK 8 及 MySQL 数据库。为了简单起见，本书中使用 SonarQube 7.7 版本，该版本是支持 JDK 8 和 MySQL 5.7 的最后一个版本。

接下来的操作使用 192.168.77.101 主机，该主机上已经安装好了 JDK 8。

（1）上传安装文件并解压缩。

在本书配套资源中提供 SonarQube-7.7.zip 文件，上传该文件到 192.168.77.101 主机的"/opt"目录下，并对该文件进行解压缩，如以下命令所示。

```
yum install unzip
unzip -d /opt/ sonarqube-7.7.zip
```

zip 格式的文件需要使用 unzip 命令来解压缩。

（2）编辑配置文件。

进入"/opt/sonarqube-7.7"目录下，编辑文件"conf/sonar.properties"，主要修改数据库信息、对外的 IP 地址和端口，修改内容如下所示。

```
sonar.jdbc.username=root
sonar.jdbc.password=Aa_123456
sonar.jdbc.url=jdbc:mysql://192.168.77.103:3306/sonar?useUnicode=true&characterEncoding=utf8&rewriteBatchedStatements=true&useConfigs=maxPerformance&useSSL=false
sonar.web.host=192.168.77.101
sonar.web.port=9000
```

编辑文件"conf/wrapper.conf"，更换为你自己的 JDK 路径。

```
wrapper.java.command=/opt/jdk1.8.0_181/bin/java
```

（3）增加 sonar 用户并设置权限。

```
useradd sonar          #创建 sonar 用户
passwd sonar           #设置 sonar 用户的密码
```

```
#将 sonarqube-7.7 目录下所有文件的所有者和组设置为 sonar
chown -R sonar:sonar sonarqube-7.7
```

由于在 SonarQube Server 中使用了 Elasticsearch 服务，该服务不能以 root 用户启动，所以需要单独建立 sonar 用户。

（4）启动/停止服务

切换到 sonar 用户，进入"/opt/sonarqube-7.7/bin/linux-x86-64"目录下，启动服务。启动服务的命令为"./sonar.sh start"，停止服务的命令为"./sonar.sh stop"。

（5）配置中文版。

在本书配套资源中提供了"sonar-l10n-zh-plugin-1.27.jar"文件，将该文件上传到 SonarQube 的安装目录"/extensions/plugins"下。重启 SonarQube 后即可看到中文界面。

使用默认用户名 admin 和密码 admin 登录。接下来通过"Jenkins + SonarQube Scanner + SonarQube"来实现自动化代码质量扫描。

14.6.2 【实战】自动化代码质量扫描

本节使用"Jenkins + SonarQube Scanner + SonarQube"来实现自动化代码质量扫描。实现原理是：SonarQube Scanner 是一个代码扫描工具，它作为 Jenkins 的一个插件存在。用它读取项目的代码并发送至 SonarQube 服务器中，让 SonarQube 服务器实现代码分析。

1. 准备工作

（1）获取令牌。

在 SonarQube 中，首先访问"http://192.168.77.101:9000/account/security/"，在"填写令牌名称"的文本框中填写令牌名称，单击"生成"按钮生成令牌，如图 14-14 所示。生成令牌后请立即复制，否则页面刷新后就看不到了。

图 14-14

（2）安装 SonarQube Scanner 插件。

在 Jenkins 首页，单击左侧的"Manage Jenkins"选项，在"管理 Jenkins"页面中单击"Manage Plugins"链接，如图 14-15 所示。

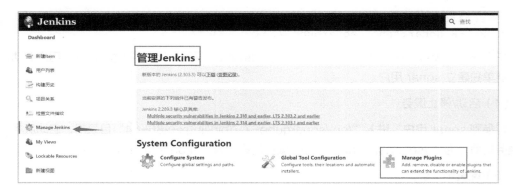

图 14-15

在"插件管理"页面中，在搜索框中输入"Sonar"，会显示出"SonarQube Scanner"选项，勾选该选项来安装 SonarQube Scanner 插件，如图 14-16 所示。

图 14-16

（3）系统配置。

在 Jenkins 首页，单击左侧的"Manage Jenkins"选项。然后在"管理 Jenkins"页面中单击"Configure System"链接，打开"配置"页面，找到"SonarQube servers"选项，如图 14-17 所示。

图 14-17

勾选"Environment variables…"前的复选框，单击"Add SonarQube"按钮，会出现如图 14-18 所示的设置界面。在 Name 文本框中可以任意输入，这里输入"Sonarqube_test"，在 Server URL 文本框输入 SonarQube 的地址"http://192.168.77.101:9000/"。

在"Server authentication token"处单击"添加"按钮，打开如图 14-19 所示的对话框。类型选择"Secret text"，在 Secret 框中粘贴之前生成的令牌，ID 这里填写为"sonarqube_token"。

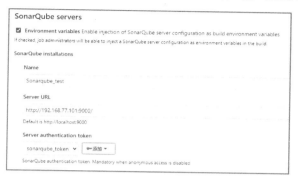

图 14-18　　　　　　　　　　　　　　图 14-19

（4）全局工具配置。

在"管理 Jenkins"界面中，单击"Global Tool Configuration"链接，在"Global Tool Configuration"界面中找到"SonarQube Scanner"配置项，如图 14-20 所示。

单击图 14-20 中的"新增 SonarQube Scanner"按钮，弹出如图 14-21 所示界面。其中，Name 处可以任意填写，勾选"自动安装"复选框，这里选择安装的是"SonarQube Scanner 4.6.2.2472"版本。

图 14-20　　　　　　　　　　　　　　图 14-21

通过上述步骤即可完成 SonarQube Scanner 插件的配置。

2. 代码质量扫描

（1）准备工作。

创建一个名称为"myshop-api-sonarqube"、类型为"Freestyle project"的任务。

在"源码管理"界面中配置码云仓库的 myshop-api 工程。在"构建触发器"界面中选择"轮询 SCM"复选框,设置为每隔 2 分钟构建一次。这些步骤与 14.5.2 节中的内容一样,不再赘述。

(2)配置"构建环境"。

在"构建环境"中,勾选"Prepare SonarQube Scanner environment"复选框,在"Server authentication token"下拉框中选择"sonarqube_token",如图 14-22 所示。

图 14-22

(3)配置"构建"。

在"构建"环节中增加构建步骤,这里选择"Execute SonarQube Scanner"选项,如图 14-23 所示。

在"Execute SonarQube Scanner"配置项中,只需要设置"Analysis properties"选项即可,如图 14-24 所示。

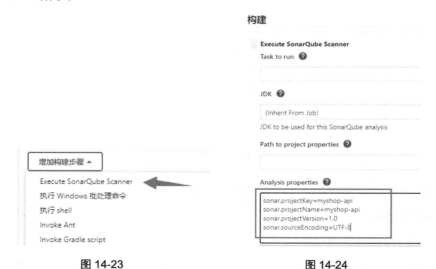

图 14-23　　　　　　　　　　图 14-24

其中参数说明如下。

- sonar.projectVersion：在 Sonar 上显示的版本信息。
- sonar.projectName：在 Sonar 上显示的项目信息。
- sonar.projectKey：在 Sonar 上显示的项目关键字。
- sonar.sourceEncoding：编码格式。

（4）立即构建。

在任务明细页面中，可以单击左侧的"立即构建"选项来手动触发一个构建。可以在控制台输出处查看执行过程。执行成功后，在 SonarQube 界面中可以看到构建的项目"myshop-api"。在项目中，可以看到项目的漏洞、异味（就是有坏味道的代码）、覆盖率和重复（重复行和重复代码块）。

单击项目进入如图 14-25 所示的界面，可以看到具体的错误。

图 14-25

此外，还可以单击"代码"按钮查看项目的代码行数，如图 14-26 所示，这个功能很实用。

图 14-26

14.7 用 Jenkins 进行持续部署——基于 SSH

假定有 3 台虚拟机，分别是 192.168.77.101、192.168.77.102、192.168.77.103。我们在 192.168.77.101 主机上部署了 Jenkins。假定这 3 台虚拟机均为测试部署环境，接下来使用 Jenkins 部署这 3 台主机。

14.7.1 安装插件

在 Jenkins 的"插件管理"页面中，在搜索框中输入"publish over ssh"，勾选复选框来安装该插件，如图 14-27 所示。

图 14-27

14.7.2 配置 Publish over SSH 项

在 Jenkins 首页中，单击左侧的"Manage Jenkins"选项。在"管理 Jenkins"页面中，单击"Configure System"链接，打开"配置"页面，找到"Publish over SSH"选项，如图 14-28 所示。

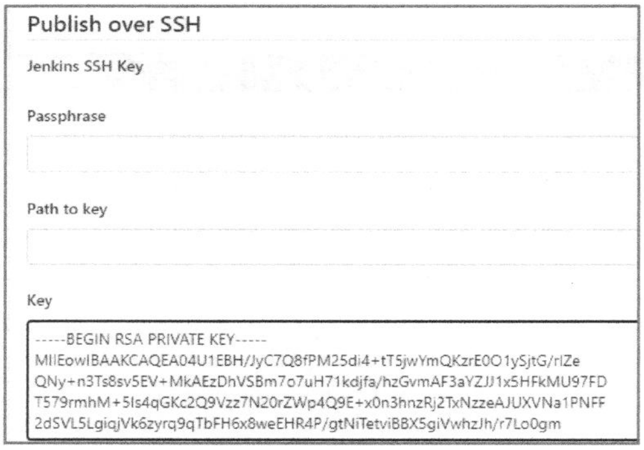

图 14-28

其中，Passphrase 是通过密码登录服务器，Key 是通过 SSH 免密登录服务器的凭据。Passphrase 和 Key 方式可以二选一，但一般使用 Key。接下来介绍如何获取 Key，以及如何进行 SSH 免密登录。

14.7.3 配置 SSH 免密登录

（1）在 192.168.77.101 主机上执行如下命令，生成密钥。

```
[root@hdp-01 .ssh]# ssh-keygen -t rsa
```

执行后，在 "/root/.ssh" 目录下生成 id_rsa 和 id_rsa.pub 文件。

（2）执行如下命令复制密钥到需要免密登录的机器。

```
[root@hdp-01 .ssh]# ssh-copy-id -i /root/.ssh/id_rsa.pub root@192.168.77.101
[root@hdp-01 .ssh]# ssh-copy-id -i /root/.ssh/id_rsa.pub root@192.168.77.102
[root@hdp-01 .ssh]# ssh-copy-id -i /root/.ssh/id_rsa.pub root@192.168.77.103
```

（3）执行后，在 3 台机器上分别使用如下命令查看文件。

```
[root@hdp-02 .ssh]# cat /root/.ssh/authorized_keys
```

简单来说，就是将 Jenkins 所在机器的 public_key 公钥文件内容添加到待部署机器的 "~/root/.ssh/authorized_keys" 文件中。

（4）在 192.168.77.101 主机上，使用 ssh 命令测试免密登录。

```
[root@hdp-01 .ssh]# ssh 192.168.77.102
```

执行上述命令后，不用输入用户名和密码即可直接进入 "192.168.77.102" 主机中，请读者测试。

（5）获取 Key 的方法如下。

```
[root@hdp-01 .ssh]# cat /root/.ssh/id_rsa
```

文件内容如下所示。

```
-----BEGIN RSA PRIVATE KEY-----
…
-----END RSA PRIVATE KEY-----
```

上述文件的全部内容就是图 14-28 中需要填写的 Key。

14.7.4 配置 SSH Server

(1)打开"配置"页面,继续配置"Publish over SSH"选项,界面如图 14-29 所示。

(2)单击"新增"按钮,出现如图 14-30 所示的配置项。

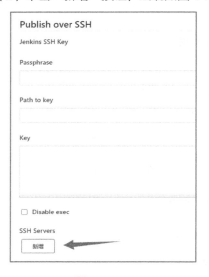

图 14-29

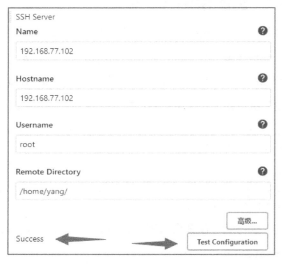

图 14-30

其中,Name 指远程服务器名称,Hostname 指远程服务器 IP 地址(这里输入要测试主机的 IP 地址 192.168.77.102),Username 指要测试主机的登录账户,Remote Directory 指项目的部署目录(我们把项目默认部署在"/home/yang/"目录下)。

还可以单击"高级…"按钮,设置每台主机单独的登录账号、密码和端口号。

(3)设置完成后,单击"Test Configuration"按钮,如果返回"success"提示,则代表 Jenkins 所在的 192.168.77.101 主机可以正常连接主机 192.168.77.102 了。

此外,还可以使用类似的方式添加 192.168.77.101 主机。

14.7.5 配置"构建"

(1)准备工作。

创建一个名称为"myshop-api-auto-deploy"、类型为"Freestyle project"的任务。

在"源码管理"界面中配置码云仓库的 myshop-api 工程。在"构建触发器"界面中,选择"轮询 SCM",设置每隔 2 分钟构建一次。这些步骤与 14.5.2 节一样,不再赘述。

(2)配置"构建"。

在"构建"环节，单击"增加构建步骤"按钮，选择"Send files or execute commands over SSH"选项，如图 14-31 所示。

具体配置如图 14-32 所示。这里需要对每台主机分别进行设置。

图 14-31　　　　　　　　　　图 14-32

说明如下。

- Name：虚拟机的名称，在下拉列表中选择某台主机。下拉列表中的主机是通过 14.7.4 节配置而来的。
- Source files：需要上传的源文件。在 Jenkins 创建一个新任务"myshop-api-deploy"时，默认的任务目录为"/root/.jenkins/workspace/myshop-api-deploy/"，如果想把"myshop-api-deploy"目录下的文件复制到其他目录下，则在"Source files"输入框中直接填入"*/"即可。如果想复制 py 后缀的文件，则填写"*.py"即可。
- Remote directory：远程服务器上的目标目录，此目录需要和全局配置中的目录配合使用。比如，在"配置"页面的"Publish over SSH"选项中 "Remote directory"的全局配置目录是"/home/yang/"，那么这里的"Remote directory"输入框应该被配置为"/myshop-api/"，最终组装出"/home/yang/myshop-api/"目录。
- Exec command：在服务器上执行的命令，比如复制文件、重启服务等命令。

14.7.6 立即构建

在任务明细页面中,可以单击左侧的"立即构建"选项来手动触发一个构建。在控制台中会输出日志信息,如图 14-33 所示,在其可以看到每台主机的连接情况、脚本执行情况、关闭和上传的文件数量。如果有多个主机,则这里会按顺序显示,直到最终状态变为"SUCCESS"。如果显示"SSH: Transferred 0 file(s)",则需要仔细核对 14.7.5 节的目录配置。

图 14-33

如果某台主机上的"Exec command"脚本执行失败,则 Jenkins 仍然会提示成功。

14.8 进行自动化测试——基于"Jenkins + Allure + Pytest"

本节基于"Jenkins + Allure + Pytest"进行接口测试,并生成测试报告。

14.8.1 安装

需要安装 Allure 插件、Allure Commandline 工具、Pytest 和 allure-pytest 包。

第 14 章 持续集成、持续交付与持续部署 | 441

1. 安装 Allure 插件

在 Jenkins 的"管理插件"的界面中，在搜索框中输入"Allure"，勾选列表中的"Allure"选项，单击"Install without restart"按钮进行安装，如图 14-34 所示。

图 14-34

2. 安装 Allure Commandline 工具

（1）在"管理 Jenkins"界面中，单击"Global Tool Configuration"链接，在"Global Tool Configuration"界面中找到"Allure Commandline"配置项。

（2）打开 Jenkins 中的"全局工具配置"，找到"Allure Commandline"选项，单击"新增 Allure Commandline"按钮，如图 14-35 所示。

（3）显示 Allure Commandline 的具体配置项，在"别名"输入框中输入"allure"，勾选某个版本，如 2.14.0 版本，如图 14-36 所示。

图 14-35

图 14-36

如果自动安装太慢，则可以取消勾选"自动安装"复选框，手动进行安装。

本书配套资源中提供了"allure-commandline-2.14.0.zip"。将该文件解压缩，会生成名称为"allure-2.14.0"的目录，然后将该目录复制到"/root/.jenkins/tools/ru.yandex.qatools.allure.jenkins.tools.AllureCommandlineInstallation/allure"目录下即可。

最终操作界面如图 14-37 所示。请注意安装目录的填写。

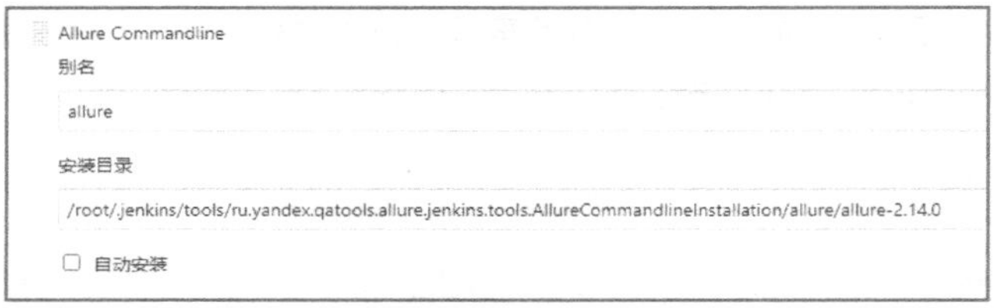

图 14-37

3. 安装 Pytest 和 allure-pytest 包

在 192.168.77.101 主机上的虚拟环境中安装 Pytest 和 allure-pytest 包，如下所示。

```
(env-py3.8.2) [root@hdp-01 virtualenv]# pip install pytest
(env-py3.8.2) [root@hdp-01 virtualenv]# pip install allure-pytest
```

安装后创建一个软链接，方便使用。

```
ln -s /home/virtualenv/env-py3.8.2/bin/pytest /usr/bin/pytest
```

14.8.2 配置"构建"

（1）创建一个名称为"myshop-api-auto-pytest"、类型为"Freestyle project"的任务。

（2）在"源码管理"界面中配置码云仓库的 myshop-api 工程。在"构建触发器"界面中，选择"轮询 SCM"复选框，设置为每隔 2 分钟构建一次。这些步骤与 14.5.2 节内容一样，不再赘述。

（3）在"构建"环节，单击"增加构建步骤"按钮，选择"Send files or execute commands over SSH"项，具体的配置界面如图 14-38 所示。

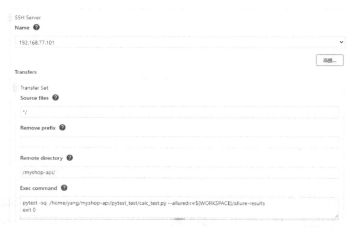

图 14-38

在 Name 的下拉列表中选择 "192.168.77.101" 主机，在 Exec command 处输入如下代码。

```
pytest -sq  /home/yang/myshop-api/pytest_test/calc_test.py
--alluredir=${WORKSPACE}/allure-results
exit 0
```

命令说明如下：

- 直接执行 pytest 命令。由于在 192.168.77.101 主机配置了软链接，所以 Jenkins 可以找到该命令。
- -s 参数指在执行过程中执行 print() 函数输出。
- -q 参数指打印用例执行的详细信息。
- 用例测试文件使用全路径。
- --alluredir 参数指生成测试报告，路径为 "${WORKSPACE}/allure-results"，其中，WORKSPACE 指将工作空间分配给构建目录的绝对路径。

> Jenkins 为每一个创建的任务产生一个工作空间，Jenkins 工作空间在服务器中的路径为 "/root/.jenkins/workspace"。当前的任务名称为 "myshop-api-auto-pytest"，因此它的工作空间绝对路径为 "/root/.jenkins/workspace/myshop-api-auto-pytest"。

- exit 0 指正常退出，这样 Jenkins 可以继续执行。

14.8.3 配置"构建后操作"

（1）单击"增加构建后操作步骤"下拉列表，选择"Allure Report"选项，如图 14-39 所示。

图 14-39

（2）出现如图 14-40 所示的配置项，无须修改，直接使用框中标注的路径即可，单击"高级"按钮。

图 14-40

（3）显示如图 14-41 所示的界面，无须修改，直接使用框中标注的路径即可。

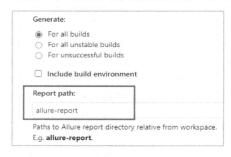

图 14-41

14.8.4　立即构建

（1）在任务明细页面中，单击左侧的"立即构建"选项来手动触发一个构建。构建成功后的界面如图 14-42 所示。

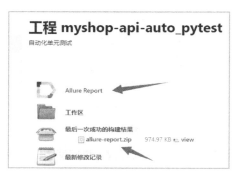

图 14-42

（2）单击“Allure Repost”链接查看具体的测试报告，如图 14-43 所示。

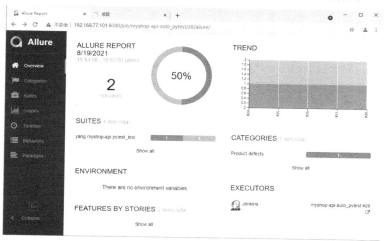

图 14-43

14.8.5　常见问题的处理

在构建过程中一般会遇到两个问题。

1. 构建标记不稳定

控制台输出：Build step 'Allure Report' changed build result to UNSTABLE。

原因如下：如果有测试用例失败，则构建后 Jenkins 会将此次构建标识为不稳定，这种情况不用处理。如果测试用例全部通过，则构建状态为“成功”。

2. allure-results does not exist 导致构建失败

还是因为配置构建环节的“Exce command”命令写得有问题，需要反复测试。

正常的构建命令如图 14-44 所示。

```
SSH: Connecting from host [hdp-01]
SSH: Connecting with configuration [192.168.77.101] ...
SSH: EXEC: completed after 801 ms
SSH: Disconnecting configuration [192.168.77.101] ...
SSH: Transferred 138 file(s)
Build step 'Send files or execute commands over SSH' changed build result to SUCCESS
[myshop-api-auto_pytest] $ /root/.jenkins/tools/ru.yandex.qatools.allure.jenkins.tools.AllureCommandlineInstallation/allure/allure-2.14.0/bin/allure generate /root/.jenkins/workspace/myshop-api-auto_pytest/allure-results -c -o /root/.jenkins/workspace/myshop-api-auto_pytest/allure-report
Report successfully generated to /root/.jenkins/workspace/myshop-api-auto_pytest/allure-report
Allure report was successfully generated.
Creating artifact for the build.
Artifact was added to the build.
Finished: SUCCESS
```

图 14-44

14.9 【实战】用 Jenkins 流水线部署商城系统接口

在实际环境中,对于拉取代码、代码质量检测、单元测试、部署等环节,如果每一步操作都是通过可视化界面手动来完成的,则很不方便。有没有更合适的方式呢?

在 Jenkins 中内置了流水线,可以使用全代码方式来部署商城系统接口,实现持续集成和部署。

14.9.1 流水线操作的语法

下面是一个流水线操作的代码。

```
pipeline{
    agent any
    environment {
        def projectName = 'myshop-api'
    }
    triggers {
        pollSCM('H/2 * * * *')
    }

    stages{
        stage('拉取代码'){
            steps {
                echo '1'
            }
        }
        stage('构建应用') {
            steps {
                echo '2'
            }
        }
        post {
            always {

            }
        }
    }
}
```

在 pipeline 块中定义了流水线完成的所有工作,其中参数说明如下。

- environment:定义流水线执行过程中的环境变量。
- triggers:定义流水线的触发机制。pollSCM 定义了每 2 分钟判断一次代码是否有变化,如果有变化则自动执行流水线。
- agent：定义整条流水线的执行环境。
- stages：流水线的所有阶段。
- steps：每个阶段中的具体步骤。
- post：在该处定义的语句将在流水线执行结束时运行，支持的流水线状态位有 always、changed、failure、success、unstable 和 aborted。

14.9.2 部署商城系统接口

可以通过流水线操作将拉取代码、代码质量分析、构建、单元测试、部署贯穿起来，然后通过可视化界面快速分析当前部署的问题。

1. 拉取代码

创建一个名称为"myshop-pipeline"、类型为"流水线"的任务，如图 14-45 所示。

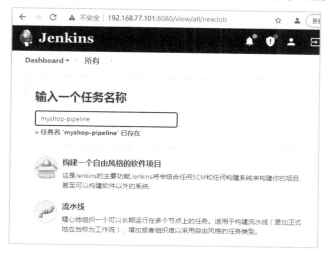

图 14-45

在"流水线"的选项中选择"Pipeline script"，如图 14-46 所示。

单击"流水线语法"链接，该功能会通过向导生成各个环节的流水线。在"流水线语法"界面中，在"示例步骤"下拉列表中选择"git：Git"，填写仓库 URL 和凭据，单击"生成流水线脚本"按钮，在文本框中会生成相应的流水线脚本，如图 14-47 所示。

图 14-46

图 14-47

可以把生成的流水线脚本复制出来，后面要使用。

2. 代码质量分析

在"流水线语法"界面中，在"示例步骤"下拉列表中选择"withSonarQubeEnv:Prepare SonarQube Scanner environment"，在 Server authentication token"下拉列表中选择"sonarqube_token"，单击"生成流水线脚本"按钮，在文本框中会生成相应的流水线脚本，如

图 14-48 所示。

图 14-48

这段生成的代码还不完善，需要增加"installationName:'Sonarqube_test'"，如下代码所示。

```
withSonarQubeEnv(installationName:'Sonarqube_test',credentialsId:
'sonarqube_token') {
    // some block
}
```

其中，"Sonarqube_test"是"Configure System"→"配置"页面中"SonarQube servers"配置项中的 Name。

3. 构建

这里的"构建"是指，将商城系统接口代码从 Jenkins 目录下复制到"/home/yang/myshop-api"目录下，并激活虚拟环境，执行数据库迁移，启动服务。如以下代码所示。

```
stage('构建') {
    steps {
        echo 'Building'
        sh "cp -rf /root/.jenkins/workspace/myshop-api-build/ /home/yang/myshop-api"
        sh "cd /home/yang/myshop-api"
        sh "source activate && python manage.py makemigrations && python manage.py migrate &&  nohup python manage.py runserver 0.0.0.0:8002 >>manage.log 2>&1 &"
    }
}
```

在虚拟环境中执行的批量命令，需要写在一行内并用&&连接，否则会出现找不到命令的错误。

4. 单元测试

继续使用之前的"Pytest + Allure"的方式，如以下代码所示。

```
stage('单元测试') {
    steps {
        echo 'Testing'
        sh "pytest -sq  /home/yang/myshop-api/pytest_test/calc_test.py --alluredir=${WORKSPACE}/allure-results"
        sh "exit 0"
    }
}
```

还需要在"流水线语法"界面中选择"allure：Allure Report"，保持其他选项不变，单击"生成流水线脚本"按钮，会生成如下代码。

```
allure includeProperties: false, jdk: '', results: [[path: 'allure-results']]
```

如何使用呢？在流水线中的 post 指令处使用，如以下代码所示。

```
post('results') {
    always {
        script{
            allure includeProperties: false, jdk: '', results: [[path: 'allure-results']]
        }
    }
}
```

5. 部署

在"流水线语法"界面中，在"示例步骤"下拉列表中选择"sshPublisher:Send build artifacts over SSH"选项，在配置中选择 192.168.77.101 主机，填写"Source files""Remote directory"和"Exec command"。这些内容在 14.7.5 节内已经学习过，这里不再赘述。

如果有多个主机，则需要单击"Add Transfer Set"按钮进行多次添加。

最后单击"生成流水线脚本"按钮，生成的代码如下所示。

```
sshPublisher(publishers: [sshPublisherDesc(configName: '192.168.77.101', transfers: [
```

```
        sshTransfer(cleanRemote: false, excludes: '', execCommand: '''cd
/home/yang/myshop-api/''', execTimeout: 120000, flatten: false, makeEmptyDirs:
false, noDefaultExcludes: false, patternSeparator: '[, ]+', remoteDirectory:
'/myshop-api/', remoteDirectorySDF: false, removePrefix: '', sourceFiles:
'*/'),
        sshTransfer(cleanRemote: false, excludes: '', execCommand: 'touch test',
execTimeout: 120000, flatten: false, makeEmptyDirs: false, noDefaultExcludes:
false, patternSeparator: '[, ]+', remoteDirectory: '/myshop-api/',
remoteDirectorySDF: false, removePrefix: '', sourceFiles: '*/')
        ], usePromotionTimestamp: false, useWorkspaceInPromotion: false, verbose:
false)])
```

虽然上述代码比较长，但还是很容易理解的。可以对照 14.7.5 节的图 14-32 进行学习。

6. 组装流水线

将上述小标题 1~5 中的内容进行组装，形成一条流水线。流水线代码如下所示。

```
def projectName="myshop-api"
pipeline {
    agent any
    stages {
        stage('拉取代码'){
            steps{
                git credentialsId: '0d3fcd54-d261-499f-a815-86362dfac7c2',
url: 'https://gitee.com/xjboy2018/myshop-api.git'
            }
        }

        stage('代码质量分析'){
            steps{
                echo '代码分析'
            withSonarQubeEnv(installationName:'Sonarqube_test',credentialsId:
'sonarqube_token') {
                // some block
                sh "/root/.jenkins/tools/hudson.plugins.sonar.
SonarRunnerInstallation/MyScanner/bin/sonar-scanner
-Dsonar.projectKey=${projectName} -Dsonar.projectName=${projectName}
-Dsonar.projectVersion=1.0 -Dsonar.sourceEncoding=UTF-8"
                }
            }
        }
        stage('构建') {
            steps {
                echo 'Building'
                sh "cp -rf /root/.jenkins/workspace/myshop-api-build/
/home/yang/myshop-api"
```

```
                    sh "cd /home/yang/myshop-api"
                    sh "source activate && python manage.py makemigrations && python manage.py migrate &&  nohup python manage.py runserver 0.0.0.0:8002 >>manage.log 2>&1 &"
                }
            }
            stage('单元测试') {
                steps {
                    echo 'Testing'
                    sh "pytest -sq  /home/yang/myshop-api/pytest_test/calc_test.py --alluredir=${WORKSPACE}/allure-results"
                    sh "exit 0"
                }
            }
            stage('部署') {
                steps {
                    echo 'Deploying'
                    sshPublisher(publishers:
                    [sshPublisherDesc(configName: '192.168.77.101', transfers: [
                        sshTransfer(cleanRemote: false, excludes: '', execCommand: '''cd /home/yang''', execTimeout: 120000, flatten: false, makeEmptyDirs: false, noDefaultExcludes: false, patternSeparator: '[, ]+', remoteDirectory: '/myshop-api/', remoteDirectorySDF: false, removePrefix: '', sourceFiles: '*/')
                        ,sshTransfer(cleanRemote: false, excludes: '', execCommand: '''touch test''', execTimeout: 120000, flatten: false, makeEmptyDirs: false, noDefaultExcludes: false, patternSeparator: '[, ]+', remoteDirectory: '/myshop-api/', remoteDirectorySDF: false, removePrefix: '', sourceFiles: '*/')
                        ], usePromotionTimestamp: false, useWorkspaceInPromotion: false, verbose: false),

                    sshPublisherDesc(configName: '192.168.77.103', transfers: [
                        sshTransfer(cleanRemote: false, excludes: '', execCommand: '''cd /home/yang''', execTimeout: 120000, flatten: false, makeEmptyDirs: false, noDefaultExcludes: false, patternSeparator: '[, ]+', remoteDirectory: '/myshop-api/', remoteDirectorySDF: false, removePrefix: '', sourceFiles: '*/')
                        ,sshTransfer(cleanRemote: false, excludes: '', execCommand: '''touch test''', execTimeout: 120000, flatten: false, makeEmptyDirs: false, noDefaultExcludes: false, patternSeparator: '[, ]+', remoteDirectory: '/myshop-api/', remoteDirectorySDF: false, removePrefix: '', sourceFiles: '*/')
                        ], usePromotionTimestamp: false, useWorkspaceInPromotion: false, verbose: false)])
                }
            }
        }
        post('results') {
            always {
```

```
            script{
                allure includeProperties: false, jdk: '', results: [[path:
'allure-results']]
            }
        }
    }
}
```

将上述代码填入流水线任务"myshop-pipeline"中的流水线脚本框内，如图 14-49 所示。

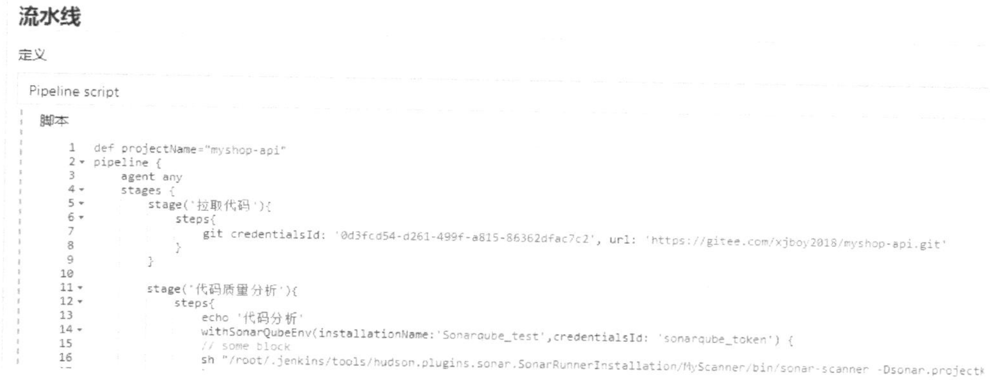

图 14-49

保存上述任务后，进行"立即构建"操作，最终结果如图 14-50 所示。

图 14-50

还可以在流水线部署环节的代码中加入 Docker 部署，只需要执行相应命令即可。待代码稳定后，还可以将其上传到镜像仓库中。感兴趣的读者可以试试。

第 15 章

运维监控——基于 Prometheus + Grafana

在商城系统上线后,你是不是想了解商城系统的服务器的 CPU、内存、负载、磁盘 I/O、网卡等信息?你是不是想知道数据库、中间件等的性能指标?只有对商城系统运行时的状态进行监控,才能做好后续的性能分析和优化。

很多开发人员认为监控工作应该由专业的运维工程师来做,和开发人员无关。但是从"开发运维一体化"这个角度来看,现在的开发工作和运维工作的界限已经不是那么清晰,从开发、持续集成、持续部署到监控,开发人员可能都需要知晓。

本章将介绍风靡全球的开源监控系统——Prometheus 和 Grafana。

15.1 认识 Prometheus

Prometheus(普罗米修斯)是一款开源的监控系统,提供了高维度数据模型、自定义查询语言、可视化数据展示、高效的存储策略、各种客户端开发库等强大功能。

Prometheus 基于 Go 语言开发,启动速度快,易于部署,下载后可直接运行。其基本原理是:通过 HTTP 协议周期性地抓取被监控组件的状态。这样做的好处:任意组件只要提供了 HTTP 接口即可被接入监控系统。

作为为数不多适合 Docker 和 Kubernetes 环境的监控系统,Promethues 随着 K8S 容器云的流行变得越来越流行。

15.1.1 Prometheus 的核心组件

Prometheus 有以下几个核心组件。

1. Prometheus Server

Prometheus Server 负责监控数据的获取、存储及查询。

2. Exporter

Exporter 是一个采集器，主要用于采集监控数据，它对外暴露一个用于获取当前监控样本数据的 HTTP 的访问地址。Exporter 的实例被称为 target。Prometheus Server 定时从这些 target 获取监控数据。官方网站提供了很多 Exporter 组件，比如 MySQL Exporter 等。

3. PushGateway

PushGateway 用于接收指标，然后将这些指标推送给 Prometheus。Prometheus 默认采用 pull 的方式来主动拉取数据。但有些场景下需要更灵活的 push 方式，比如监控的项目的生命周期很短，需要主动上报数据给服务端。这时，就可以使用 Prometheus 的 Pushgateway 来实现 push 方式的监控。

4. Service Discovery

Service Discovery 用于发现服务，它基于 pull 方式的抓取，需要在 Prometheus 中配置大量的抓取节点信息才可以进行数据收集。有了服务发现后，用户通过服务发现和注册的工具对成百上千的节点进行服务注册，并最终将注册中心的地址配置在 Prometheus 的配置文件中，大大简化了配置文件的复杂程度。

15.1.2 安装并启动

在本书配套资源中提供了 Prometheus 的安装文件，文件名为 "prometheus-2.28.1.linux-amd64.tar.gz"。请将该文件上传到 192.168.77.101 主机的 "/opt" 目录下，并执行如下命令解压缩。

```
[root@hdp-01 opt]# tar -zxvf prometheus-2.28.1.linux-amd64.tar.gz
```

使用如下命令启动 Prometheus 服务。

```
[root@hdp-01 prometheus-2.28.1.linux-amd64]# ./prometheus
```

在服务启动后，在宿主机上打开浏览器访问 http://192.168.77.101:9090/targets，结果如图 15-1 所示。

图 15-1

15.1.3 查看监控指标数据和图表

通过访问"http://192.168.77.101:9090/metrics",可以看到当前服务器的一些指标数据。

通过访问"http://192.168.77.101:9090/classic/graph",可以看到当前服务器的图表指标数据,如图 15-2 所示。在文本框中可以输入 PromQL(Prometheus Query Language)语法来查看指标,比如输入"prometheus_http_requests_total",然后单击"Execute"按钮即可查看 HTTP 总的请求数。此外还可以单击下拉框选择指标。

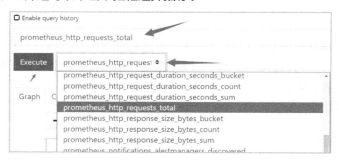

图 15-2

15.1.4 了解 Prometheus 的主配置文件

如果要深入了解 Prometheus,则必须掌握 Prometheus 的主配置文件 prometheus.yml。该文件分为 4 个部分。

1. 全局配置

以下的配置会对全局有影响。

```
global:
  scrape_interval: 15s          # 采集抓取间隔的时间
```

```
evaluation_interval: 15s      # 触发告警检测的时间
#scrape_timeout: 5s           # 每次采集数据的超时时间
```

2. 报警配置

其中主要配置了 Altermanager 插件，用于监控报警，如以下代码所示。

```
# Alertmanager configuration
alerting:
  alertmanagers:
  - static_configs:
    - targets:
      # - alertmanager:9093
```

3. 报警规则配置

其中设置了基于哪些指标进行报警。根据这些规则，Prometheus 会根据全局设置的 evaluation_interval 参数进行扫描。

```
rule_files:
# - "first_rules.yml"
# - "second_rules.yml"
```

规则一般在单独的 YML 中定义，将在 15.4 节中进行介绍。

4. 采集任务配置

文件中默认有一个采集任务，名称为"Prometheus"，如以下代码所示。

```
scrape_configs:

- job_name: 'prometheus'


  static_configs:
  - targets: ['localhost:9090']
```

其中参数含义如下。

- job_name：任务名称。支持多个任务，每个任务包含一个或多个 target。
- targets：被监控目标的访问地址。

15.2 认识 Grafana

Prometheus 的数据图表功能有限，可以使用专业的 Grafana 来实现数据的图表化表示。

15.2.1 安装

从 Grafana 官网下载 "grafana-enterprise-8.0.0-1.x86_64.rpm" 文件，将该文件上传到 192.168.77.101 主机的 "/opt" 目录下，使用 yum 命令进行安装。

```
[root@hdp-01 opt]# yum install grafana-enterprise-8.0.0-1.x86_64.rpm
```

使用如下命令进行启动。

```
[root@hdp-01 opt]# systemctl start grafana-server
```

服务启动后占用 3000 端口。在宿主机浏览器中访问 "http://192.168.77.101:3000/"，看到的 Grafana 页面如图 15-3 所示。

图 15-3

输入用户名和密码（默认为 admin/admin）。初次进入系统后需要按照系统提示修改密码。

15.2.2 配置数据源

接下来配置监控的数据源，之后即可获取相应的数据进行展示。单击左侧的齿轮状图标打开 Configuration 菜单，如图 15-4 所示。

图 15-4

Grafana 支持多种数据源，默认使用 Prometheus。单击"default"按钮后打开如图 15-5 所示的界面，将其中的 URL 配置为"http://192.168.77.101:9090"。

图 15-5

15.2.3 导入模板

单击导航中的"+"按钮，在弹出菜单中单击"Import"按钮，进入 Import 界面。在其中可以导入模板的 JSON 文件，也可以输入模板的编号进行导入，还可以导入模板的 JSON 内容，如图 15-6 所示。

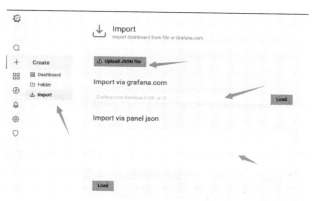

图 15-6

在 Grafana 官网上有很多现成的模板，只要找到模板 ID 就能将其导入使用。比如，在官网中搜索 Node Exporter 的中文模板，打开的页面如图 15-7 所示。在图 5-7 中方框处就是 Node Exporter 的模板 ID：8919。复制这个模板 ID，然后在图 15-6 中的"Import via grafana.com"文本框中粘贴该模板 ID，然后单击"Load"按钮即可。

图 15-7

15.3 监控主机和服务——基于 Prometheus 的组件 Exporter

采集目标主机或者服务的监控数据，需要在被采集目标主机上安装采集组件。这种采集组件也被称为 Exporter。在 Prometheus 官网上有非常多的 Exporter。

这些 Exporter 采集目标主机的监控数据，对外暴露的 HTTP 接口。Prometheus 通过 HTTP 协议使用 pull（拉取）方式周期性地获取相应的数据。

15.3.1 监控主机

为了能够采集主机的相关指标数据（如 CPU、内存、磁盘等数据），需要使用 Node Exporter。

1. 下载 Node Exporter

从 GitHub 网站下载"node_exporter-1.2.2.linux-amd64.tar.gz"文件，上传到 192.168.77.102 主机的"/opt"目录下，并进行解压缩，命令如下。

```
[root@hdp-02 opt]# tar -zxvf node_exporter-1.2.2.linux-amd64.tar.gz
```

解压缩后进入目录，执行如下命令启动服务。

```
[root@hdp-02 node_exporter-1.2.2.linux-amd64]# ./node_exporter
```

正常启动后监听 192.168.77.102 主机的 9100 端口。

2. 配置 Prometheus 文件

需要将 Node Exporter 信息配置到 Prometheus 中，才能让 Prometheus 定期地获取 Exporter 采集的信息。

打开 prometheus.yml 配置文件，在 scrape_configs 下新增一个 job，配置如以下代码所示。

```
scrape_configs:
- job_name: 'Prometheus'
  static_configs:
  - targets: ['192.168.77.101:9090']

- job_name: 'host_101'
  static_configs:
  - targets: ['192.168.77.101:9100']
- job_name: 'host_102'
  static_configs:
  - targets: ['192.168.77.102:9100']
```

其中，192.168.77.101 主机是部署 Prometheus 服务的主机，也需要安装 Node Exporter。修改文件后，重启 Prometheus 服务。

3. 查看图表

在宿主机浏览器中访问"http://192.168.77.101:9090/targets"，发现已经可以监控 192.168.77.102 主机的信息了，如图 15-8 所示。

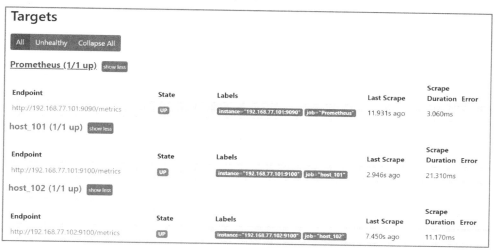

图 15-8

Grafana 中监控的数据图表如图 15-9 所示。

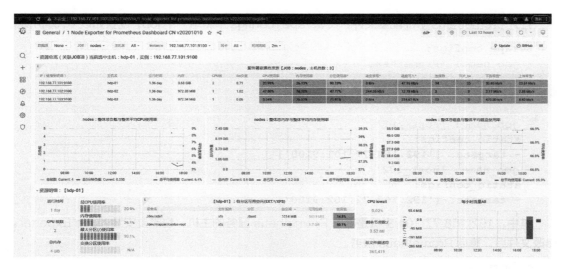

图 15-9

15.3.2 监控 MySQL 数据库

为了能够采集数据库的相关指标（如 MySQL 运行时长、最大连接数等信息），需要使用 mysqld_exporter。

1. 下载 mysqld_exporter

从 GitHub 网站下载"mysqld_exporter-0.13.0.linux-amd64.tar.gz"文件，上传到 192.168.77.103 主机的"/opt"目录下，并进行解压缩，命令如下。

```
[root@hdp-02 opt]# tar -zxvf mysqld_exporter-0.13.0.linux-amd64.tar.gz
```

解压缩后进入 mysqld_exporter 目录下创建一个 my.cnf 文件，如以下代码所示。

```
[root@hdp-03 mysqld_exporter-0.13.0.linux-amd64]# vi my.cnf
[client]
user=root
password=Aa_123456
```

其中，user 为 192.168.77.103 主机上数据库的用户名，password 为数据库的密码。

启动命令如下。

```
[root@hdp-03 mysqld_exporter-0.13.0.linux-amd64]# ./mysqld_exporter
--config.my-cnf=my.cnf
```

正常启动后监听 9104 端口。在宿主机上访问"http://192.168.77.103:9104/metrics"，结果如图 15-10 所示。

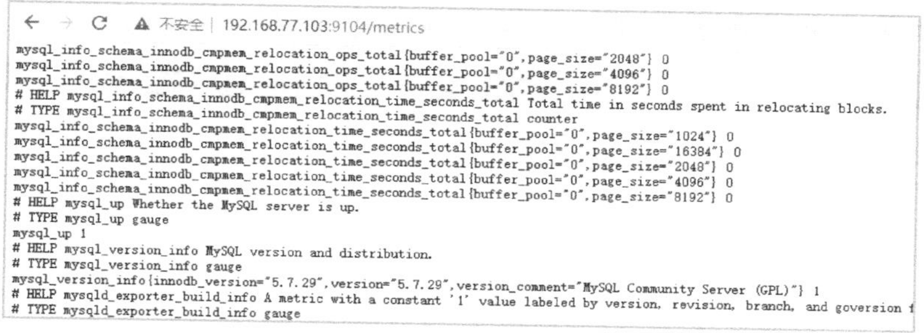

图 15-10

2. 配置 Prometheus 文件

还需要将 mysqld_exporter 信息配置到 Prometheus 中，以便 Prometheus 定期地获取 Exporter 采集的信息。

打开配置文件 prometheus.yml，在 scrape_configs 下新增一个 job，配置如下。

```
...
  - job_name: 'mysql'
    static_configs:
    - targets: ['192.168.77.103:9104']
      labels:
        service: mysql-service
```

修改文件后，重启 Prometheus。

3. 导入模板查看图表

导入模板 ID 为 7362 的 MySQL 的监控模板，导入后的设置如图 15-11 所示。

图 15-11

Grafana 中的图表如图 15-12 所示。

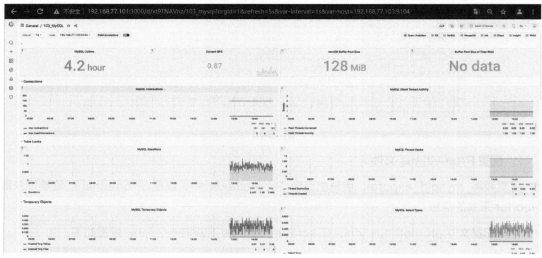

图 15-12

15.3.3 监控 Redis

为了能够采集 Redis 的相关指标（如 Redis 运行时长、客户端连接数、内存使用情况等信息），需要使用 redis_exporter。

1. 下载 redis_exporter

从 GitHub 网站下载 "redis_exporter-v1.27.0.linux-amd64.tar.gz" 文件，然后将其上传到 192.168.77.101 主机的 "/opt" 目录下并进行解压缩，命令如下。

```
[root@hdp-01 opt]# tar -zxvf redis_exporter-v1.27.0.linux-amd64.tar.gz
```

解压缩后，进入 redis_exporter 目录下启动程序，命令如下。

```
[root@hdp-01 redis_exporter-v1.27.0.linux-amd64]# ./redis_exporter -redis.addr "redis://192.168.77.101:6379" -redis.password 123456
```

正常启动后监听 9121 端口。在宿主机上访问 "http://192.168.77.101:9121/metrics"，可以看到 Redis 的各种指标。

2. 配置 Prometheus 文件

需要将 redis-exporter 信息配置到 Prometheus 中，以便 Prometheus 定期地获取 Exporter 采集的信息。

打开配置文件 prometheus.yml，在 scrape_configs 下新增一个 job，配置如下。

```
    ...
  - job_name: 'redis'
    static_configs:
    - targets: ['192.168.77.101:9121']
      labels:
        service: redis-service
```

修改文件后，重启 Prometheus。

3. 导入模板查看图表

导入模板编号为 763 的 Redis 监控模板，Grafana 中的图表如图 15-13 所示。

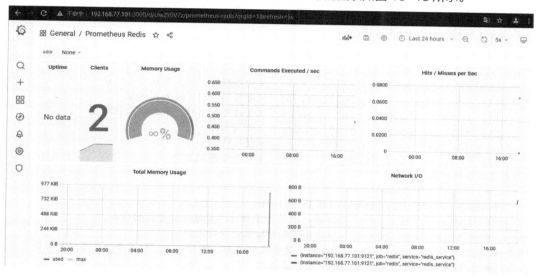

图 15-13

15.4 实现邮件报警——基于 Prometheus 的组件 Altermanager

Alertmanager 是一个独立的报警模块，接收 Prometheus 发来的警报并进行处理，之后通过路由发送给对应的接收方。Alertmanager 支持邮件等报警方式，也可以通过 webhook 接入钉钉、微信等通信工具。

15.4.1 安装配置 Alertmanager

（1）从 GitHub 网站下载 "alertmanager-0.23.0-rc.0.linux-amd64.tar.gz" 文件，上传到 192.168.77.101 主机的 "/opt" 目录下并进行解压缩，命令如下。

```
[root@hdp-01 opt]# tar -zxvf alertmanager-0.23.0-rc.0.linux-amd64.tar.gz
```
（2）进入目录启动程序。
```
[root@hdp-01 alertmanager-0.23.0-rc.0.linux-amd64]# ./alertmanager
--config.file=alertmanager.yml
```
启动后监听 9093 端口。在宿主机上访问"http://192.168.77.101:9093/"，即可进入 Altermanager 的主界面。

15.4.2 了解配置文件

Alertmanager 的默认配置文件为 alertmanager.yml。默认配置相对简单，这里以一个邮件发送的配置进行讲解，如以下代码所示。

```
#全局配置
global:
  resolve_timeout: 5m                        #处理超时时间，默认为 5min
  smtp_smarthost: 'smtp.qq.com:465'          #邮箱的 SMTP 服务器代理
  smtp_from: '5795@qq.com'                   #发送邮箱名称，应改成你的邮箱
  smtp_auth_username: '5794@qq.com'          #邮箱名称
smtp_auth_password: 'XXXXXX'                 #授权码
  smtp_require_tls: false                    #是否使用 TLS
#定义路由树信息
route:
  group_by: ['alertname']    #报警分组依据
  group_wait: 10s            #第 1 次等待多长时间发送一组警报的通知
  group_interval: 10s        #在发送新警报前的等待时间
  repeat_interval:1h         #发送重复警报的周期。在 E-mail 配置中，此项不可以设置得过
低，否则会因为邮件发送太多频繁被 SMTP 服务器拒绝
  receiver: 'email'          #发送警报的接收者的名称，即以下 receivers name 的名称
#定义警报接收者信息
receivers:
- name: 'email'              #警报，与上面的 receiver 对应
  email_configs:             #邮箱配置
  - to: '57@qq.com'          #接收警报的 E-mail 配置
    send_resolved: true
  webhook_configs:           #webhook 配置
  - url: 'http://localhost:8000/alert'
#配置抑制规则
inhibit_rules:
  - source_match:
      severity: 'critical'
    target_match:
      severity: 'warning'
    equal: ['alertname', 'dev', 'instance']
```

15.4.3 设置报警规则

设置报警规则需要编写 rules 文件，并修改 prometheus.yml 文件的 rule_files 节点项。

1. 创建 rules 文件

在 Prometheus 目录下创建一个 rules 规则目录，然后进入 rules 目录下创建并编辑 "node_alive.rules" 文件。

```
[root@hdp-01 prometheus-2.28.1.linux-amd64]# mkdir rules
[root@hdp-01 rules]# vi node_alive.rules
```

文件内容如下。

```
groups:
- name: node-alive
  rules:
  - alert: node-alive
    expr: up == 0
    for: 15s
    labels:
      severity: 1
      team: node-alive
    annotations:
      summary: "{{ $labels.instance }} 已停止运行超过 15s！"
```

上述规则用于检测主机节点是否存活。expr 指一个 PromQL 表达式；up==0 指"没有存活"状态；for 指当报警状态变为 Pending 后等待 15s 再变成 Firing 状态，一旦变成 Firing 状态则将报警信息发送给 AlterManager。

Prometheus Alert 报警有 3 种状态。

- Inactive：非活动状态，表示正在监控，还没有任何警报触发。
- Pending：警报虽然被激活，但是低于配置的持续时间，处于正等待验证状态。一旦达到配置的持续时间，则转为 Firing 状态。这里的持续时间是在"node_alive.rules"文件中 for 配置项中设置的时间。
- Firing：警报已经被激活，如果超出了设置的持续时间，则会将警报发送到 AlertManager，然后 AlertManager 会将报警发送给所有接收者。一旦警报解除，则将状态转到 Inactive，如此循环。

2. 配置 prometheus.yml 文件

打开文件 prometheus.yml，修改内容如以下代码所示。

```
alerting:
  alertmanagers:
```

```
    - static_configs:
      - targets:
        - 192.168.77.101:9093
rule_files:
  # - "first_rules.yml"
  # - "second_rules.yml"
  - "/opt/prometheus-2.28.1.linux-amd64/rules/*.rules"
```

其中参数如下。

- alerting 项：配置 Alertanager 的地址为 192.168.77.101:9093。
- rule_files 项：配置报警规则的文件，即 rules 目录下所有后缀为 "rules" 的文件。

3．测试报警

接下来进行测试，看是否收到报警。

关闭 192.168.77.103 主机的 MySQL 服务，以及 192.168.77.101 主机的 node_exporter 服务。大概等 15s 左右，即可收到邮件，邮件内容如图 15-14 所示。

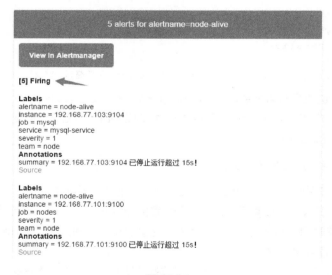

图 15-14

15.5　容器监控报警——基于 Prometheus 的组件 cAdvisor

随着在项目中越来越多地使用容器，我们需要对容器中的情况做一个了解。我们不可能一一登录容器内部查看运行状态，这时，谷歌开源的 cAdvisor 出现了。

cAdvisor 不仅可以搜集一台机器上所有运行中容器的信息，还提供了基础的查询界面和 HTTP 接口，供其他组件集成使用。

15.5.1 安装 cAdvisor

通过 Docker 方式进行安装，如以下命令所示。

```
docker pull google/cadvisor
```

15.5.2 启动容器

使用如下命令启动容器。

```
docker run -v /:/rootfs:ro -v /var/run:/var/run:rw -v /sys:/sys:ro -v /var/lib/docker/:/var/lib/docker:ro -p 8080:8080 --detach=true --privileged=true --name=cadvisor --restart=always google/cadvisor:latest
```

启动后开放了 8080 端口，通过 "http://192.168.77.102:8080/containers/" 进行访问，结果如图 15-15 所示。

单击 "/docker" 链接可以查看所有的子容器，如图 15-16 所示。

图 15-15

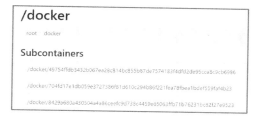

图 15-16

15.5.3 导入模板

打开 prometheus.yml 文件，增加一个新的 job，如以下代码所示。

```
- job_name: 'docker'
  static_configs:
  - targets: ['192.168.77.102:8080']   #目标主机
```

在 Grafana 中导入模版编号为 10566 的容器模板，即可通过图形化界面监控容器的运行情况。

15.6 对 Django 应用进行监控

Prometheus 可以监控 Django 应用的各项指标，如请求的页面 URL、响应的返回码等。

15.6.1 安装 django_prometheus 包

使用如下命令安装 django_prometheus 包。

```
pip install django_protheus
```

安装成功后提示如下信息：

```
Successfully installed django-prometheus-2.1.0
```

15.6.2 配置 settings.py 文件

打开本书配套资源中的 "myshop-api/myshop/settings.py"，在中间件列表 MIDDLEWARE 中增加 django-prometheus 配置：

```
MIDDLEWARE = [
    'corsheaders.middleware.CorsMiddleware',
    'django_prometheus.middleware.PrometheusBeforeMiddleware',
    …
    'django_prometheus.middleware.PrometheusAfterMiddleware',
]
```

尽可能把 django_prometheus 的中间件放到 MIDDLEWARE 列表的最上部或最下部。

15.6.3 配置路由并访问

（1）打开本书配套资源中的 "myshop-api/myshop/urls.py"，在其中添加如下路由。

```
path('', include('django_prometheus.urls')),
```

（2）将修改后的代码上传到 192.168.77.101 主机上，在宿主机浏览器访问 "http://192.168.77.101:8002/metrics"。如果一切正常，则显示如图 15-17 所示的信息。

图 15-17

15.6.4　配置 Prometheus

（1）打开 Prometheus 的配置文件 prometheus.yml，增加一个应用节点，如以下代码所示。

```
# Django 应用
- job_name:"Django"
  static_configs:
  - targets:['192.168.77.101:8002']
    labels:
      service:django_service
```

（2）重启 Prometheus 服务，访问"http://192.168.77.101:9090/targets"可以发现刚才配置的 Django 服务，如图 15-18 所示。

图 15-18

15.6.5　添加模板

在 Grafana 界面中，导入模板 ID 为 9528 的 Django 应用模板，如图 15-19 所示。

图 15-19

打开该模板,可以看到已经有采集的数据传过来了,如图 15-20 所示。

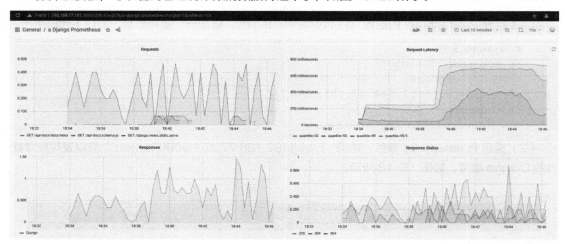

图 15-20